普通高等教育"十二五"创新型规划教材·电气工程及其自动化系列

微型计算机原理及应用

王 霆 主编
金 晋 许秀英 副主编

哈爾濱工業大學出版社

内容简介

本书以 Intel 8086 系列微处理器为对象，主要介绍微型计算机的基本结构和工作原理、存储器系统、汇编语言指令系统及程序设计、中断系统、接口技术、典型接口芯片及应用等知识。本书内容充实、新颖，从理解和应用出发，每章列举适量的应用实例及教学指导和习题。

本书注重实用性、可行性和应用性，可作为高等院校微型计算机原理课程的教材，也可作为汇编语言的参考书。

图书在版编目(CIP)数据

微型计算机原理及应用/王霆主编. —哈尔滨：哈尔滨工业大学出版社，2011.8

ISBN 978-7-5603-3356-4

普通高等教育“十二五”创新型规划教材·电气工程及其自动化系列

Ⅰ.①微… Ⅱ.①王… Ⅲ.①微型计算机 Ⅳ.①TP36

中国版本图书馆 CIP 数据核字(2011)第 160274 号

策划编辑 王桂芝 赵文斌
责任编辑 尹 凡
出版发行 哈尔滨工业大学出版社
社 址 哈尔滨市南岗区复华四道街 10 号 邮编 150006
传 真 0451-86414749
网 址 http://hitpress.hit.edu.cn
印 刷 哈尔滨市石桥印务有限公司
开 本 787mm×1092mm 1/16 印张 14.25 字数 338 千字
版 次 2011 年 8 月第 1 版 2011 年 8 月第 1 次印刷
书 号 ISBN 978-7-5603-3356-4
定 价 28.00 元

序

随着产业国际竞争的加剧和电子信息科学技术的飞速发展，电气工程及其自动化领域的国际交流日益广泛，而对能够参与国际化工程项目的工程师的需求越来越迫切，这自然对高等学校电气工程及其自动化专业人才的培养提出了更高的要求。

根据《国家中长期教育改革和发展规划纲要(2010—2020)》及教育部"卓越工程师教育培养计划"文件精神，为适应当前课程教学改革与创新人才培养的需要，使"理论教学"与"实践能力培养"相结合，哈尔滨工业大学出版社邀请东北三省十几所高校电气工程及其自动化专业的优秀教师编写了《普通高等教育"十二五"创新型规划教材·电气工程及其自动化系列》教材。该系列教材具有以下特色：

1. 强调平台化完整的知识体系。系列教材涵盖电气工程及其自动化专业的主要技术理论基础课程与实践课程，以专业基础课程为平台，与专业应用课、实践课有机结合，构成了一个通识教育和专业教育的完整教学课程体系。

2. 突出实践思想。系列教材以"项目为牵引"，把科研、科技创新、工程实践成果纳入教材，以"问题、任务"为驱动，让学生带着问题主动学习，在"做中学"，进而将所学理论知识与实践统一起来，适应企业需要，适应社会需求。

3. 培养工程意识。系列教材结合企业需要，注重学生在校工程实践基础知识的学习和新工艺流程、标准规范方面的培训，以缩短学生由毕业生到工程技术人员转换的时间，尽快达到企业岗位目标需求。如从学校出发，为学生设置"专业课导论"之类的铺垫性课程；又如从企业工程实践出发，为学生设置"电气工程师导论"之类的引导性课程，帮助学生尽快熟悉工程知识，并与所学理论有机结合起来。同时注重仿真方法在教学中的作用，以解决教学实验设备因昂贵而不足、不全的问题，使学生容易理解实际工作过程。

本系列教材是哈尔滨工业大学等东北三省十几所高校多年从事电气工程及其自动化专业教学科研工作的多位教授、专家们集体智慧的结晶，也是他们长期教学经验、工作成果的总结与展示。

我深信：这套教材的出版，对于推动电气工程及其自动化专业的教学改革、提高人才培养质量，必将起到重要推动作用。

教育部高等学校电子信息与电气学科教学指导委员会委员
电气工程及其自动化专业教学指导分委员会副主任委员

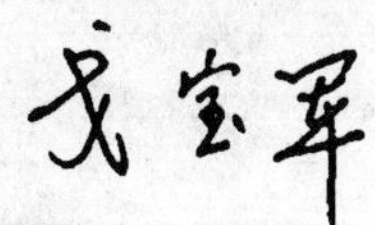

2011年7月

前　言

“微型计算机原理及应用”是高等院校工科电气工程及自动化、电子信息工程、通信工程、计算机应用等专业的必修课。课程教学内容虽不深奥但较琐碎，既有共性的工作原理，又有具体应用的技术方法。

本书是在作者多年教学总结基础上编写的，全书按照“提出问题—解决问题—归纳分析”三部曲进行组织，符合读者认知规律，易于学习，有利于培养学生的应用能力。每一章都加入教学指导（学习目标和学习重点）及章小结和习题，教学指导紧密结合教学的实际需要，使得琐碎的教学内容变得清晰、有条理，并将工程、创新实践成果纳入教材中，应用实例贯穿全书，从实际问题入手，强调应用性。典型程序通过 debug 调试或 EMU8086 软件仿真，具有可执行性。不忽视应用细节，结合调试过程，针对易出现的问题和错误进行详解，是本书的突出特点。书中给出重点例题的调试过程和结果，使学习过程变得直观易懂。

本书共分 10 章，以冯·诺依曼原理为主线展开。第 1 章是基础知识。第 2 章通过对微型计算机发展史的介绍，引出了著名的冯·诺依曼原理，并通过“基于 PC 机的电阻炉温度控制器”实例给出冯·诺依曼原理的五大组成部分，以及这五大部分的工作过程。第 3 章重点介绍中央处理器（控制器和运算器），以“基于 PC 机的电阻炉温度控制器”实例为切入点，更加深入介绍 8086 CPU 内、外部结构及工作过程，并介绍了 80286、80386、80486、Pentium 和多核 CPU 的内外部结构及所对应的存储器管理模式。第 4 章介绍存储器。第 5、6 章为汇编语言及程序设计。第 7、8、9、10 章介绍接口部分，重点介绍中断、输入输出的概念和 8255 芯片，给出完整的电阻炉控制系统的设计。

本书主编为王霆，副主编为金晋、许秀英。本书第 1、2、3、4 章及 5.1 节由金晋编写，第 5 章由刘坤编写，第 6 章由许秀英编写，第 7 章和 3.4.5、3.4.6、10.2.2 节由张福军编写，第 8、9、10 章由王霆编写，金华编写了第 1、2、3、4 章习题及课后答案，薛鹏编写了第 8、9、10 章习题，全书最后由金晋统稿完成。

本书在编写过程中参考了大量文献，在参考文献中已尽量列出，但仍有部分资料因原始出处不详未能列出，在此向这些文献的作者表示感谢。并感谢所有作者及其家人，我们的合作是愉快的，各位家人的支持是保证本书顺利出版的前提，相信我们会为读者提供一本有参考价值的书。

编　者

2011 年 5 月

目　录

第1章 基础知识

学习目标:掌握计算机中的数制。

掌握无符号数、有符号数表示方法。

了解 ASCII 码的特点。

了解汉字区位码、国标码、内码的关系。

掌握算术、逻辑运算规则。

学习重点:二进制、八进制、十进制、十六进制数之间的转换。

原码、反码、补码的表示方法及相互之间的转换。

各种编码的特点和相互之间的转换。

本章简单地介绍了数、编码、运算等计算机基础知识。对于有一定基础的读者,起到复习及系统化的作用。

计算机是由各种电路搭建起来的机器,仅能识别“1”、“0”这两种状态,而大千世界是由数字、符号、汉字、图形、图像和声音等组成的,如何让仅能识别“1”、“0”这两种状态的计算机表示多姿多彩的世界呢?这就用到数制和编码。

1.1 计算机中数制

计算机最早是作为对数进行各种加工和处理的计算工具出现的。数制是人们利用符号来计数的科学方法。常用数制是十进制数,因为人的双手有10根手指,便于计数。计算机仅能识别“1”、“0”这两种状态,所以说计算机内部采用的是二进制数。为了便于读写,又有了八进制数、十六进制数。

1.1.1 计算机中的数制

1.十进制数

人们在日常生活中常常采用十进制数计数,十进制数有以下特点。

(1)由0、1、2、3、4、5、6、7、8、9十个数组成。

(2)逢十进一。

(3)表示方法:十进制数末尾加D。例:7966.43D。

(4)权为10^i。i表示该数字所在的位置,小数点左侧从右到左依次为:0, 1, 2, 3, 4,…;小数点右侧从左到右依次为:-1,-2,-3,…

【例 1.1】十进制数　7　9　6　6　.　4　3 D

位　　置　3　2　1　0　　　-1 -2

权　　重　10^3 10^2 10^1 10^0　　10^{-1} 10^{-2}

(5)值:按权展开。

【例 1.2】7966.43=( )D

解　$7\times10^3+9\times10^2+6\times10^1+6\times10^0+4\times10^{-1}+3\times10^{-2}=(7966.43)D$

【注意】同为数字 6,但因为所在位置不同,其值也不相同！分别为 6×10^1 和 6×10^0。

2. 二进制数

因为数字电路只有导通、截止两种稳定状态,所以计算机内部采用的是二进制数制。二进制数有以下特点。

(1)由 0、1 两个数组成。

(2)逢二进一。

(3)表示方法:二进制数末尾加 B。例:10100001.011B。

(4)权为 2^i。i 表示该数字所在的位置,小数点左侧从右到左依次为:0, 1, 2, 3, 4,…;小数点右侧从左到右依次为:-1,-2,-3,…

【例 1.3】二进制数　1　0　1　0　0　0　0　1　.　0　1　1　B

位　　置　7　6　5　4　3　2　1　0　　　-1 -2 -3

权　　重　2^7 2^6 2^5 2^4 2^3 2^2 2^1 2^0　　2^{-1} 2^{-2} 2^{-3}

(5)值:按权展开。

【例 1.4】10100001.011B=( )D

解　$1\times2^7+0\times2^6+1\times2^5+0\times2^4+0\times2^3+0\times2^2+0\times2^1+1\times2^0+0\times2^{-1}+1\times2^{-2}+1\times2^{-3}=161.375D$

3. 十六进制数

二进制数书写冗长,为了便于读写采用十六进制的表示形式,十六进制数有以下特点。

(1)由 0、1、2、3、4、5、6、7、8、9、A、B、C、D、E、F 十六个数组成。

(2)逢十六进一。

(3)表示方法:十六进制数末尾加 H。例:0A1H。

【注意】凡是以字母 A~F 打头的十六进制数应在前面补一位 0,这样 A1H 应写为 0A1H,主要是为了避免和变量名混淆。A1H 既可以表示为一个合法变量名,也可以表示为一个十六进制数,编译器无法对其进行正确编译。

(4)权为 16^i。i 表示该数字所在位置(同二进制、十进制)。

(5)值:按权展开。

【例 1.5】0A1H=( )D

解　$10\times16^1+1\times16^0=161D$

4. 八进制数

因为计算机经常以 8 个二进制数作为计数单位,即 1 个字节(byte)。为了方便读写就有了八进制数制。16 个二进制数,即 2 个字节,称为 1 个字(word)。八进制数有以下特点。

(1)由 0、1、2、3、4、5、6、7 八个数组成。

(2)逢八进一。

(3)表示方法:八进制数末尾加 Q。例如:71.6Q。

(4)权为 8^i。

(5)值:按权展开。

【例1.6】71.6Q=( )D

解　$7\times8^1+1\times8^0+6\times8^{-1}=57.75D$

1.1.2　数制之间的转换

由于我们习惯用十进制数,总是用十进制来考虑问题,当考虑成熟后,再把问题转变成计算机能“看”懂的二进制形式,于是就需要用到数制之间的转换。

1. 二、八、十六进制数转换为十进制数

任何进制数转换成十进制数只要“按权展开”,参见例1.4、例1.5、例1.6。

【注意】二进制数转换成十进制数,权是 2^i;

八进制数转换成十进制数,权是 8^i;

十六进制数转换成十进制数,权是 16^i。

2. 十进制数转换为二、八、十六进制数

十进制数转换成二、八、十六进制数采用的是整数部分短除、小数部分乘的方法。

(1)十进制数转换成二进制数

【例1.7】10.25D=( )B

解　首先,转换整数部分10,用短除法,因为是转换成二进制数,所以短除2,即

除数	被除数	余数	说明
2	10	0	;商5,余数0
2	5	1	;商2,余数1
2	2	0	;商1,余数0
2	1	1	;商0,余数1
	0		;商0,则短除结束

将余数从下到上排列,得1010B,即为十进制数10的二进制值。

然后,转换小数部分0.25,用乘法,因为是转换成二进制数,所以乘2,即

$0.25\times2=0.5$　;积的小数部分5,整数部分0

$0.5\times2=1.0$　;积的小数部分0,整数部分1

;当积的小数部分为0或达到所要求精度时,乘法结束。

将整数部分由上到下排列,得01B,即为十进制数0.25的二进制值。

最后,将整数与小数部分合并,得到1010.01B。

(2)十进制数转换成八进制数

首先,转换整数部分,用短除法,因为转换成八进制数,所以短除8;

然后,转换小数部分,用乘法,因为转换成八进制数,所以乘8;

最后,将整数与小数部分合并即可。

【例1.8】57.75D=( )Q

解　结果参考例1.6。

(3)十进制数转换成十六进制数

首先,转换整数部分,用短除法,因为转换成十六进制数,所以短除16;

然后,转换小数部分,用乘法,因为转换成十六进制数,所以乘16;

最后,将整数与小数部分合并即可。

【例1.9】161D=( )H

解 结果参考例1.5。

3. 二、八、十六进制之间的转换

八、十六进制数是为了方便对二进制数读写产生的,转换见表1.1。

表1.1 二进制数与八进制、十六进制数转换对应表

二进制	八进制	二进制	十六进制	二进制	十六进制
000	0	0000	0	1000	8
001	1	0001	1	1001	9
010	2	0010	2	1010	A
011	3	0011	3	1011	B
100	4	0100	4	1100	C
101	5	0101	5	1101	D
110	6	0110	6	1110	E
111	7	0111	7	1111	F

(1)二进制数转换成八进制数

因为$2^3=8$,所以只要以小数点为界:

整数部分从右到左每3位是1位八进制数,位数不够在最左侧补0;

小数部分从左到右每3位是1位八进制数,位数不够在最右侧补0。

【例1.10】$(10100001.011)_2=(\ )_8$

解 首先,3位1分:10,100,001.011;

然后,整数部分最高位不够三位,补0;小数部分正好三位,不用补:

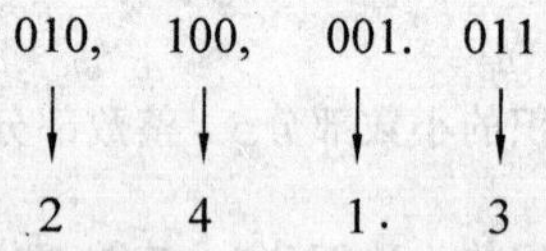

最后,对应表1.1得到相应的八进制数。结果$(10100001.011)_2=(241.3)_8$。

(2)二进制数转换成十六进制数

因为$2^4=16$,所以只要以小数点为界:

整数部分从右到左每4位是1位十六进制数,位数不够在最左侧补0;

小数部分从左到右每4位是1位十六进制数,位数不够在最右侧补0。

【例1.11】$(10100001.011)_2=(\ )_{16}$

解 首先,4位1分:1010,0001.011;

然后,整数部分正好四位,不用补0;小数部分位不够四位,补0。

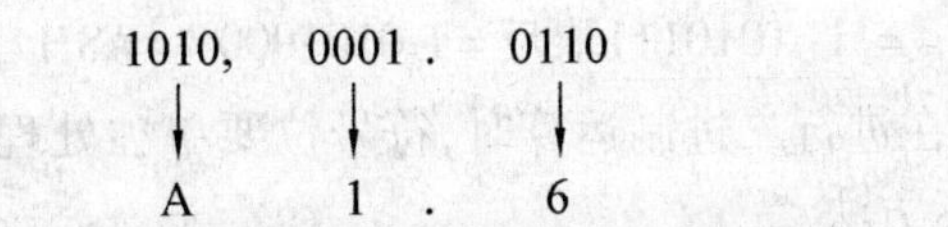

最后,对应表1.1得到相应的十六进制数,结果$(10100001.011)_2=(A1.6)_{16}$

【注意】表1.1中的内容不用全部记住,只要记住几个关键点,011对应3,0111对应7,1010对应A即可,其他部分可以通过关键点的加减得到。

1.2 数和字符的表示

1.2.1 数的表示

1.无符号数的表示

无符号数只有数值的大小而无正负之分。存储无符号数时,所有位都用来存放这个数的各个位,无须考虑其符号。可以用字节、字、双字等来表示一个无符号数。无符号数的最小值是0,最大值由其所占空间的大小来决定:一个字节的无符号数,最大值是2^8-1;一个字的无符号数,最大值是$2^{16}-1$;一个双字的无符号数,最大值是$2^{32}-1$。

一个无符号数从字节扩展到字,要在其左侧补8个0(字节和字相差8位),即零扩展。例如:一个字节的无符号数10001010B,扩展为字的无符号数为00000000 10001010B。同理,无符号数由字扩展为双字,用零扩展,前面要补足16个0。

2.有符号数的表示

为了让计算机表示有符号数,我们用一个二进制数的最高位表示符号位,后面的各位表示该数的绝对值:

符号位	数的绝对值

符号位:用0表示正数,用1表示负数。由于绝对值部分表示方法的不同,有原码、反码、补码三种表示方法。

(1)原码的表示

符号位:0表示正数;1表示负数。

绝对值:就是该有符号数的绝对值的二进制表示形式。

【例1.12】$[+87]_{原}=\underline{0}\ \ \underline{1010111}\ B=57H$

符号位 绝对值

【例1.13】$[-87]_{原}=\underline{1}\ \ \underline{1010111}\ B=D7H$

符号位 绝对值

原码表示法简单、直观,但由于用原码做二进制运算时,符号位不能参加运算,需要单独处理,使用起来很不方便,所以计算机通常不采用原码表示有符号数。

(2)反码的表示

正数的反码:同原码。

负数的反码:符号位=1;

绝对值部分为该数绝对值的二进制表示形式按位取反。

【例1.14】$[+87]_{反}=[+87]_{原}=0\ 1010111B=57H$

【例 1.15】$[-87]_{反}$ = 1 1010111取反 = 1 0101000B = A8H

反码同原码一样，在进行二进制运算时，符号位要单独处理，所以计算机通常也不采用反码作为有符号数的表示方法。

(3)补码的表示

正数的补码:同原码。

负数的补码:符号位=1；

绝对值部分为该数绝对值的二进制表示形式按位取反后，再加1。

【例 1.16】$[+87]_{反}=[+87]_{原}$ = 0 1010111B = 57H

【例 1.17】$[-87]_{反}$ = 1 1010111取反+1 = 1 0101001B = A9H

【注意】$[正数]_{原}=[正数]_{反}=[正数]_{补}$

$[负数]_{补}=[负数]_{反}+1$

一个有符号数从字节扩展到字，要在其左侧补位，如果是正数补上 8 个 0(字节和字相差 8 位)；如果是负数补上 8 个 1。例如：一个字节的有符号数 10001010B，扩展为字的有符号数为 11111111 10001010B。同理有符号数由字扩展为双字，正数前面补足 16 个 0；负数前边补足 16 个 1。

【定理 1.1】$[X \pm Y]_{补}=[X]_{补}+[\pm Y]_{补}$.

由定理 1.1 可以看出，计算机引入补码之后，带来了以下优点：

(1)补码的符号位和数值位都能参加数值计算，符号位产生的进位丢掉不管，从而简化了运算规则。

(2)使减法运算转化为加法运算。用加法器即可处理，简化了硬件电路。

运用定理 1.1 时，要注意以下两点：

(1)公式成立是有前提条件的，即运算结果不能产生溢出，否则运算结果不正确。

(2)采用补码运算后，运算结果仍是补码，要得到其十进制表示形式，则需要进行转换。

数学运算就是加减乘除的运算，现在减法可以用取补的方法变成加法操作，乘法就是 N 次加法，而除法是乘法的逆运算，所以可以说计算机内的加减乘除运算实质上都是加法运算，是通过硬件加法器来实现的，是计算机的核心。

1.2.2 字符的表示

前面讨论了计算机如何处理数，但是计算机除了用于数值计算之外，还要处理大量的非数值信息，例如“I am a student.”。如何让仅能识别二进制数的计算机处理这些非数值的字符数据呢？计算机采用的是“编码”的方法：即将各种字符以二进制码的形式表示出来，这样计算机就可以处理字符了。其中比较有代表性的编码是 ASCII 码。

1. ASCII 码

ASCII 是美国国家标准信息交换码(American Standard Code for Information Interchange)的首字母缩写。见附录 A 所示，ASCII 码分成 16 行 8 列，有 128 个字符，其中 96 个为可打印字符，32 个为控制字符。ASCII 码由 7 位(D0 ~ D6)二进制数表示，剩下的最高位 D7 被各种计算机用来创建私有字符集(见附录 B)，如 IBM 兼容机上代表的是图形符号和希腊字母，也有一些计算机将 D7 位用作奇偶校验位。

要查找一个字符的 ASCII 码值，例如，查找字母“a”所对应的 ASCII 码，先找到字母“a”，然后找到"a"所对应的行值110,作为高3位($D_6 \sim D_4$),再找到对应的列值0001,作为低4位($D_3 \sim D_0$),则得到"a"的ASCII码二进制表示形式:1100001B。如果最高位补0,则"a"的ASCII码为61H。按上述方法,可得到表1.2。从表中不难发现:

(1)30H+"数字"即可转换成该"数字"所对应的ASCII码。

(2)"大写字母的ASCII码"+20H="其小写的ASCII码"。

采用上述方法可实现数字与ASCII码之间,大小写字母ASCII码之间的转换。

表1.2 常用字符ASCII表

字符	ASCII值	字符	ASCII值	字符	ASCII值
0	30H	A	41H	a	61H
1	31H	B	42H	b	62H
⋮	⋮	⋮	⋮	⋮	⋮
9	39H	Z	5AH	z	7AH

键盘输入计算机内的数据都是以其ASCII码的形式输入的,例如,按下字母"A",则输入计算机内的是"A"的ASCII码值41H。显示器要显示数字3,则输出给显示器的是"3"的ASCII码33H,这样在显示器上显示的才是3,这一点在编程时要注意。

有了ASCII码计算机就可以处理西文文字了。那么计算机能否处理汉字呢?答案是肯定的,将汉字编成二进制码的形式,即汉字编码,这样计算机就可以处理汉字了。

2.汉字编码

1981年,我国公布了国标码(信息交换用汉字编码字符集——基本集),代号为GB2312—80。国标码由94行94列构成,共计7 445个字符,其中6 763个常用汉字,682个非汉字字符。行号称为区号,列号称为位号,分别用7位(D0~D6)二进制数表示,即每个汉字或字符都有唯一确定的14位二进制数(区号为高7位,位号为低7位)。例:"保"的区号是17(十进制),位号是3(十进制),则汉字"保"的**区位码**为1703。

国标码是在区位码的基础上区号、位号各加20H得到的。例如:"保"的国标码是在区号17+20H=11H+20H=31H,位号3+20H=03H+20H=23H基础上得到的,即3123H。

国标码是汉字信息交换的标准编码,但因其最高位(D7)为0,与ASCII码发生冲突,例如:"保"的国标码31H、23H,其中的31H也可以是ASCII码的"1",23H也可以是ASCII码的"#",计算机不知道到底是"保"还是"1""#"产生混淆。因此,国标码是不能在计算机内直接使用的,于是,汉字的机内码采用国标码的变形码,即**内码**。

其变换方法为:将国标码的每个字节都加上80H,即将两个字节的最高位(D7、D15)由0改1,其余7位不变。例:"保"字的国标码为3123H(00110001B,00100011B),将其最高位(D7、D15)由0改1,变为B1A3H(10110001B,10100011B),得到"保"的内码为B1A3H。

【注意】区位码、国标码、内码的关系是:内码=国标码+80H=区位码+20H+80H。

由于汉字数量极多,在许多场合,GB2312—80中的汉字不够用,我国先后又加入了两个扩充的汉字字符集GB2311—1990和GB12345—1990。

不同计算机可以选择不同的汉字字符集及其编码。GB2312—80是大陆地区使用较多的字符集;BIG5是台湾地区大量使用的字符集。

至此,计算机已可以表示数、字符、汉字,那么计算机可否表示声音、图形、颜色等信息呢?

这可以通过采样、量化的方法将模拟的声音信号变成计算机可识别的二进制数字信号；将图形用 $m \times n$ 个像素点来表示其内容，转换成二进制代码。

大家会发现：无论是无符号数、有符号数、西文字符、汉字，还是声音、图形、图像等信息，要想让计算机处理，最终都是通过各种方法变成计算机内部唯一能识别的二进制代码的形式。

1.3 运 算

计算机中由于硬件（ALU）的限制可进行两种运算：算术运算和逻辑运算。算术运算表示数值的大小关系；逻辑运算表示数的真假关系。

1.3.1 算术运算

常见的算术运算有加、减、乘、除。更复杂的运算要通过各种算法将其转换成加减乘除运算来实现。其实从计算机硬件（ALU）的角度来看，在计算机内部进行的都是加法运算。

1. 无符号数

（1）加法。加法有两个操作数，用记号 X“+”Y 表示，其运算规则如下：

X	Y	X+Y	进位（C）
0	0	0	0
0	1	1	0
1	0	1	0
1	1	1	1

【例 1.18】在 8 位运算器上，求 128+129＝？

解

$$\begin{array}{rl} & (128)_{10} \\ +) & (129)_{10} \\ \hline & (257)_{10} \end{array} \qquad \begin{array}{rl} & 1000\ 0000\ B \\ +) & 1000\ 0001\ B \\ \hline & 0000\ 0001\ B \end{array}$$

有进位，记为 C＝1。结果错！

在无符号数运算中，如有溢出，则表示结果错误。这是因为一个 8 位运算器的运算范围是 0～255（2^8-1），而结果 257 超出 8 位运算器的运算范围，所以产生溢出。

（2）减法。减法有两个操作数，用记号 X“－”Y 表示，其运算规则如下：

X	Y	X－Y	借位（C）
0	0	0	0
0	1	1	1
1	0	1	0
1	1	0	0

（3）乘法。乘法有两个操作数，用记号 X“＊”Y 表示，其运算规则如下：

X	Y	X * Y
0	0	0
0	1	0
1	0	0
1	1	1

早期的计算机和现在的一些廉价单片机内部是没有乘法器的,只有加法器和移位器,要想做乘法运算只能通过一定的算法将乘法转换成加法来实现。随着硬件价格的大幅度下降,从 Intel 80286 CPU 开始,处理器内部有了专用的乘法器部件,加快了乘法的运算速度。

下面介绍一种将乘法转化成加法的算法——高位算法。

首先设置一初值为 0 的累加和单元,然后从乘数的最高位开始,如果为 1,则将累加和+被乘数=新的累加和,并将新的累加和左移 1 位(末尾补 0);如果为 0,则将累加和左移 1 位(末尾补 0)。依此类推,最后直到乘数的最末一位为止,所得累加和即为积。

【例 1.19】1001×1101 = ？

```
被乘数：  1001              累加和：        0
乘  数：  1101                   +)      1001   加被乘数，并且
                                -------------
                           新累加和：    1001
                                        10010   左移 1 位
          1101                   +)      1001   加被乘数，并且
                                -------------
                           新累加和：   11011
                                       110110   左移 1 位
          1101                        1101100   左移 1 位
          1101                   +)      1001   加被乘数
                                -------------
                           新累加和： 1110101   最终结果
```

【注意】在 8086 中就是采用上述算法进行的乘法运算,程序参见第 6 章。

(4)除法。除法有两个操作数,用记号 X“/”Y 表示,其运算规则如下:

X	Y	X/Y
0	0	非法
0	1	0
1	0	非法
1	1	1

【注意】0 不能做除数,如做除数为非法;另外,除法是乘法的逆运算。

2. 有符号数

因为补码的符号位与数值位一起参与运算,并且可以将减法运算转换成加法运算,简化了硬件电路,所以在计算机中,有符号数的运算大多采用补码来完成。即

$[X \pm Y]_{补} = [X]_{补} + [\pm Y]_{补}$

要注意以下两点:

(1)运算结果不能产生溢出,否则运算结果不正确。

(2)采用补码运算后,运算结果仍是补码,要得到其十进制数表示形式,则需要进行转换。

那么,如何判断有符号数的溢出呢?我们采用双高位异或法,即:

用B表示次高位向最高位的进位位,有进位为1,无进位为0;

用C表示最高位向前一位的进位位,有进位为1,无进位为0。

将B异或C,结果为0,没有溢出;结果为1,有溢出,表示运算结果错误!

【例1.20】判断25+75运算后是否产生溢出?(在8位运算器上)

解 $[25+75]_{补}=[25]_{补}+[75]_{补}=00011001B+01001011B=01100100B=+100$

$$\begin{array}{rl} & [25]_{补} \\ +) & [75]_{补} \\ \hline \end{array} \qquad \begin{array}{rl} & 00011001 \\ +) & 01001010 \\ \hline & 01100100 \end{array}$$

$B=0, C=0; B \oplus C=0$,所以无溢出,结果正确。

【例1.21】判断-120-105运算后是否产生溢出?(在8位运算器上)

解 $[-120-105]_{补}=[-120]_{补}+[-105]_{补}$

$$\begin{array}{rl} & [-120]_{补} \\ +) & [-105]_{补} \\ \hline \end{array} \qquad \begin{array}{rl} & 10001000 \\ +) & .\ 10010111 \\ \hline & 1\ \underline{0}0011111 \end{array}$$

$B=0, C=1; B \oplus C=1$,所以有溢出,结果错误。

很明显,从结果中也发现了负数+负数=正数的错误。

通过双高位异或法计算机就可以判断出有符号数计算的结果是否正确,并做出相应的处理,如:转入溢出子程序或者在显示器上显示出错信息。

1.3.2 逻辑运算

逻辑运算是1847年由英国数学家乔治·布尔(George Boole)创立的,故又称为布尔运算。逻辑运算与算术运算有着不同的概念:算术运算表示的是数值之间大小的关系;逻辑运算表示的是真假关系,它仅有0(假)、1(真)两种状态,是分析和设计数字系统的数学基础。

常见的逻辑运算有与、或、非运算。

1. **与运算(AND)**

AND有两个操作数,用记号X"·"Y或者X"∧"Y表示。其运算规则如下:

X	Y	X∧Y
0	0	0
0	1	0
1	0	0
1	1	1

只有当X、Y都为1(真)时,结果才为1(真)。

2. **或运算(OR)**

OR有两个操作数,用记号X"+"Y或者X"∨"Y表示。其运算规则如下:

X	Y	X∨Y
0	0	0
0	1	1
1	0	1
1	1	1

仅当X、Y都为0(假)时,结果才为0(假)。

3. 非运算(NOT)

NOT有一个操作数,用记号“¬”X或者$\overline{X}$表示。其运算规则如下:

X	$\overline{X}$
0	1
1	0

非运算后,0(假)变1(真),1(真)变0(假)。

4. 异或运算(XOR)

XOR有两个操作数,用记号X“⊕”Y表示。其运算规则如下:

X	Y	X⊕Y
0	0	0
0	1	1
1	0	1
1	1	0

仅当X、Y相同时,结果才为0。

运算符优先级:( )>NOT>AND>OR>XOR。

【例1.22】 ¬0∧1=?

解 ¬0∧1=(¬0)∧1=1∧1=1

【例1.23】 ¬(1∨0)=?

解 ¬(1∨0)=¬1=0

【例1.24】 1∧(0∨¬0)= ?

解 1∧(0∨¬0)= 1∧(0∨(¬0))= 1∧(0∨1)=1∧1=1

本章小结

本章主要学习了数制、无/有符号数的表示方式、ASCII码、汉字编码以及算术/逻辑运算法则。这些都是学习本书的必备基础知识。

思考与练习

1. 把下列十进制数转换成二进制、八进制、十六进制数。

(1)6.25　　(2)5.75　　(3)0.875　　(4)254

2. 把下列二进制数转换成十进制数。

(1)1010.1　　(2)1101.01　　(3)111.001　　(4)111001.00011

3. 把下列八进制数转换成十进制数。

(1)235.6　　(2)72.73

4. 把下列十六进制数转换成十进制数。

(1)A6.DC　　(2)B4A.8D

5. 回车键、空格键的ASCII码是什么？

6. 将下列带符号十进制数转换成8位二进制补码形式表示。

(1)-1　　(2)+1　　(3)+126　　(4)-12

7. 完成下列二进制数的运算。

(1)101+1.01　　(2)101-1.01　　(3)101×10　　(4)1010/10

8. 带符号数的表示方式有哪几种？其各自的特点是什么？

9. 已知X=-7,Y=-3,试着用补码计算X+Y=?

10. 已知$[X]_{补}=11000000$,$[Y]_{补}=01001000$,$[Z]_{补}=00010001$。

(1)求$[-X]_{补}$=? $[-Y]_{补}$=? $[-Z]_{补}$=?

(2)计算$[X-Y]_{补}$=? 和$[X-Z]_{补}$=? 并判断是否有溢出。

第2章 概述

学习目标：了解计算机、微型计算机的历史及发展和微型计算机的应用。

掌握微型计算机的基本组成原理及工作过程。

学习重点：微型计算机的组成原理及工作过程——冯·诺依曼原理。

2.1 什么是微型计算机

计算机(Computer)是一种能够按照事先存储的程序，自动、高速地进行大量数值计算和各种信息处理的电子设备。按其功能可分为：巨型机、中型机、小型机和微型计算机。

微型计算机(Micro Computer)简称“微机”，是以微处理器(CPU)为核心，配上存储器、输入输出接口电路及系统总线所组成的计算机。微型计算机的种类很多，可按如下几种方法分类。

1. 按CPU的位数分类

按CPU的位数，可分为：1位机、4位机、8位机、16位机、32位机和64位机等。

2. 按结构形式分类

按结构形式，可分为：单片机、单板机、个人计算机、工作站等。

(1)单片机是将CPU、存储器、部分输入输出接口及内部系统总线等集中在一个超大规模集成电路芯片上，具有体积小、可靠性高、成本低等特点，广泛应用于仪器仪表、家电、工业控制等领域。如Intel公司的MCS-51系列单片机。

(2)单板机是将CPU、存储器、输入输出接口芯片、简易键盘和发光数码管组装在一块印刷电路板上，所以称之为单板机。

(3)个人计算机(Personal Computer)简称PC机，是将主板(包括CPU、一部分存储器和输入输出接口)、存储器扩展板(内存条)、外设接口卡、电源等组装在一个机箱内(主机)，并配有硬盘、光驱、显示器、键盘、鼠标、各种外部设备和软件。广泛应用于办公、科研、商业等领域，如联想公司生产的Think Centre系列电脑。

(4)工作站，与高配置的个人计算机之间的界限并不非常明确，主要用于特殊的专业领域，如HP-Apollp工作站、Sun工作站等。

3. 按内存的组成分类

按内存的组成，可分为普林斯顿机和哈佛机。

(1)普林斯顿机：程序和数据共存于统一内存系统中，如现在大家用到的各种PC机。

(2)哈佛机：程序和数据分别存于严格区分的两个内存系统中，如单片机、DSP。

4. 按是否是嵌入对象体系分类

按是否是嵌入对象体系,可分为:个人计算机和嵌入式系统。

(1)个人计算机:即PC机,不嵌入对象体系中。

(2)嵌入式系统:嵌入对象体系中,从而实现对象体系智能控制的专用计算机系统。从早期的MCS-51单片机、Philips公司的51LPC到现在的ARM处理器,嵌入式系统被越来越多地应用于各种仪器仪表、工业控制、手机等领域。

2.2 计算机的历史及发展概况

2.2.1 计算机的历史及发展

计算机最初的设计目的是用来帮助人完成各种计算,故称之为"计算机"。但是到了后来,具有记忆、分析、判断、设计、决策、学习的功能,其作用大大超出了计算范畴。

1946年2月15日,由美国物理学家毛希利(John Mauchely)同电气工程师埃克特(J. P Eckert)研制成功第一台通用电子数字计算机——"埃尼阿克"(ENIAC)。它长30.48 m,宽1 m,重达30 t,耗电量150 kW,造价48万美元,由电子管作为主要元件,其计算速度比人工快20万倍,比机械式计算机快1 000倍,开创了电子数字计算机的新纪元。

1945年,美籍匈牙利数学家冯·诺依曼(V·N Weumann)作为ENIAC研制小组的顾问指出ENIAC计算机没有存储器的缺点,并提出"计算机要能够真正快速、通用,必须有一个具有记忆功能的部件——存储器,在计算机计算之前把指令表示的运算步骤,即程序、存入存储器中,计算一旦开始,计算机应该能自动到存储器中逐条取指令,并完成指令规定的操作,直至结束。而存入不同的程序,就可完成不同的计算。"这就是著名的冯·诺依曼原理。

1949年5月,英国剑桥大学数学实验室根据冯·诺依曼的思想,研制成功延迟存储自动计算机"艾迪萨克"(EDVAC),这是第一台具有冯·诺依曼原理结构的电子计算机。

此后,在冯·诺依曼原理理论之下,电子计算机迅猛发展,今天的数字电子计算机几乎全部是冯·诺依曼式计算机。按照传统的划分方法,计算机的发展大体经历了五代:

第一代:电子管计算机。主要逻辑元件采用电子管构成。体积大、功耗高、反应速度慢、寿命短、工作可靠性差、价格高。内存采用磁鼓,外存用磁带,采用机器语言和符号语言。EDVAC就是其典型代表。

第二代:晶体管计算机。主要逻辑元件采用晶体管构成。它的体积、功耗都只是电子管的几十分之一,速度快、寿命长、机械强度高。内存采用磁芯存储器,外存用磁盘,采用高级语言(如BASIC),并有了系统管理程序(操作系统的雏形)。

第三代:小规模集成电路计算机。主要逻辑元件采用集成电路构成。体积、功耗、重量都大幅度下降。内存采用半导体存储器,同时终端设备和通信技术迅速发展起来,为网络的发展打下了基础。

第四代:超大规模集成电路计算机。一个芯片上晶体管的集成数目达到几十万、几千万个,并且集成度还在不断提高,使计算机向速度更高、体积更小化发展。现在我们常用的微型计算机就属于第四代计算机。

第五代:人们正在进行着各种各样的探索,如:采用蛋白质分子制作的生物芯片构成的生物计算机;利用原子所具有的量子特性进行信息处理的量子计算机;用光信号进行数字运算、逻辑操作、信息存储和处理的光子计算机等。

2.2.2 微型计算机的历史及发展

微型计算机属于第四代计算机。

20 世纪 70 年代,为了进一步缩小计算机的体积,Intel 工程师提出把全部的计算机电路集成在 3 片芯片上的想法,即:CPU(中央处理器)、RAM(随机存储器)、ROM(只读存储器)。意大利工程师费金采用集成电路技术实现了该想法。后来人们把 CPU 也称为微处理器,使用了微处理器的计算机称为微型计算机。

随着微处理器集成度的不断提高,微型计算机经历了七个阶段:

第一阶段(1971~1973 年):以 Intel 4004 为代表的 4 位机。采用 PMOS 工艺,存储器容量小(几百 byte),使用汇编语言,没有操作系统,主要用于计算器中。

第二阶段(1974~1977 年):以 Intel 8080 和 Zilog Z80 为代表的 8 位机。微处理器采用 HMOS 工艺,存储器容量为 64 KB,使用高级语言和简单的操作系统,配有显示器、键盘、软驱等外设,可构成一台独立的台式机。

第三阶段(1978~1981 年):以 Intel 8086/8088 和 Motorola 68000、Zilog Z8000 为代表的 16 位、准 32 位机。微处理器采用 NMOS 工艺,存储器容量为 1MB,使用高级语言、操作系统、工具软件、应用软件,外设加入了硬盘。

第四阶段(1982~1992 年):以 Intel 80386、80486 为代表的 32 位机。微处理器采用 NMOS 或 CMOS 工艺,虚拟存储空间为 64 TB,并引入高速缓存器 Cache。

第五阶段(1993~1994 年):以 Intel Pentium 微处理器为代表的 RISC 时代的开始。

第六阶段(1995~2004 年):以 Intel Pentium Pro 微处理器为代表 64 位机。采用 0.35 μm 工艺,寻址范围 64 GB,采用动态执行技术,将 256~512 KB 的二级 Cache 集成到 CPU 中。1996 年推出的 Pentium II、III、Pentium 4 具有 MMX 技术,更加适用于多媒体应用领域。

第七阶段(2005~):以 Intel 出品的 Core Duo 双核处理器为代表的多核微处理器时代,引入了多核技术,虚拟化技术等。双核处理器对多任务处理能力更强。

随着电子技术的不断发展,功能更强的 CPU 还会不断出品,带给我们更多的惊喜!

【注意】嵌入式系统和微型计算机是计算机技术发展的两大分支。微型计算机技术的发展方向是高速、海量的数值计算,总线速度的无限提升,存储容量的无限扩大。而嵌入式系统的发展方向是与对象系统密切相关的嵌入性能、控制能力与控制的可靠性。嵌入式系统主要应用于智能化仪器仪表、智能家电、手机和 PDA 设备。

2.3 微型计算机的应用

2.3.1 微型计算机的应用

由于微型计算机具有价廉物美、可靠性高、维护方便、小巧灵活等优点,已广泛应用于工农业、国防、科研、教育、通信、家庭生活等各个方面,对科学技术和人类生活产生了巨大的影响,已逐渐成为人们生活工作中不可缺少的工具。目前世界上销售最多的电子产品就是微型计算机,已超过电视机的销售数量。

微型计算机主要应用在以下几个方面:

(1)科学计算:是计算机应用的传统领域。计算机设计的最初目的就是为了将人们从复杂、繁琐的计算中解放出来,用于解决科学领域中的数值计算问题。利用微机进行如卫星轨道、天气预报等的计算工作,可以大大节省人力、物力和时间,提高运算精度。

(2)办公自动化(OA):是计算机技术与通信技术相结合的产物。其内容包括:电子数据处理(EDP)、管理信息系统(MIS)、决策支持系统(DSS)。办公自动化的应用减轻了办公人员的体力、脑力劳动,减少了人为因素对办公的干扰。

(3)数据库应用:数据库是按照某种联系组织起来的数据的集合。通过数据库管理系统对数据库实施控制、管理和使用。如大家熟悉的教务管理系统、银行储户管理系统等。

(4)多媒体技术:是一种交互式的处理各种不同感觉媒体的信息处理技术。包括声音、图像、音频、视频、触觉等。多媒体技术在计算机上的应用,使得计算机更加人性化。

(5)过程控制:是指利用计算机对检测对象进行数据采集,并按最佳方案对被控对象进行自动控制或调节的过程。大大促进了工业自动化的进程,减轻了劳动强度,提高产品质量和生产效率。如:电阻炉的微机控制系统。

(6)辅助工程:是指在设计人员和计算机的交互作用下,实现过程和产品的最优化设计。如:计算机辅助设计(CAD)、计算机辅助教学(CAI)、计算机辅助制造(CAM)等。

(7)计算机仿真:是指借助高速、大存储量数字计算机及相关技术,对复杂真实系统的运行过程或状态进行数字化模拟的技术。它具有高效、安全、受环境条件约束少、可改变时间比例尺等优点,已成为分析、设计、运行、评价、培训系统(尤其是复杂系统)的重要工具。如宇航员、舰艇驾驶员的模拟仿真训练,算法的仿真等。

(8)人工智能:是指用计算机软件系统模拟人类的感知、推理学习、理解等智能行为。它是在计算机科学、控制论、仿生学和心理学基础上发展起来的学科,是当前国内外的大热门技术。其中包括:模式识别、语音识别、专家系统、机器人等分支。

2.3.2 微型计算机的应用实例

【例 2.1】基于 PC 机的电阻炉温度控制器。

电阻炉被广泛应用于加工生产中。由于在高温作业下不可能直接测量电阻炉内的温度,于是设计了基于 PC 机的电阻炉温度控制器。该控制器不但可以实时测量电阻炉内的温度并将温度显示在显示器上,而且可根据用户的要求对电阻炉内的温度实时进行调节,从而保证了产品质量,其设计方案如图 2.1 所示。

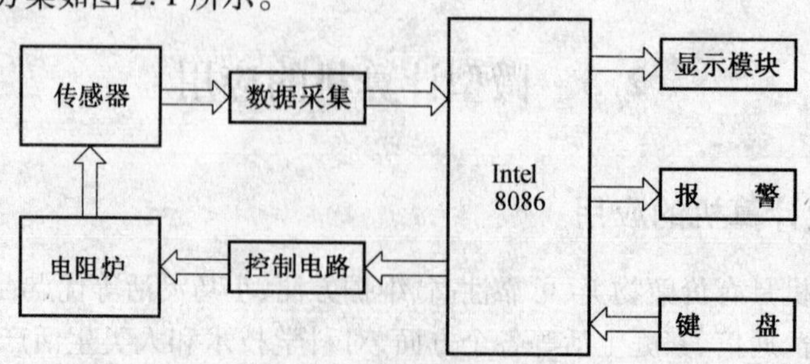

图 2.1　基于 PC 机的电阻炉温度控制器框图

该控制器采用 Intel 8086 作为控制芯片。通过温度传感器将检测到的实时温度通过数据采集模块输入 CPU 内,并显示到显示模块上,同时在 CPU 内部将检测到的实时温度与通过键盘输入的设定温度进行比较,根据比较结果输出控制信号,通过控制电路对电阻炉的温度进行调节,从而保证电阻炉内温度的恒定。如果超出最高温度则发出报警信号。

2.4　微型计算机基本组成原理与工作过程

2.4.1　微型计算机基本组成原理

如上所述,我们知道无论是简单的单片机还是相对比较复杂的个人计算机,甚至是超级微机和微巨机,尽管其在外形上有很大差异,但都采用的是经典的“冯·诺依曼”结构,都是按照冯·诺依曼原理设计的。

其基本思想如图 2.2 所示,计算机由五大部分组成:运算器、控制器、存储器、输入设备、输出设备。其中运算器、控制器合在一起被称为中央处理器(CPU)。

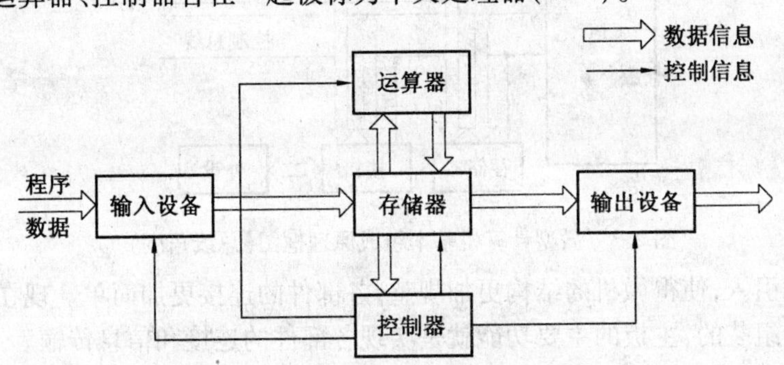

图 2.2　微型计算机基本组成原理框图

(1)运算器:运算器由算术/逻辑运算单元(ALU)、寄存器、暂存器组成。

ALU 主要完成算术、逻辑运算。算术运算主要指二进制的加法运算(由第 1 章可知,减法、乘法、除法的运算都可以转换成加法运算),逻辑运算包括与、或、非、移位运算。

寄存器、暂存器都是存放数据用的,主要用来存放 ALU 单元运算时用到的操作数,并把运算结果回存到寄存器中。

(2)存储器:用来存放控制计算机动作的命令信息(指令)和被处理加工的信息(数据)及中间或最终的结果。其中指令是用来指挥计算机工作的,n 条指令构成了程序。

存储器可分为内存和外存。内存称之为主存,外存称之为辅助存储器。指令和数据只有存放到内存中,计算机才能对其进行处理。所以,这里所说的存储器是指内存,外存属于外设部分。

(3)控制器:控制器是计算机的大脑,它的作用是从内存中逐条读取指令,分析后,输出控制信号控制运算器、存储器、输入输出设备协调工作。

计算机是在控制器的控制下协调工作,而控制器是受每条指令控制,n 条指令构成了人所编写的程序。所以说,计算机实际上是按照人编写的程序一步一步运行的机器。

(4)输入设备:输入设备将程序、原始数据及现场信息以计算机能识别的形式送入存储器中,供运算器和控制器使用。常用的输入设备有键盘、鼠标、扫描仪等。

(5)输出设备:用来输出计算机已处理的结果。常用输出设备有显示器、打印机等。

由图 2.2 可知,计算机的五大部件之间通过一组公共的、具有逻辑功能的信号线联系起来,这组信号线称为总线(Bus)。我们可以从总线的角度将图 2.2 变换成图 2.3 的形式。

总线是计算机各部件之间传送信息的公共通路,包括数据总线 Data Bus,DB、地址总线(Address Bus,AB)和控制总线(Control Bus,CB)。

(1)数据总线:数据总线中传送的是数据和指令,是双向的。

(2)地址总线:地址总线中传送的是 CPU 要访问的内存或外设接口的地址信息。一般是由 CPU 发出,是单向的。

(3)控制总线:控制总线上传送的是控制器分析指令后产生的控制信号及其他部件向 CPU 发送的状态/请求信号,它控制存储器、外设等部件协调工作。一般是由 CPU 发送给其他芯片,是单向的。

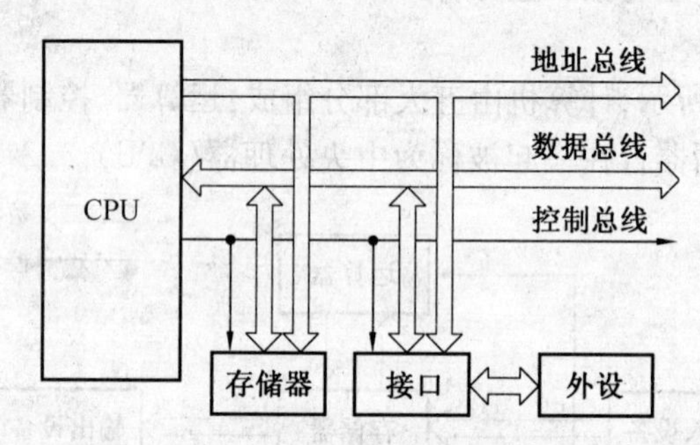

图 2.3　微型计算机基本组成原理框图(总线角度)

由于总线的引入,使得微机的结构更加规整,各部件的连接更加简单。现在的微机都是基于主板结构进行组装的,主板的主要功能就是实现各部件的连接和信息传输。

2.4.2　微型计算机工作过程

下面通过对例 2.1 中报警部分工作过程的介绍,说明计算机是如何工作的。

要完成报警的功能,必须先做如下工作。

(1)编写程序。要想让计算机按照我们的想法工作,完成报警功能,首先要将报警的想法变成计算机可理解的程序。程序如下:(读者可在 EMU8086 下运行看看)

```
    ORG 100H
    MOV AL, 51H          ;将现场实时采集的温度存入 AL 中
    MOV BL, 50H          ;将设定的最高温度存入 BL 中
    CMP BL,AL            ;现场温度与设定最高温度比较
    JNC A                ;如果现场温度<设定最高温度,则结束,不报警
    MOV CL, 1            ;如果现场温度>设定最高温度,则使 CL=1,通过硬件输出报警
A:  HLT                  ;程序结束
    RET
```

(2)通过输入设备(键盘)将程序输入到计算机中,如图 2.4 中①所示。由于计算机内部

仅能识别二进制代码，所以下一步我们将输入的程序经过汇编语言程序汇编后(MASM)转换成计算机可识别的二进制代码(机器指令)，存入内存中，如图2.4中②所示。

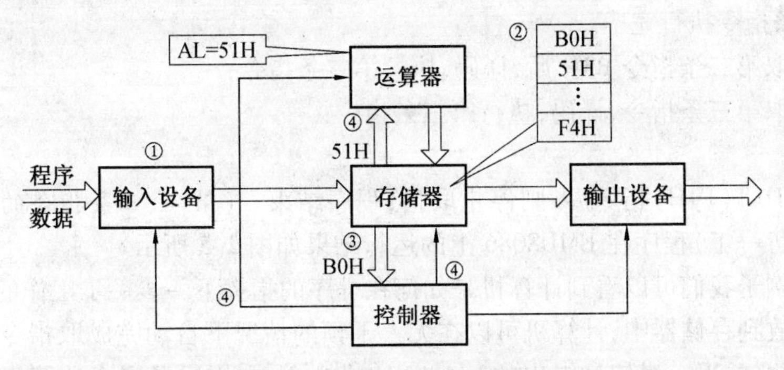

图2.4 计算机工作过程示意图

汇编语言	机器码	内存地址
ORG 100H		
MOV AL, 51H	B0H(1011 0000B)	07100H
	51H (0101 0001B)	07101H
MOV BL, 50H	B3H	07102H
	50H	07103H
CMP BL,AL	3AH	07104H
	D8H	07105H
JNC A	73H	07106H
	02H	07107H
MOV CL, 1	B1H	07108H
	01H	07109H
A: HLT	F4H	0710AH

MOV AL, 51H 的机器码是10110000B、01010001B，为了方便读写写成十六进制B0H、51H的形式，分别存放于地址为07100H、07101H的内存单元中。

MOV BL, 50H 的机器码是B3H、50H，存放于地址为07102H、07103H的内存单元中。

……

HLT所对应的机器码是F4H，存放于地址为0710AH的内存单元中。

【注意】每个内存单元都有两个重要的二进制信息，一个是该内存单元所对应的地址，另一个是该内存单元中的内容。二者切不可混淆，地址是固定不变的，而单元的内容则可以通过对该单元的重新写入而改变。

(3)取指令。程序开始执行，控制器从存储器中取得第一条指令，如图2.4中③所示，将内存中的B0H送入控制器内，B0H经过控制器内分析后，输出与该指令相对应的各种控制信号(用控制器发出的单箭头表示)。

(4)执行指令。在控制器的控制下,指挥存储器将51H送至运算器的AL寄存器中,如图2.4中④所示。51H被存入AL寄存器,即AL=51H。

(5)第一条指令执行完毕。

控制器再取第二条指令B3H后,译码,执行第二条指令;

控制器再取第三条指令,译码,执行第三条指令;

……

直到取得HLT(F4H)指令后,则停止取指,程序结束。(第二、三条指令的执行过程请读者自行试着分析一下)程序在EMU8086上的运行结果如图2.5所示。

从上面的例子我们可以看到计算机是如何在程序的指挥下一步一步工作的。编制好的程序和数据被存放到存储器中,计算机可以在无人干预的情况下自动完成取指令和执行指令的过程,这就是著名的冯·诺依曼提出的"存储程序"概念,它构成了当今计算机系统的结构框架,因此,目前的计算机体系也称之为"冯·诺依曼"结构。

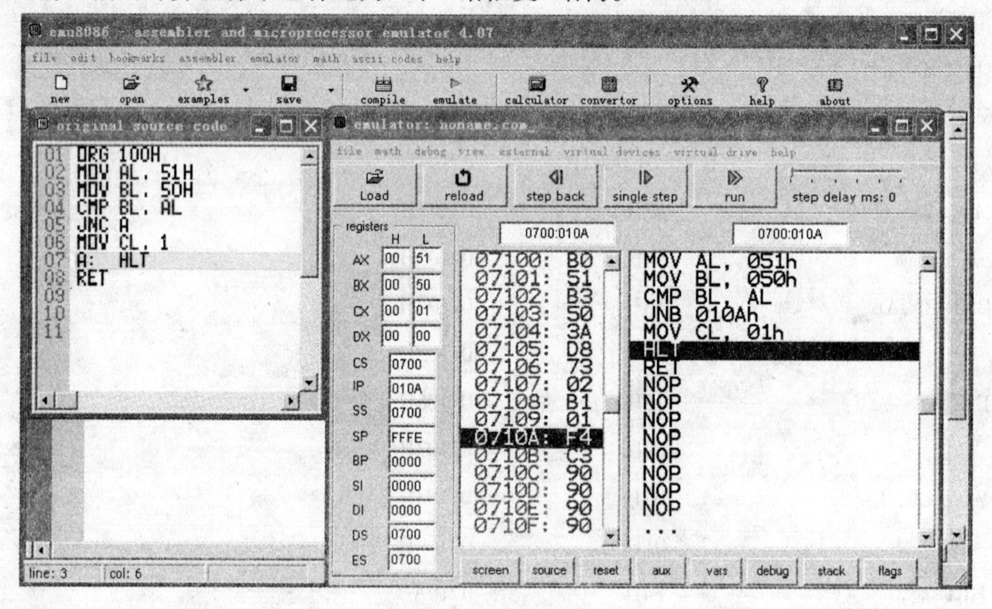

图2.5　运行结果

本章小结

本章首先介绍了计算机、微型计算机的发展过程,然后给出了计算机最基本的原理——冯·诺依曼原理。计算机是由运算器、控制器、存储器、输入设备、输出设备五大部分组成的,其中控制器与运算器合称中央处理器或微处理器(CPU),是计算机的控制核心;存储器用来存放程序和数据;输入输出设备用来完成数据的输入输出工作。

通过"基于PC机的电阻炉温度控制器"报警模块实例的执行过程及上机调试过程,我们发现计算机的工作过程是"在程序的控制下,逐条取指令、执行指令的过程"。

思考与练习

1. 试叙述计算机的分类。

2. 试叙述微型计算机发展的七个阶段。

3. 请结合自己身边的情况，试叙述微型计算机的应用范围。

4. 微型计算机由哪几部分组成？每部分的功能是什么？

5. 请模仿例 2.1 给出“基于 PC 机的温室大棚温度控制器”的框图，并试着用语言叙述其工作过程。

第3章 CPU

学习目标：掌握8086CPU的引脚功能、内部结构及工作过程。

了解80x86系列CPU的引脚功能、内部结构和内存的管理方法。

学习重点：8086CPU的内部结构及工作过程。

（段地址：偏移地址）和物理地址之间的关系。

第2章我们介绍了"冯·诺依曼"原理，知道计算机是由CPU（控制器、运算器）、存储器、输入、输出设备五大部分组成的。从这一章开始，我们将通过4个章节的内容给大家详细介绍这五大部分。本章重点讲解CPU（控制器和运算器），首先介绍8086CPU的结构、功能和工作原理，在此基础上介绍80X86系列CPU的结构和功能。

3.1 8086引脚功能

对于没有系统学习过8086的读者来说，需要首先学习8086CPU的原理。不要以为8086现在很少用了，就可以直接学习正在流行的CPU原理。事实上，Intel系列的CPU，都是以8086作为基础向上兼容的，都是在8086基础之上进行改进、提高、发展起来的。

8086CPU是Intel公司推出的16位微处理器，采用40脚双列直插（DIP）封装，如图3.1所示。（了解8086的外部引脚情况是使用它的前提。这里没有太多的原理，多为符号的约定，所以学习此部分不要死记硬背，弄明白道理即可。详解参考芯片手册。）

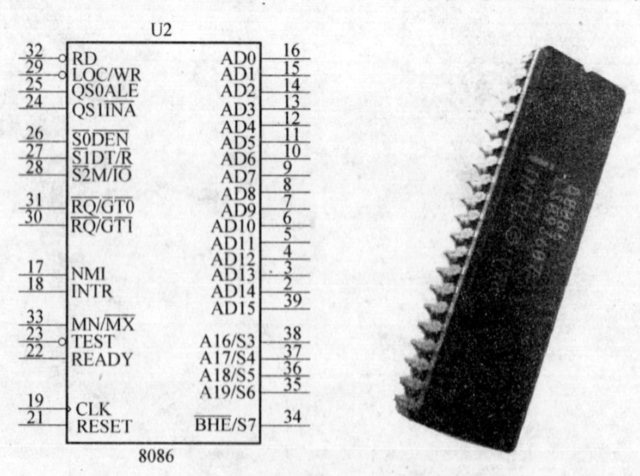

图3.1 Intel 8086管脚图

3.1.1 工作模式

1. 最小工作模式

当 $MN/\overline{MX}$=+5 V 时,构成最小工作模式。系统中只有 8086 一个 CPU,所有控制信号直接由 CPU 提供,总线控制电路被减为最少,故称为最小工作模式。

2. 最大工作模式

当 $MN/\overline{MX}$=GND 时,构成最大工作模式。系统中除了 8086 一个主 CPU 外,一般还有两个协处理器:Intel 8087 和 8089。

8087 是专门用于数值运算的协处理器,它能实现多种类型的数值运算,如浮点、三角函数运算等。如果没有 8087,上述运算全部由 8086 通过软件的方法来完成,则将消耗大量 8086 时间,引入 8087 后,将软件硬件化,大大提高了主 CPU 的运行速度。

8089 协处理器可以直接为输入输出设备服务,使得主 CPU 不再承担输入输出的工作。所以,引入 8089 后,对于输入输出比较繁忙的系统,将大大提高主 CPU 的运行速度。

3.1.2 引脚介绍

8086CPU 有 40 个引脚(图 3.1):数据总线 16 条(D0 ~ D15),地址总线 20 条(A0 ~ A19),以及控制总线 16 条,时钟、电源、地等组成。

1. 电源、地线

V_{CC}(40 脚):电源。8086 采用的是单一的+5 V±10% 电源。

GND (1 脚和 20 脚):地。两个接地引脚。

CLK(19 脚):主时钟信号输入,为 CPU 提供基本的时钟。CPU 所使用的时钟频率因型号有所不同,8086 为 5 MHz,8086-1 为 10 MHz,8086-2 为 8 MHz。

2. 数据/地址复用总线

AD0 ~ AD15:数据/地址分时复用线。为了节省管脚,8086 将 16 位数据总线 D0 ~ D15 与地址总线的低 16 位(A0 ~ A15)采用分时复用技术复用。在执行存储器/外设读写操作时,在总线周期的 T1 时刻提供单相的三态地址信号,其他时刻为双向的三态数据信号。

A16/S6 ~ A19/S3:地址/状态分时复用线。在执行存储器读写操作时,在总线周期的 T1 时刻提供单相的三态地址信号,T2 ~ T4 时刻输出状态信息。其中 A16 ~ A19 与 A0 ~ A15 共同构成 20 条地址总线;S6 = 0 表示 8086CPU 占用当前总线;S5 = IF;S4、S3 组合表示当前正在使用哪个段,见表 3.1。

表 3.1 S4、S3 组合含义

S4	S3	含 义
0	0	ES 附加段
0	1	SS 堆栈段
1	0	CS 代码段
1	1	DS 数据段

3. 控制总线

控制总线有 16 条,其中 8 条引脚含义固定,另外 8 条在不同工作模式下有不同含义。

NMI(输入,17 脚):非屏蔽中断请求信号。上升沿有效。当上升沿到来且 CPU 执行完当前指令后,转入非屏蔽中断请求服务程序。

INTR(输入,18 脚):可屏蔽中断请求信号。高电平有效。当输入高电平时且 IF 开中断且 CPU 执行完当前指令后,转向可屏蔽中断服务程序。

RESET(输入,21 脚):复位信号。高电平有效。当其为高电平,并维持 4 个以上时钟周期时,CPU 停止正在运行的程序,将指令指针 IP、数据段寄存器 DS、附加段寄存器 ES、堆栈段寄存器 SS、标志寄存器 FLAG 清零,并将 CS 置为 0FFFFH。计算机重新启动后,从 CS:IP = 0FFFFH:0000H 处开始执行。

READY(输入,22 脚):准备好信号。高电平有效。当其为高电平时,表示内存或外设的数据已经准备好,CPU 可以进行读写操作。

$\overline{\text{TEST}}$(输入,23 脚):检测信号。低电平有效。当其为低电平时,CPU 脱离等待状态,继续执行被等待前的指令。

$\overline{\text{INTA}}$(输出,24 脚):中断响应信号。低电平有效。表示 CPU 响应该中断。

ALE(输出,25 脚):地址锁存允许输出信号。高电平有效。当其为高电平时,表示 AD0 ~ AD15 上输出的是地址信息。

M/$\overline{\text{IO}}$(输出,28 脚):存储器/外设选择信号。当其为高电平时,表示 CPU 对存储器操作;为低电平时,表示 CPU 对外设接口操作。

$\overline{\text{WR}}$(输出,29 脚):写信号。低电平有效。当其为低电平时,表示 CPU 在对存储器或者外设接口进行写操作。

HOLD(输入,30 脚):总线申请信号。高电平有效。当其为高电平时,表示向 CPU 发出让出总线控制权的申请。

HLDA(输出,31 脚):总线应答信号。高电平有效。当其为高电平时,表示 CPU 响应了让出总线控制权的申请,让出总线控制权。

$\overline{\text{RD}}$(输出,32 脚):读控制信号。低电平有效。当其为低电平时,表示 CPU 正在从外设或者内存读取数据到 CPU 内。

MN/$\overline{\text{MX}}$(输入,33 脚):工作模式控制线。接+5V 时,为最小工作模式;接地时,为最大工作模式。

$\overline{\text{BHE}}$/S7(输出,34 脚):高 8 位数据允许/状态复用信号。低电平有效。当 BHE 为低电平时,表示高 8 位数据线(D8 ~ D15)上的数据有效。

3.2 8086CPU 的内部结构

在 3.1 节学习了 8086 的外部引脚结构,这节将进一步深入 8086CPU 内部,探讨其内部结构,如图 3.2 所示。8086 内部采用 HMOS 工艺,集成度为 29 000 晶体管/片。

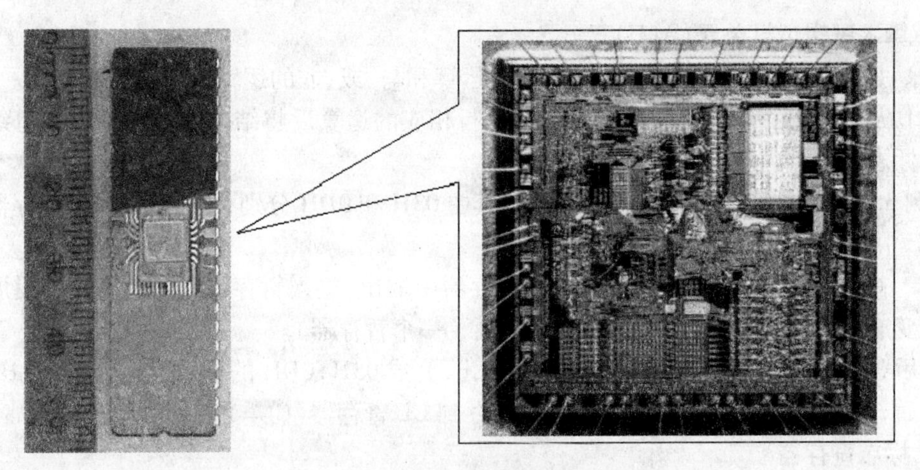

图 3.2 8086 的内部结构

如图 3.3 所示，8086CPU 内部从功能上可分为两大部分：EU 和 BIU。

EU：执行单元（Execution Unit）。

BIU：总线接口单元（Bus Interface）。

3.2.1 执行单元（EU）

EU 包括：1 个算术逻辑运算单元（ALU）、1 个 16 位标志寄存器、8 个 16 位通用寄存器、暂存器、EU 控制电路和一条 16 位的内部总线。主要功能是负责执行指令和数据处理。

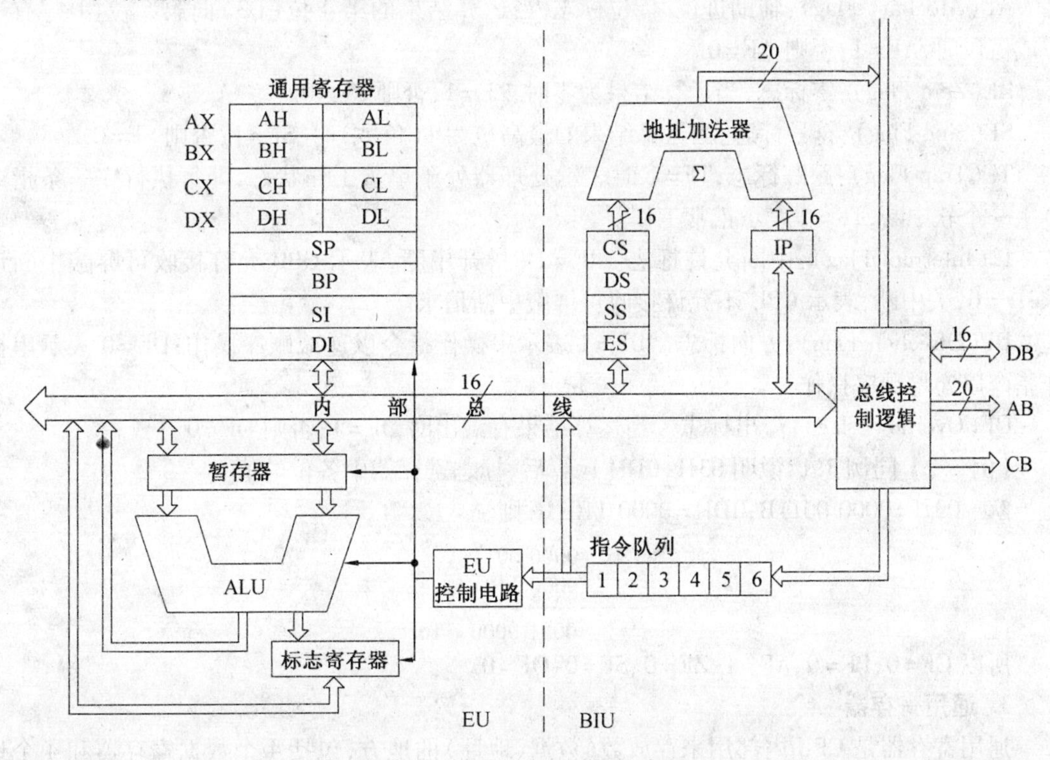

图 3.3 8086 的内部结构示意图

1. **算术逻辑运算单元(ALU)**

ALU 是 CPU 的核心部件,主要完成算术运算和与、或、非的逻辑运算及移位操作。

ALU 从暂存器中取得运算用的操作数进行相应的运算后将结果通过内部数据总线输出,并影响标志寄存器内各位。

【例 3.1】 完成 03H+0DH 的加法运算,其中 03H 和 0DH 分别存放在 AL、BL 寄存器中,和放到 CL 中。下面看看 ALU 是如何工作的?

解 首先,将 03H 和 0DH 从 AL、BL 寄存器中取出,放入暂存器(随着 CPU 的发展,暂存器已经变成一组暂存器组,图 3.3 仅示意地画了一个暂存器)。

然后,ALU 从暂存器中将 03H 和 0DH 取出,完成 03H+0DH 的算术运算,和为 11H。

最后,ALU 将结果 11H 通过内部总线回存到 CL 寄存器(CL=11H),并影响标志寄存器。

2. **标志寄存器**

标志寄存器是一个 16 位寄存器,如图 3.4 所示,其内部 16 位中有 9 位有效位,其中 6 位为状态位(CF、AF、SF、PF、ZF、OF),3 位为控制位(IF、DF、TF)。

15	14	13	12	11	10	9	8	7	6	5	4	3	2	1	0
				OF	DF	IF	TF	SF	ZF		AF		PF		CF

图 3.4 标志寄存器

CF(Carry Flag):进位/借位标志,加/减法运算后最高位有进/借位,则 CF=1;否则 CF=0。

PF(Parity Flag):奇偶校验标志,当运算结果中 1 的个数为偶数时,PF=1;否则 PF=0。

AF(Auxiliary Flag):辅助进位/借位标志,当运算结果的第 4 位(D3)向第 5 位(D4)有进位或借位时,AF=1;否则 AF=0。

ZF(Zero Flag):零标志,当运算结果为零时,ZF=1;否则 ZF=0。

SF(Sing Flag):符号标志,当运算结果的最高位为 1(负数)时,SF=1;否则 SF=0。

TF(Trap Flag):跟踪标志,TF=1 时表示处理器处于单步工作状态,即每执行完一条指令产生一个软中断;TF=0 表示正常工作。

IF(Interrupt Flag):中断允许标志。IF=1 时,开中断,表示 CPU 允许接收可屏蔽中断请求;IF=0,关中断,表示 CPU 不允许接收可屏蔽中断请求。

DF(Direction Flag):方向标志。DF=1 表示串操作指令以递减顺序操作;DF=0 表示串操作指令以递增顺序操作。

OF(Overflow Flag):溢出标志。当运算结果有溢出时 OF=1;否则 OF=0。

【例 3.2】 同例 3.1,说明 03H+0DH 运算后,标志寄存器中各位的值。

解 03H=0000 0011B;0DH=0000 1101B,则

```
       0000 0011
  +)   0000 1101
  ───────────────
       0001 0000 = 10H
```

所以 CF=0、PF=0、AF=1、ZF=0、SF=0、OF=0。

3. **通用寄存器**

通用寄存器是 CPU 内部用来存放数(数据、地址)的地方,包括 4 个数据寄存器和 4 个地址指针寄存器。

(1)数据寄存器:主要用于存放 ALU 运算中用到的操作数和结果。其中 AX、BX、CX、DX

为16位寄存器,用于存放16位数据;这4个16位寄存器又可被分成8个8位寄存器,即AL、AH、BL、BH、CL、CH、DL、DH,用于存放8位数据。

AX:累加器,是程序设计中最常用的寄存器。

BX:基址寄存器,主要用于存放内存空间的地址。

CX:计数寄存器,主要用于存放循环次数。

DX:数据寄存器,主要用于暂存数据。

(2)地址指针寄存器:主要用于存放内存的16位偏移地址。

SP:堆栈指针,存放堆栈段中栈顶的偏移地址。

BP:基址指针,存放堆栈段中所存数据的偏移地址。

DI:目的变址寄存器,存放数据段中所存数据的偏移地址。

SI:源变址寄存器,存放数据段中所存数据的偏移地址。

【注意】对于每个寄存器的详细应用情况,将在第5章指令系统中给大家详细介绍。这里,大家只需记住它们的名字和简单功能即可。

4. EU控制电路

EU控制电路的主要任务是:将指令队列中的指令逐条取出,进行译码,得到每条指令对应的微操作,用来控制CPU各部件协调工作。如图3.3中在EU控制电路的控制下,通用寄存器、暂存器、ALU、标志寄存器协调工作。

5. 内部总线

8086CPU内部总线是16位的,所用的信息(数据、地址)都通过这条总线在CPU内部各个部件之间进行传递。

3.2.2 总线接口单元(BIU)

在学习总线接口单元之前,先学习下面几个知识点。

(1)8086存储器的表示形式

我们知道,内存是用来存放程序和数据的,每个存储单元以字节为单位存放信息(图3.5)。为了对每个单元加以区分,我们将其编上地址,如图3.5左侧所示,从00…0B开始,由于8086有20根地址总线,所以可以寻找到的内存最大空间为2^{20},即可以寻找到的最大内存地址是11…1B(20个1),于是我们得到8086内存地址空间范围为:0000 0000 0000 0000 0000B ~ 1111 1111 1111 1111 1111B,即00000H ~ FFFFFH。

(2)如何让16位寄存器表示20位存储器地址

我们知道,8086的内存地址是20位的,但是8086CPU内的寄存器和内部总线都是16位的,如何让16位的寄存器表示(形成)20位的内存地址呢?

这就像是:让一个只能识别个位数字的邮递员去投送一个地址为11的十位数信件一样,邮递员不认识11,因此无法进行投送。我们怎么办呢?我们可以把住户的地址重新编一下,用个位数的形式来表示。例如把地址11重新编址为1门1户,都是个位数,于是邮递员就可以送信了。

我们将上面的想法引入计算机中,将内存地址人为地分成两部分:16位段地址和16位偏移地址(用段地址:偏移地址来表示),称为逻辑地址。其中(段地址:偏移地址)与物理地址的关系为(图3.6):16位段地址按位左移4位(末尾补零)+16位偏移地址=20位的物理地址。

这样,16 位的寄存器就可以表示 20 位的内存地址了。

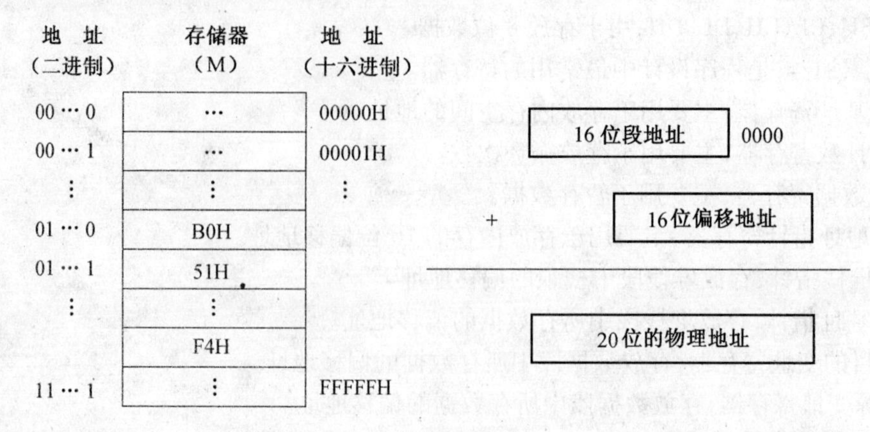

图 3.5 存储器的表示形式　　　　图 3.6 20 位物理地址的形成

【例 3.3】已知某内存单元的逻辑地址为 0100H:00A1H,问其物理地址是多少?已知某内存单元的逻辑地址为 0000H:10A1H,问其物理地址是多少?说明了什么问题?

解 已知逻辑地址求物理地址,可用图 3.6 的方法。

将段地址 0100H 按位左移 4 位,得到 01000H

加偏移地址　　+ 00A1H

得到物理地址　　010A1H　　所以该单元的物理地址为 010A1H;

同理:将 0000H 按位左移 4 位,得到 00000H

+ 10A1H

010A1H　　所以该单元的物理地址为 010A1H。

我们发现:两个不同的逻辑地址却得到了相同的物理地址。所以我们说逻辑地址不是唯一的,物理地址是唯一的。逻辑地址同内存单元是多对一的关系,物理地址同内存单元是一对一的关系。

有了上面的准备,我们一起来学习 BIU 部分。

BIU:由 1 个地址加法器(Σ),4 个 16 位段寄存器,1 个 16 位指令指针寄存器,6 字节指令队列和总线控制逻辑电路构成。其主要功能是负责 CPU 内部与外部存储器和输入输出接口之间的信息传递。

1. 段寄存器

8086 内有 4 个 16 位段寄存器 CS、DS、ES、SS,分别用于存放代码段、数据段、附加段和堆栈段的段地址。由于 8086 只有 4 个段寄存器,所以内存最多可以被分成 4 个段。

2. 指令指针寄存器(IP)

IP 是一个专用的 16 位寄存器,用来存放当前正在执行的指令所在内存单元的偏移地址。当该指令被 CPU 取走后,IP 寄存器的内容发生变化,指向下一条要运行的指令所在内存单元的偏移地址,为 CPU 取下一条指令做准备。

3. 地址加法器(Σ)

Σ 用于完成将逻辑地址转变为物理地址的运算。其中段地址根据实际情况从 CS、DS、

ES、SS 取得，偏移地址从 IP、BX、SI、DI、BP、SP 中取得。

Σ 与 ALU 是 8086CPU 内部的两个运算部件。

4. 指令队列

指令队列是一个按照先进先出原则组织的高速缓冲器，8086 内部有 6 个字节，用于存储从内存取得的指令。

5. 总线控制逻辑电路

总线控制逻辑电路用于将 CPU 的内部总线与外部总线相连，是 CPU 与外部交换数据的通道。8086 总线控制器包括 16 位数据总线、20 位地址总线和若干控制总线。

EU 和 BIU 是两个相对独立的部分，EU 在执行指令的同时，BIU 可进行从存储器或者外设接口取指令的任务，这样就将原有的取指令后再执行指令的过程变成了取指令、执行指令并行执行的过程，大大提高了 CPU 的工作效率，实现了流水线技术。

3.3　8086CPU 内部工作过程

在第 2 章中我们以例 2.1 为例简单介绍了计算机的工作过程，下面我们深入到 CPU 内部，同样以例 2.1 为例看看 CPU 内部是如何工作的。

(1) 在操作系统的控制下，我们将已经编好的程序由输入设备输入计算机的内存中。如图 3.7①所示，程序被装入内存 0700:0100 起始的位置处。

(2) 执行程序：由于程序被放置在内存 0700:0100 的位置，所以，此时 CS=0700H，IP=0100H。如图 3.7②所示，CS 为正在运行的程序所在内存的段地址，IP 为准备运行的指令所在内存的偏移地址。

(3) 取指令：将当前 CS 的值 0700H 和 IP 的值 0100H 送入地址加法器 Σ，完成逻辑地址到物理地址的转换，即得到第一条指令所在内存的物理地址 07100H，然后在内存 07100H 处取出该指令 B0H，通过总线控制逻辑送入指令队列中，如图 3.7③所示。同时改变 IP 的值为 IP=0102H，使其指向下一条要运行的指令。

(4) 执行指令：EU 控制电路从指令队列中取得 B0H，对该指令进行分析，知道其含义为：将一个紧跟在指令后的数 51H 赋值给 AL 寄存器，于是给出相应的微操作，控制通用寄存器、暂存器、ALU、标志寄存器产生相应的动作（图 3.7④）。由于数据 51H 紧跟在指令 B0H 后边，所以直接将该数据从内存单元中读出，通过内部数据总线被送入 AL 寄存器中（图 3.7）即 AL=51H。

(5) 再取指令：此时 CS=0700H，IP=0102H，再通过地址加法器 Σ 算得第二条指令所在内存的物理地址，从该物理地址处取得第二条指令，同样通过总线控制逻辑将第二条指令送入指令队列中等待 EU 部分执行指令。

(6) 再执行指令：直到取得 F4H(HLT) 指令为止。

我们发现，CPU 的工作过程就是一个不断取指令、执行指令、再取指令、再执行指令的过程，反反复复，直到程序结束。

由于 8086CPU 被分成相对独立的 EU 和 BIU 两部分，其中取指令的工作由 BIU 完成，执行指令的工作由 EU 完成，所以在 EU 执行指令的同时 BIU 可以并行完成取指令的工作，即上述的(3)→(4)→(5)→(6)的顺序运行过程可变成并行运行过程：

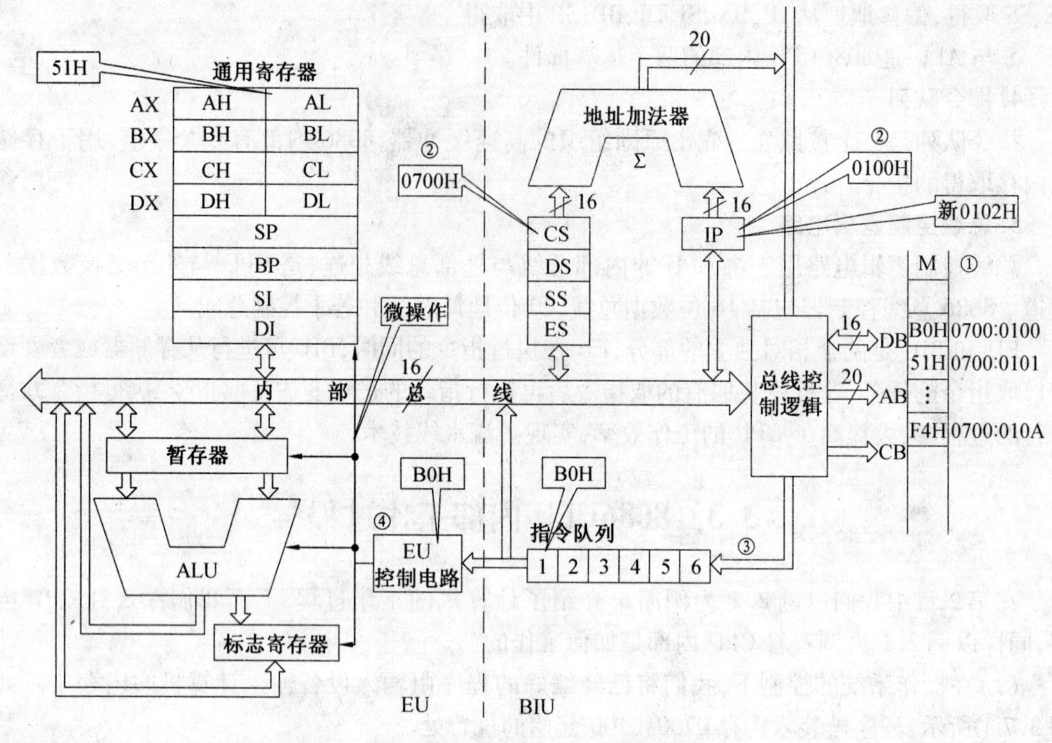

图 3.7　8086CPU 内部工作过程

EU：　(3)→(5)→……

BIU：　　(4)→(6) →……这就是流水线技术，大大地提高了 CPU 的工作效率。

3.4　Intel80x86 系列高档微处理器简介

成立于 1968 年的 Intel 公司是全球最大 CPU 生产厂家，继 1969 年推出了 4 位 4004 芯片、1973 年推出 8 位 8080 芯片后，先后推出了 16 位 8086、准 16 位 8088、超级 16 位 80286、32 位 80386、80486、Pentium 和 Core Duo 芯片。这些 CPU 形成了一个 80x86 系列（表 3.2），向下兼容。在设计上融入了大中型机的多模式存储管理、指令和数据高速缓存、超级流水线、大寄存器组、多道处理接口等体系结构特点。

表 3.2 Intel 80x86 系列 CPU 的主要特性

CPU	8086	80286	80386	80486	Pentium
晶体管数/万只	2.9	13.4	27.5	120	310 ~
管脚数	40	68	132	168	296 ~
时钟频率/MHz	5/8	8/10	25/33	33/50	60 ~
字长	16	16	16/32	32	32/64 ~
内存容量	1 MB	16 MB	4 GB	4 GB	64 GB
外部地址总线	20	24	32	32	36
外部数据总线	16	16	32	32	64
工艺	HMOS	HMOS	CHMOS	CHMOS	CHMOS/BICMOS
电压	5 V	5 V	5 V	5 V/3.3 V	3.3 V/2.9 V/2.8 V

3.4.1 8088 微处理器

Intel 公司继 1978 年推出 8086 芯片后，于 1979 年推出了另一款与 8086CPU 相兼容的过渡产品——Intel 8088。8088 内部数据总线同 8086 一样是 16 位，但外部数据总线是 8 位，这主要是为了与当时大部分还是 8 位的外设相兼容。8088 与 8086 指令系统完全一样，体系结构基本相同，所以，8088 又称之为准 16 位 CPU。

1. 8088 **管脚图**

8088 的管脚与 8086 基本相同(图 3.8)，不同点有以下几个方面。

(1) 数据总线：8086 外部数据总线是 16 条，而 8088 外部数据总线为 8 条(D0 ~ D7)。8086 内部数据总线是 16 条，8088 内部数据总线也是 16 条，所以 8088 是一款准 16 位 CPU，其既有 8 位外部数据总线，又有 16 位内部数据总线，既可兼容早期的 8 位外设接口，又具有 16 位 CPU 的处理速度。

(2) 控制信号：28 脚，8086 为 $M/\overline{IO}$，当其为高电平时，表示 CPU 对存储器操作；为低电平时，表示 CPU 对外设接口操作。8088 为 $IO/\overline{M}$，当其为低电平时，表示 CPU 对存储器操作；为高电平时，表示 CPU 对外设接口操作。34 脚，8086 为 $\overline{BHE}/S7$，当其为低电平时，表示高 8 位数据线(D8 ~ D15)上的数据有效。8088 为 SS0，用于确定当前总线周期的读/写操作线。

2. 8088 **内部结构**

8088 内部结构如图 3.9 所示，与 8086 不同点为其内部指令队列为 4 字节。

3.4.2 80286 微处理器

1982 年 Intel 公司推出了 80286 微处理器，采用 8 MHz、10 MHz 两种主频，比 8086 快 5 ~ 6 倍，集成度提高到 13.4 万只/片。80286 是为了适应多用户和多任务环境而设计的一款改进型 16 位 CPU，被称为超级 16 位 CPU。

1. 80286 **管脚图**

80286 采用的是 68 脚的 JEDA 封装，其引脚图如图 3.10 所示。

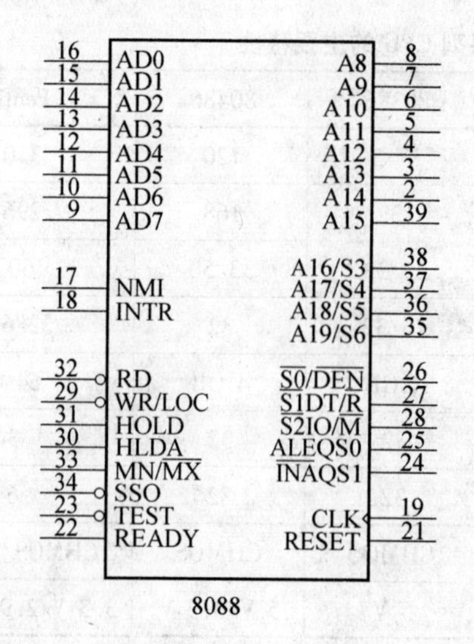

图 3.8　Intel 8088 管脚图

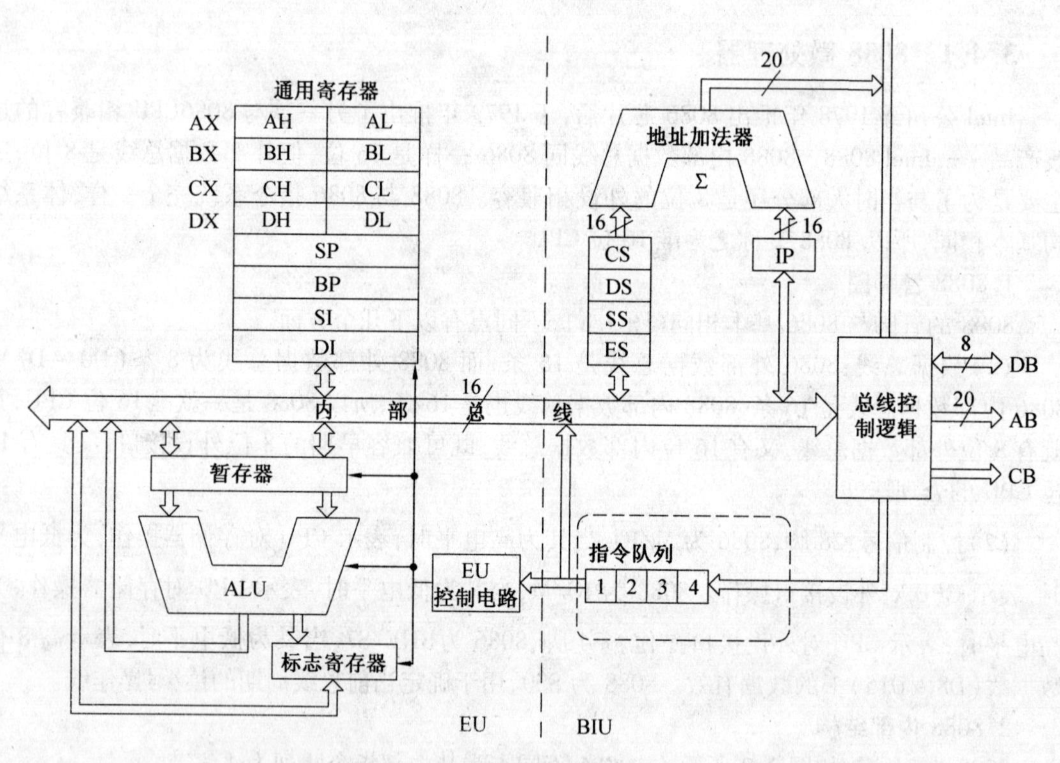

图 3.9　Intel 8088 内部结构示意图

具有独立的 16 条数据总线(D0 ~ D15)和 24 条地址总线(A0 ~ A23),所有引脚不再采用分时复用技术,因而有 68 条引脚之多,封装成四面都有引脚的正方形管壳方式。可以实现数据/地址同时上线,形成总线的流水作业,从而提高了总线的传输能力。有两种模式:实模式和保护模式。在保护模式下,可获得 1 GB 的虚拟存储空间,并将此虚拟空间映射到由 24 条地址总线寻址的(2^{24})16 MB 实际物理内存上。

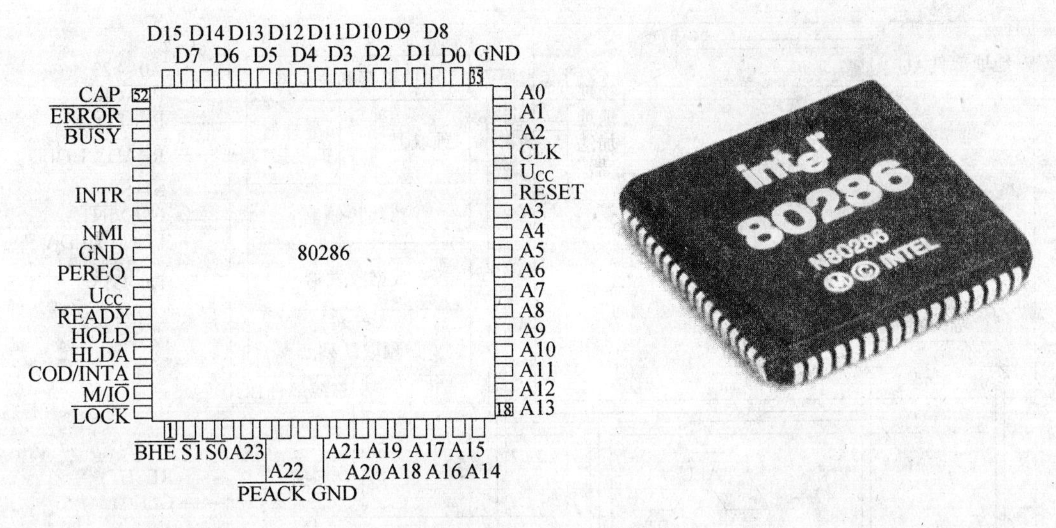

图3.10 Intel 80286管脚图

2.80286 **内部结构**

(1)如图3.11所示,80286CPU内部共有4个功能部件:执行部件EU、地址部件AU、总线部件BU和指令部件IU。

BU部分是CPU与内存/外设的高速接口,负责管理控制总线的操作。

IU部分负责从存储区中取指令,并将取得的指令送入预取指令队列中。其中指令译码器负责从预取指令队列取指令,进行译码,送入已译码指令队列中。

EU部分负责从已译码指令队列取出指令后,执行相应的算术/逻辑运算。

AU由偏移量加法器、段界限值检查器、段基地址寄存器、段长度寄存器和物理地址加法器部件构成,负责完成有关指令中地址生成的操作。

这4个部件相对独立,采用流水线技术,提高了CPU的运行效率。

(2)80286寄存器

80286寄存器结构在8086的基础上进行了扩展和增加。

标志寄存器中增加了3位定义:增加了第14位任务嵌套标志NT,当NT=1时,表示当前执行的任务嵌套于另一任务中,否则NT=0;增加了第13、12位输入输出特权位IOPL(Input and Output Privilege Leval),由00、01、10、11表示输入输出操作的0~3特权层的哪一层,其中00位特权最高。

增加了1个16位的机器状态寄存器(MSW)、1个任务状态表寄存器(TR)和3个描述符寄存器。3个描述符寄存器分别为全局描述符寄存器(GDTR)、局部描述符寄存器(LDTR)和中断描述符寄存器(IDR)。这3个描述符寄存器只在保护方式下使用。GDTR(48位)用于存放8字节全局描述符表GDT中的24位线性基地址和16位界限值;LDTR(16位)用于存放当前使用的局部描述符表LDT的索引;IDTR(48位)用于存放8字节中断描述符表IDT中的24位线性基地址和16位界限值(GDTR、LDTR、IDR的具体含义在保护模式中叙述)。

(3)实模式、保护模式

80286具有实模式和保护模式两种工作方式。

在实模式下,物理地址的形成与8086相同,即段地址左移4位+偏移地址=物理地址。在实地址模式下,80286虽然有24条地址总线,但只用到了20位(A21~A23无效),因此80286

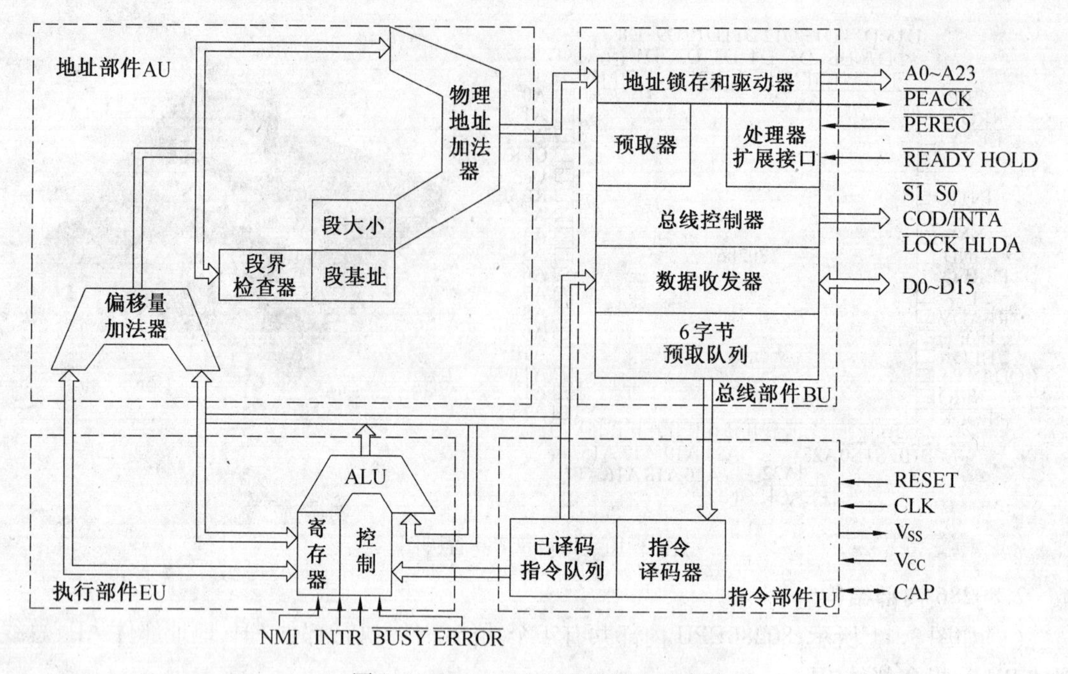

图 3.11　Intel 80286 内部结构示意图

与 8086 一样仅能寻址 $2^{20}=1$ MB 的内存空间。所以说，在实模式下，80286 实际就是一个快速的 8086！（同样，在实模式下 80386、80486 甚至是 PENTIUM 也仅仅能寻址 1 MB，是更快速的 8086）

保护模式的引入可以使 80286 最大可寻址的实际物理空间由 20 位扩大到 24 位（$2^{24}=16$ MB），虚拟存储空间扩大到 1 GB，真正发挥了 80286 的功能。

为了实现保护模式，80286 以上 CPU 将段寄存器分成两部分：一部分是编程可见的 16 位选择子寄存器；另一部分是编程不可见的 64 位段描述符高速缓冲寄存器。

• 段描述符高速缓冲寄存器：用来存放 64 位的段描述符信息（如段的基地址、段长度、属性等），段描述符格式如图 3.12 所示：其中 80286 的段基址为 24 bits（D39 ~ D16），段长度为 16 bits（D15 ~ D0）。（高位的 8 bits 段基址和 4 bits 段长度为 80386 以上 CPU 使用）

63　56	55　50	51　48	46　40	39　(24 位)　16	15　(16 位)　0
段基址 (8 bits)	属性	段长度 (4 bits)	访问权	段基地址 (24 bits)	段长度 (16 bits)

图 3.12　描述符格式

• 选择子寄存器：用来存放段选择子（字）。在保护模式下 CS、DS、ES、SS 寄存器称为段寄存器，其内为段值。而在保护模式下，这 4 个寄存器被称为选择子寄存器，指明描述符所在位置，即为描述符表的索引。其格式如图 3.13 所示：D3 ~ D15 位为 13 位索引；TI 为指示符，为 0 表示使用全局描述符表，为 1 表示使用局部描述符表；RPL 为申请特权级，有 00 ~ 11 4 个等级，其中 00 级别最高，在多任务的环境下，可防止系统混乱。

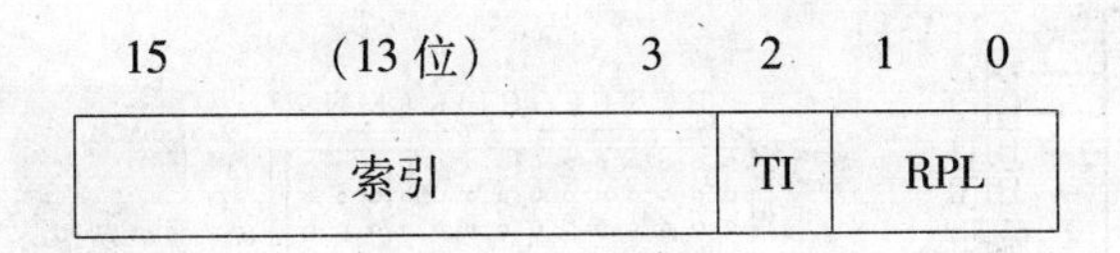

图3.13 段选择子格式

有了段选择子、系统描述符就可以实现保护模式了(图3.14)。

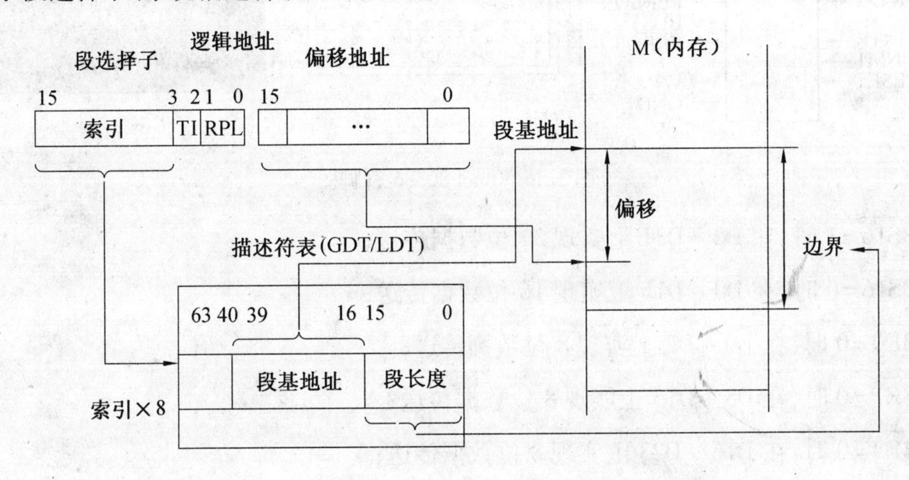

图3.14 保护虚模式下24位物理地址形成示意图

从段选择子寄存器中取得13位的索引,通过索引在描述符表中找到相对应的24位段基地址+16位偏移地址=24位物理地址。

其中由于段选择子中索引为13位,所以每个描述符表最多由 $2^{13}=8$ K个段描述符组成,GDT和LDT两个描述符表总共可包含 $2\times2^{13}=16$ K个段描述符。由于偏移地址为16位,所以每个段描述符指向一个 $2^{16}=64$ KB的存储空间的逻辑段。因此,80286的最大虚拟存储空间为16 K×64 KB=1024 MB=1 GB,这就是我们所说的80286虚拟存储空间为1 GB的原因。

3.4.3 80386微处理器

1985年,Intel公司推出了真正意义上的32位微处理器80386。如果说CPU从8位到16位主要是总线的扩宽,那么从16位到32位则是整个体系结构概念上的革新。80386引入了虚拟存储技术、存储器段页管理技术、更高级的流水技术,这些技术的应用使得386CPU能更加有效地支持多用户、多任务操作系统,在整个微处理器界都具有划时代的意义。

同8086/8088CPU一样,80386先后推出了80386DX/80386SX两种型号。其中80386DX是真正意义的32位微处理器(内外数据总线都是32位的);80386SX是准32位微处理器(内部数据总线是32位,但外部数据总线为16位)。

1.80386 **管脚图**

80386管脚如图3.15所示:有132根引脚,采用针脚栅格阵列封装PGA(Pin Grid Array);包括32条数据线、32条地址线、17条控制线和其他信号线。采用CHMOS-Ⅲ工艺,主频为16 MHz、25 MHz、33 MHz。

(1)数据线32条,可以按32位、16位、8位三种方式传送。

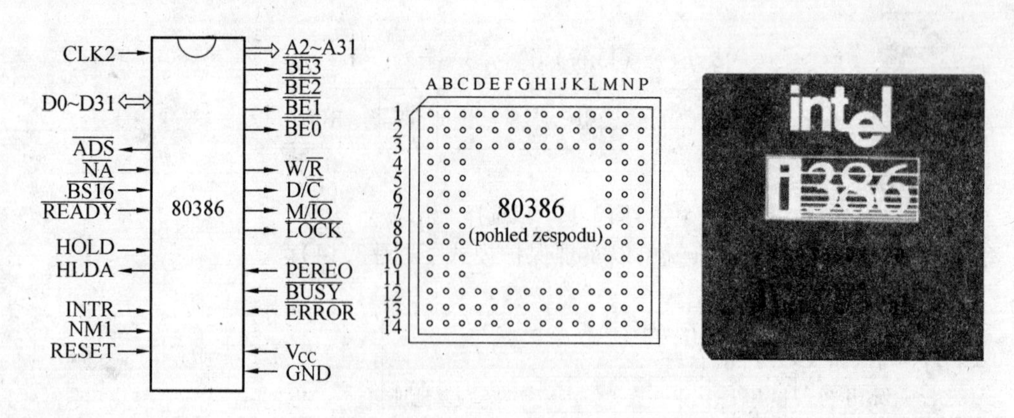

图 3.15　Intel 80386 管脚图

当$\overline{\text{BS16}}$=1 时,在 D0 ~ D31 上实现 32 位数据传送;

当$\overline{\text{BS16}}$=0 时,在 D0 ~ D15 上实现 16 位数据传送;

当$\overline{\text{BE0}}$=0 时,在 D0 ~ D7 上实现 8 位数据传送;

当$\overline{\text{BE1}}$=0 时,在 D8 ~ D15 上实现 8 位数据传送;

当$\overline{\text{BE2}}$=0 时,在 D16 ~ D23 上实现 8 位数据传送;

当$\overline{\text{BE3}}$=0 时,在 D24 ~ D31 上实现 8 位数据传送。

(2)地址总线 32 条,但在图 3.15 上只有 A2 ~ A31,那么 A0、A1 呢?

通过对$\overline{\text{BE0}}$ ~ $\overline{\text{BE3}}$的设置,产生 A1、A0 信号:

当$\overline{\text{BE0}}$=0 时,A1=0、A0=0;

当$\overline{\text{BE1}}$=0 时,A1=0、A0=1;

当$\overline{\text{BE2}}$=0 时,A1=1、A0=0;

当$\overline{\text{BE3}}$=0 时,A1=1、A0=1。

(3)其他为控制总线。基本上与 286 相似,这里不再赘述(可通过查阅 80386 技术文档得到更加详细的资料)。

2. 80386 内部结构

(1)80386 内部功能结构

80386 内部功能结构如图 3.16 所示,由 6 大部件组成:总线接口单元 BIU、指令预取部件 IPU、指令译码部件 IDU、执行部件 EU、分段部件 SU、分页部件 PU。这 6 大部件相对独立,并行工作,构成 6 级流水线体系。

• 执行部件 EU:包括 32 位算术逻辑运算单元 ALU,8 个 32 位通用寄存器,64 位筒形移位器和用于加速移位、循环和乘除法操作的乘/除硬件,主要负责指令的执行。

• 指令预取部件 IPU、指令译码部件 IDU:包括两个指令队列——已译码指令队列和 16 字节预取指令队列。预取指令队列主要用于暂存从存储器中取得的指令代码,经过指令译码器对指令译码后送入已译码指令队列中,等待执行部件 EU 的执行。将指令预取部件 IPU、指令译码部件 IDU 分成相互独立的两部分,可并行运行取指令、译码指令,从而省去了取指令后再等待译码的时间。

• 分段部件SU、分页部件PU:实现了386对内存的段页式管理。分页部件实现了对物理地址空间的管理,每一页为4 KB;分段部件通过提供一个额外的寻址器件实现了对逻辑地址空间的管理,每段包含若干页,页的最大空间为4 GB。一个任务最多包含16 KB个段,所以386可为每个任务提供4 GB×16 KB=64 TB的虚拟存储空间。正是有了分段部件SU、分页部件PU才使得386实现了虚拟存储。

• 总线接口单元BIU:通过数据总线、地址总线、控制总线与内存/外设接口取得联系。是386与外部的高速接口。

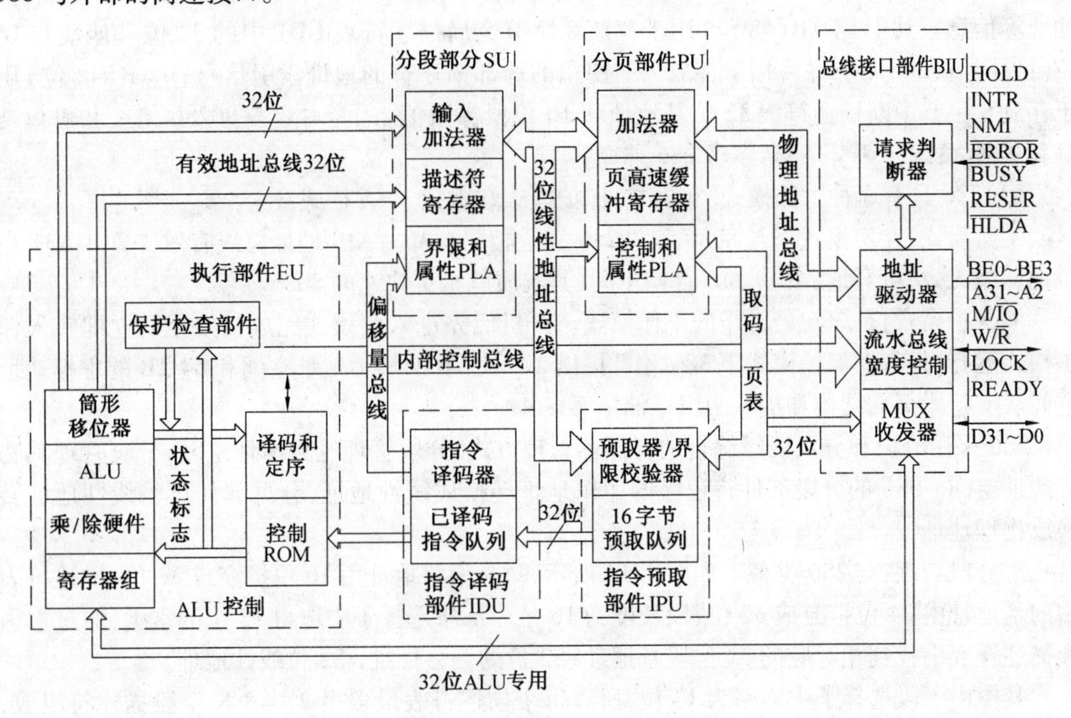

图3.16 Intel80386内部结构示意图

(2)寄存器

80386内部有34个寄存器。可分为:通用寄存器、段寄存器、指令指针寄存器、状态/控制寄存器、调试寄存器、测试寄存器和系统地址寄存器。

• 通用寄存器:由8个32位通用寄存器构成。EAX、EBX、ECX、EDX、ESI、EDI、EBP和ESP,由8086扩充而来,支持8位、16位、32位操作,用法与8086相同。

• 段寄存器:由6个16位段寄存器构成。CS、DS、ES和SS与8086完全相同;FS和GS是两个支持当前数据段的段寄存器。在保护模式下,这6个段寄存器的内容被称为选择子,作为64位描述符表的索引。

• 指令指针寄存器/状态寄存器:由32位的EIP和32位的EFLAG构成。EIP是IP的扩充,EFLAG是FLAG的扩充。新设置了VM和RF两个标志:当VM=1时表示386处于虚拟8086模式;当RF=1时表示下边指令中的所有调试故障被忽略。

• 控制寄存器:由4个32位控制寄存器CR0、CR1、CR2和CR3构成。其内保存着全局性的机器状态,供操作系统使用。其中CR0的低16位为MSW,其意义与286相同;CR3用于保存页目录表的起始物理地址(由于目录是页对齐的,所以仅高20位有效,低12位保留未用。向CR3中装入一个新值时,低12位必须为0。但从CR3中取值时,低12位被忽略),为分页部件所使用。

• 调试寄存器:8个32位调试寄存器DR0~DR7,用来设置各种调试用状态。

• 测试寄存器:2个32位测试寄存器TR7、TR6。TR7保存存储器测试所得数据;TR6存放测试命令。

• 系统地址寄存器:与286一样,386设置了3个系统表(描述符)寄存器(GDTR、LDTR和IDTR),用于存放全局描述符表(GDT)、局部描述符表(LDT)和中断描述符表(IDT)中的基地址等信息。其中GDTR(48位)用于存放8字节全局描述符表GDT中的32位基地址和16位段界限值;LDTR(16位)用于存放当前使用的局部描述符的地址索引信息;IDTR(48位)用于存放8字节中断描述符表32位基地址和16位段界限值。(其内容与80286完全相同但是位数不同,这里不再赘述,请参考286部分)

(3)386具有3种工作模式:实模式、保护模式和虚拟8086模式。

• 实模式:在实模式下与8086和80286完全相同。A0~A19地址总线有效,A20~A31高位地址线无效,可寻址2^{20}=1 MB存储空间,其实质就是更快速的8086。

• 保护模式:是386最常用的工作模式。开机后先进入实模式完成初始化后立即转入保护模式运行,只有在保护模式下386才可提供2^{32}=4 GB的实际地址空间和64 TB的虚拟地址空间。支持段页式结构和提供两级存储体系。

386采用分段和分页两级综合的存储器管理方式,分段管理逻辑地址空间,分页管理其物理地址空间。386的分段部件将程序的逻辑地址转换成线性地址,分页部件再将线性地址转换成物理地址。

①分段管理:与286类似。如图3.14所示,只是偏移地址由16位扩充成32位;描述符表中的基地址由24位扩充成32位;段长度为16位。从段选择子中取得13位的索引,通过索引在描述符表中找到相对应的32位段基地址+32位的偏移地址=32位线性地址。

其中由于段选择子中索引为13位,所以每个描述符表最多由2^{13}=8 K个段描述符组成,GDT和LDT两个描述符表总共可包含2×2^{13}=16 K个段描述符。由于偏移地址为32位,所以每个段描述符指向一个2^{32}=4 GB的存储空间的逻辑段。因此,80386的最大虚拟存储空间为16 K×4 GB=$2^{32}\times2^{13}\times2=2^{46}$=64 TB,这就是我们常说的80386虚拟存储空间为64 TB由来。

②分页管理:386的分页管理是可选的,当控制寄存器CR0的PE位=1且PG位=1时,则启动分页管理。此时由分段管理产生的32位线性地址不是实际的内存物理地址(286分段管理产生的24位地址即是实际物理地址),需要转换才能成为实际的物理地址。

那么是如何转换的呢?我们在讨论转换之前,需要知道以下一些准备知识。

在分页管理下,32位的线性地址被分成3个相对独立的区域,如图3.17所示。

D31 (10位) D22	D21 (10位) D12	D11 (12位) D0
页目录表索引	页表索引	偏移量

图3.17 线性地址划分示意图

其中,页目录表索引,10位,用于指示页目录表中的相对位置偏移。页表索引,10位,用于指示页表中的相对位置偏移。偏移量,12 位,用于指示页的相对位置偏移。那么,页、页表、页目录表是什么呢?

386 为了分页管理,将物理存储器分成若干页,连续的 4 KB 物理存储单元就可以构成一页。页表是一组(物理)页的地址索引,其中的每个元素称为页表项(Page-Table Item)(32 位),用来指示对应(物理)页的基址地址,一个页表最多存储 1 KB 个页表项(因为 32 位的线性地址中仅有 10 位用于页表索引,即 $2^{10}=1$ K);页目录表是一组页表的地址索引,其中的每个元素称为页目录表项(Tables of Page Item)(32 位),用来指示对应页表的基址地址,一个页目录表最多存储 1 KB 个页目录表项(因为 32 位的线性地址中仅有 10 位用于页目录表索引,即 $2^{10}=1$ K)。其中 32 位的页表项、页目录表项的格式如图 3.18 所示。

D31 (20位) D12	D11/D10/D9	D8 (9位) D0
(物理)页/页表基址地址	系统程序使用	控制信息

图 3.18 页表项、页目录表项的格式

有了上面的知识,下面一起学习如何将线性地址转换成物理地址,如图 3.19 所示。

当分页机制有效时,386 会自动将页目录表的起始地址装载到 CR3 中,即 CR3 = 页目录表的起始物理地址(由于目录是页对齐的,所以仅高 20 位有效,低 12 位为 0)。CR3 中的内容加上 32 位线性地址中的前 10 位页目录表索引部分,即可得到相应的页目录表项所在的地址,找到相应的页目录表项内容,也就是相应的页表项的起始地址。页表的起始地址再加上 32 位线性地址中部的 10 位页表索引部分,即可得到相应的页表项所在的地址,找到相应的页表项内容,也就是相应的页的起始地址。页的起始地址再加上 32 位线性地址中的后部的 12 位偏移量部分,即可得到相应的 32 位物理地址。

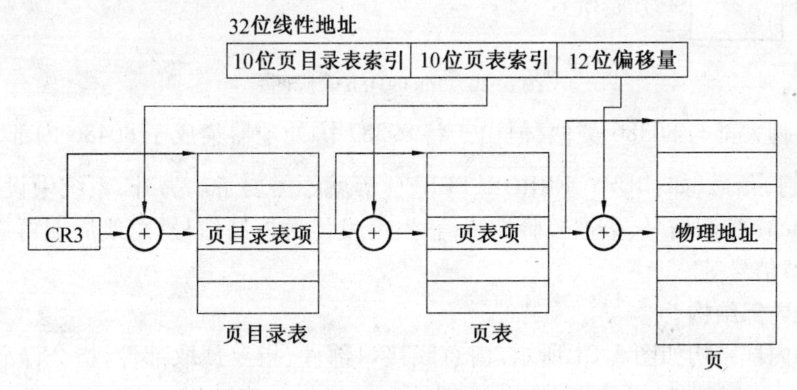

图 3.19 线性地址转换成地址的过程

这种地址转换是标准的二级查表结构,在分页管理中,通过页目录表可寻址 1 K 个页表,每个页表可寻址 1 K 个页,而每个页有 4 KB 大小,所以可寻址整个 80386 的物理地址空间 1 K×1 K×4 KB = 2^{32} = 4 GB。(80386 的可用页大小是 4 KB,而 Pentium 处理器可用页面大小是 4 MB)

保护模式与实模式的不同点就在于对存储器进行了段页式管理,扩展了存储空间。80386 微处理器为了支持多任务操作,在保护模式下,将线性地址空间从 4 GB 扩展到了 64 TB。

• 虚拟 8086 模式:是一种既能有效利用保护功能,又能执行 8086 代码的工作方式。在这种方式下,可以运行 DOS 及以其为平台的软件,但是这是一种虚拟 8086 的方式,不完全等同于 8086。

3.4.4 80486 微处理器

1989 年 4 月,Intel 公司推出了在 80386 基础上改进的第二代 32 位 80486 微处理器,采用 CHMOS 工艺,片内集成了 120 万个晶体管,最初时钟频率为 25 MHz,其后提高为 33 MHz、50 MHz,其中 80486DX 可达到 60 MHz。

该芯片的内部寄存器、数据总线、地址总线与 80386 相同,为 32 位,在软件上与 80386 完全兼容。在硬件上将协处理器 80387 及 8 KB 高速缓存(Cache)与 80386 微处理器集成在一片芯片上,提高了科学计算能力。

1. 80486 管脚图

Intel 80486 微处理器(图 3.20)采用 PGA 封装,共有 168 个引脚,其中包括 30 条地址引脚、32 条数据引脚、35 个控制引脚、24 个 Vcc 引脚、28 个 Vss 引脚和 19 个空脚。

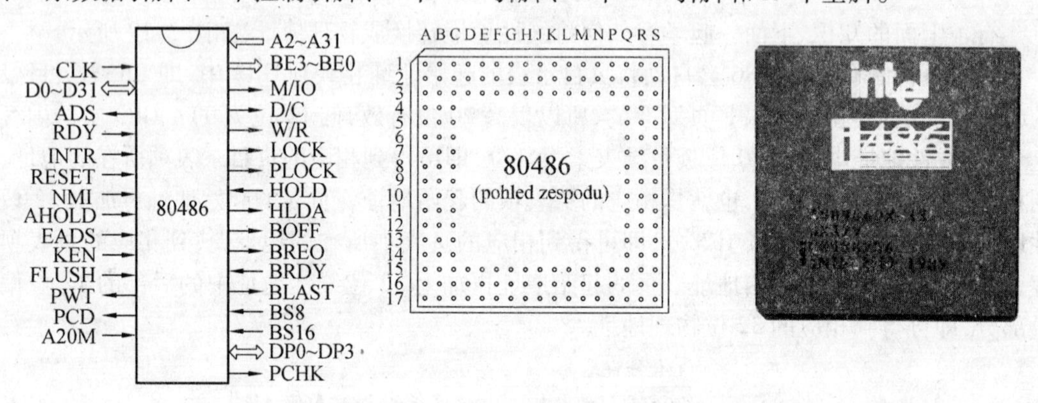

图 3.20 Intel80486 管脚图

80486 引脚大都与 80386 类似,但由于将 80387 协处理器集成于 80486 内部,所以 80386 与 80387 的接口信号,如:$\overline{\text{BUSY}}$、$\overline{\text{ERROR}}$、PEREQ 等就不需要了。另外,系统中设置了一些新的信号,如 Cache 控制信号、数据校验控制信号、突发传送控制信号、总线周期再启动控制、第 20 位地址屏蔽信号等。

2. 80486 内部结构

80486 的内部结构如图 3.21 所示,由总线接口部件、指令预取部件、指令译码部件、控制部件、算术逻辑运算部件、分段部件、分页部件和新增加的高速缓存(Cache)部件、浮点运算(FPU)部件共 9 大部分组成,主要特点如下。

(1)浮点运算部件:由指令接口、数据接口、运算控制单元、浮点寄存器和浮点运算器组成。其功能为处理超越函数和复杂的实数运算,并能以极高的速度进行单/双精度浮点运算。80386CPU 要想处理浮点运算,必须外接 80387 协处理器芯片。而 80486 芯片内就含有浮点运算部件,缩短了引线,使得浮点部件与其他部件间的接口效率更高。

(2)高速缓存(Cache):用来存放常用的数据和指令。在指令预取部件工作时,先到 Cache 中取指令,如果 Cache 中有所需指令,就直接读取(命中);没有找到所需指令,再到主存中取指令(常用指令和数据在 Cache 中命中的概率可高达 90%)。这样减少了对外部总线的访问,使得 CPU 可以在一个时钟周期内完成常用指令的执行,提高了取指时间。

(3)加宽了总线:Cache 与浮点数值运算器部件之间采用两条 32 位总线连接(如图 3.21 左上角),这两条数据总线一次即可完成 64 位双精度数据传送,且在芯片内部,是片外 80387 处理速度的 4 倍。

(4)猝发总线技术(Burst Bus):为了更有效地将信息装入 Cache 和指令预取部件,总线部件可以运行一个特殊的“突发周期”,即可以在一个总线周期内从主存中取出连续的 16 个字节信息。这使得系统取得一个地址后,与该地址相关的 16 个字节的数据都可以进行输入/输出,有效地解决了 CPU 和存储器之间的数据传输问题,使得 Cache 得以快速填充。

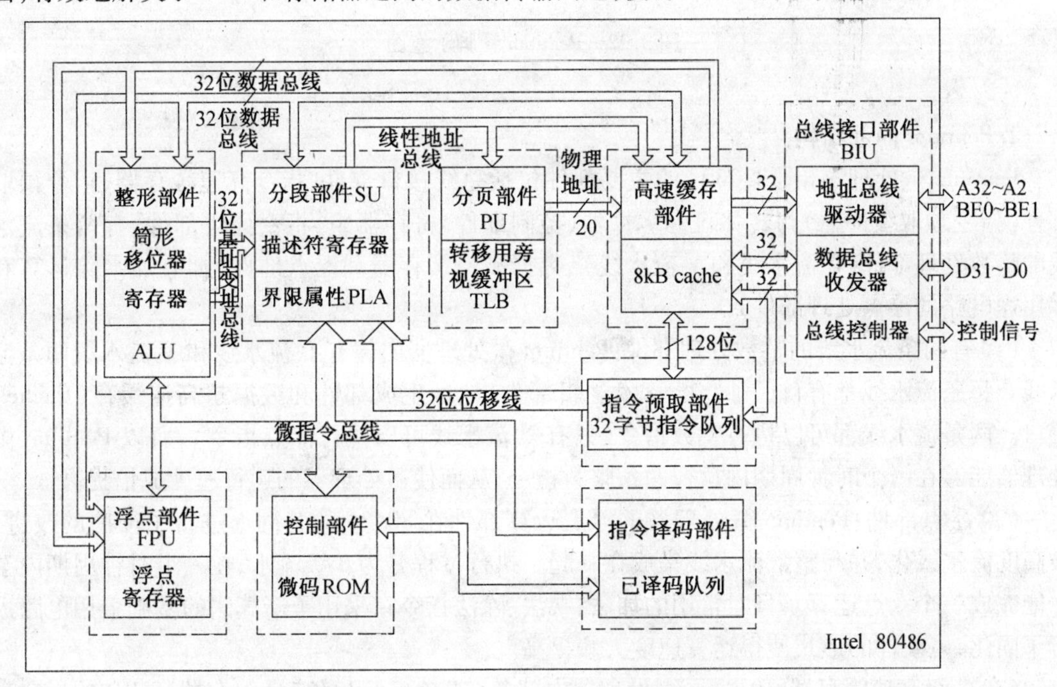

图 3.21 Intel 80486 内部结构示意图

所以说,80486 相当于以 80386 CPU 为核心,内含 80387 及 8 KB Cache,再加上采用了猝发总线和加宽内部总线技术的微处理器芯片,使得 80486 的综合性能比 80386 有了极大的提高。

3.4.5 Pentium 微处理器

1993 年,Intel 公司研制了 Pentium 微处理器,其中 Pentium 取自希腊文“Ponte”——“五”的意思,它是 Intel 80x86 系列微处理器的第五代产品,也称之为 586。从 Pentium 开始,Intel 公司对新推出的产品改称为 Pentium 系列,如 Pentium II、Pentium III、Pentium 4 等。

1. Pentium 管脚示意图

Pentium 微处理器管脚示意图及外部结构如图 3.22 所示,芯片引脚全部封装在 237 针的引脚栅格阵列(PGA)中,集成了 310 万个晶体管,是 80486 的 2.6 倍,是 80386 的 11 倍。对外地址总线为 32 条,数据总线为 64 条。

图 3.22　Pentium 管脚示意图

2. Pentium 内部结构

Pentium 微处理器(图 3.23),的主要部件包括总线接口部件、指令高速缓存器、指令预取部件(指令预取缓冲器)与转移目标缓冲器、控制部件、寄存器组、指令译码部件、有两条流水线的整数处理部件(U 流水线和 V 流水线)、数据高速缓存器和浮点部件(拥有加乘除运算和多用途电路的浮点处理部件)。

(1)有两条流水线的整数处理部件:Pentium 微处理器内部有 U 流水线和 V 流水线两条流水线。每条流水线都有自己独立的算术逻辑部件、地址生成部件和数据超高速缓存(Cache)接口。两条流水线都可以执行整数指令(只有 U 流水线可以执行浮点指令),所以 Pentium 微处理器能够在一个时钟周期内执行两条整数指令,从而使微处理器的运行速度成倍提高。

(2)浮点部件:Pentium 微处理器的浮点运算部件在 80486 的基础上进行了彻底的改进,被高度流水线化,并与整数流水线集成在一起。执行过程分为 8 级流水,在一个时钟周期内至少能完成一个浮点运算。且对常用的加法、乘法、除法指令在采用了新算法的基础上用电路进行了固化,以硬件的形式使得运算速度大大提高。

(3)两级高速缓存器:Pentium 微处理器内部各有 2 个 8 KB 的高速缓存器(8 KB 的指令高速缓存器(32 位)和 8 KB 的数据高速缓存器(32 位))。指令 Cache 一次可以提供 32 位的原始操作码;数据 Cache 可以提供 32 位的数据(一个时钟周期 2 次 32 位数据)。有两个接口,分别为 U 流水线接口和 V 流水线接口,以便同时向两条流水线提供数据。当 Cache 已写满、再要写入新数据时,将从 Cache 中取走一部分使用频率低的数据,将其回写到内存中,然后将新的数据写入 Cache 中,该过程称之为回写技术。由于微处理器向 Cache 写数据和 Cache 向存储器回写数据是同时进行的,所以大大节省了处理时间。

(4)分支目标缓冲区(BTB):在 Pentium 微处理器芯片内部,还有一个被称为 BTB(Branch Target Buffer)的分支目标缓冲区,用于动态地预测程序分支。当一条指令导致程序分支时,BTB 记录下该条指令及其产生的分支目标地址,当该指令再次被使用到时,就从 BTB 的记录中预先取出该指令所产生的分支目标地址。当 BTB 判断正确时,分支程序即得到正确的分支目标;当 BTB 判断错误时,则需要重新计算分支地址。循环次数越多,BTB 出错概率越小,BTB 的预测就越准确,从而提高了流水线的执行速度。

Pentium 微处理器内部总线同 80486 一样是 32 位的,但其外部数据总线是 64 位的,外部

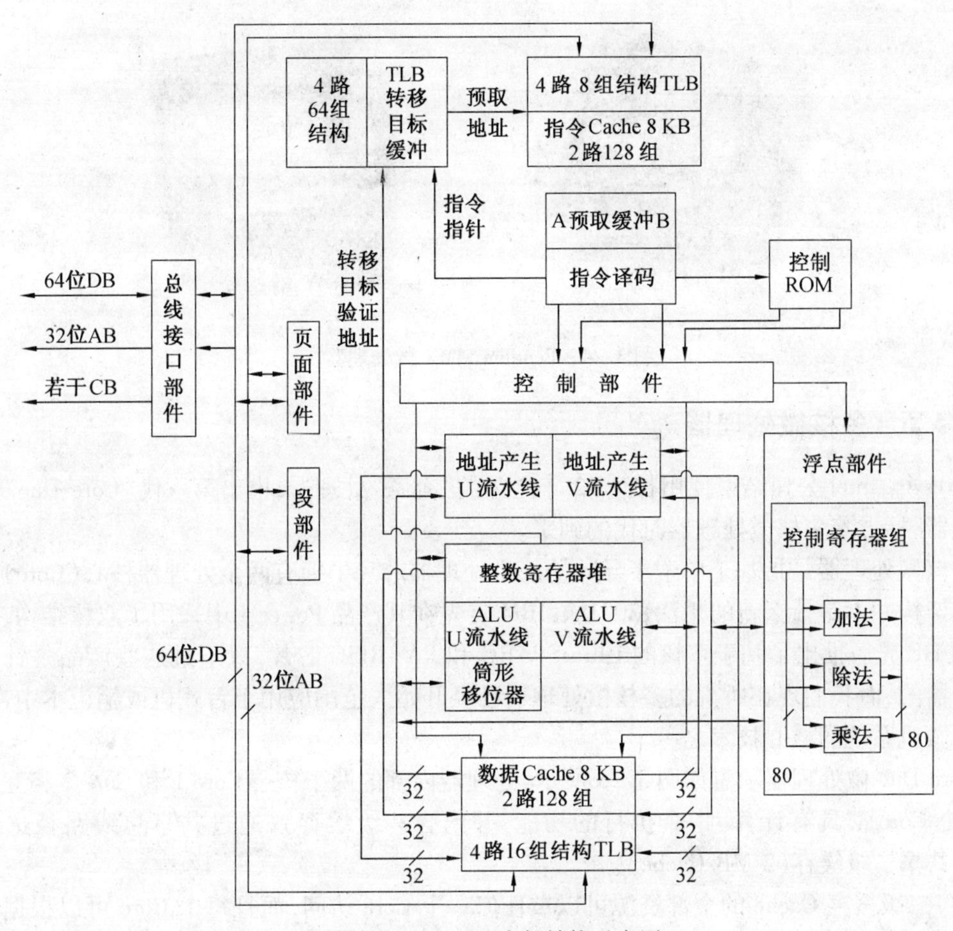

图 3.23　Pentium 内部结构示意图

数据总线宽度的增加,大大提升了 Pentium 芯片的运行速度。

1995 年,Intel 公司推出了 Pentium pro 微处理器。采用动态执行等创新技术,是多路转移预测、数据流分析和推测执行等多项技术的组合产品,性能是 Pentium 的 2 倍。

1997 年,Intel 公司推出了 Pentium MMX(图 3.24)和 Pentium II 微处理器。Pentium MMX(Multi-Media-Extended)微处理器是为了提高多媒体和通信能力而推出的新一代处理器,内部采用了 MMXJ 技术(增加了 8 个 64 位寄存器、57 条指令、扩大了 cache 的容量)。在音频、视频压缩和解压缩中得到了广泛的应用,对图像处理能力有很大的提高。

1999 年,Intel 公司推出了 Pentium III 微处理器,仍采用 Pentium II 内核,主频可达 165 GHz,新增了 128 位浮点寄存器,70 条附加浮点多媒体指令,保留了 57 条 MMX 指令,克服了 Pentium II 不能同时处理 MMX 数据和浮点数据的缺点,有效地增强了静止图像、视频处理和 3D 数据处理能力。

2000 年,Intel 公司推出了 Pentium 4 微处理器,是采用 NetBurst 结构的新式微处理器芯片。主要特点为:采用了快速的执行引擎,使 ALU 达到双倍内核频率;新增加 144 条指令,即可执行整数算术运算又可执行 128 位的双精度浮点运算;采用了超流水技术(流水线由原来的 14 级提高到 20 级);为 Internet、图形处理、视频、语音和 3D 多媒体等应用提供了强大的支撑。

图 3.24 Pentium MMX 微处理器

3.4.6 多核微处理器

2005 年,Intel 公司结束使用长达 12 年之久的“奔腾”处理器,推出第一代“Core Duo”双核微处理器,标志着多核微处理器时代的到来。

双核微处理器是指基于单个半导体的一个处理器芯片中拥有两个处理器核心(Core)。其实双核架构并不是什么新的想法,2001 年 IBM 首先在其产品 Power 4 中采用了双核结构,随后 SUN 和 HP 先后推出了基于双核的 Ultra SPARC 和 PA-RISC 芯片,只不过这些产品是针对高端服务器的,而我们现在所说的多核微处理器已经开始大范围应用于台式机或笔记本中,已成为现今微机系统的核心技术之一。

Core Duo 微处理器示意如图 3.25 所示,处理器内部的两个核心 Core 1 和 Core 2 相互独立(每一个 Core 都具有计算、指令执行的功能,并内含一级缓存),通过共享总线路径选择器(SBR)共享二级缓存(2 MB Cache)。

(1)二级缓存 Cache 的全部资源可以被任何一个 Core 访问,而且每个 Core 可以根据工作量的大小决定自己占有多少的 Cache。可以把两个 Core 分成冷 Core 模式和热 Core 模式。在工作量较大时,两个 Core 都全速工作,都处在热 Core 模式下;当工作量较小时,可以让一个 Core 处于冷 Core 模式,一个 Core 处于热 Core 模式,让处于冷 Core 模式的 Core 进入休眠状态,而让处于热 Core 模式的 Core 占用全部 Cache,降低了功耗。

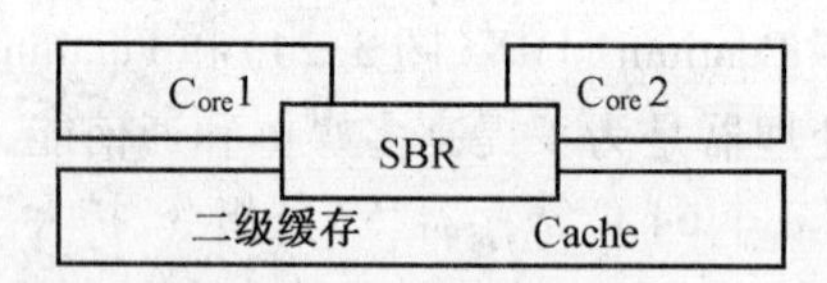

图 3.25 Core Duo 示意图

(2)采用“Smart Cache”技术,在两个 Core 之间做协调。当其中一个 Core 运算完毕后将结果存放到 Cache 中,另外一个 Core 可通过 SBR 读取这些数据,两个 Core 共享 Cache,解决了对 Cache 的争用问题。另外 SBR 还具有带宽适应(Bandwidth Adaptation)功能,可以对两个 Core 共享前端总线资源进行统一管理和协调,减少了不必要的延迟,提高了两个 Core 共享前端总线的效率,从而有效地避免了两个核心之间的冲突。

2006 年 7 月 27 日,Intel 公司发布了 Core 2 Duo 微处理器(图 3.26),中文名“酷睿 2 双核”,封装了 2.91 亿个晶体管。它是基于 Core Duo 核心技术开发的第二代双核微处理器。和第一代 Core Duo 相比,第二代的 Core 2 Duo 具有以下特点:

• Core 2 Duo 支持移动 64 位计算模式，使其运算速度更快；

• Core 2 Duo 加入对 EM64T 和 SSE4 指令集的支持，EM64T 指令集使其可以支持 36 位物理地址和 48 位虚拟内存寻址，而 SSE4 指令集内包括的 16 条指令能有效提升视频性能；

• Core 2 Duo 每个内核中拥有 32 KB 一级指令缓存和 32 KB 双端口一级数据缓存；

• 两个内核共享 4 MB 二级缓存，比 Core Duo 高出了一倍，更大的二级缓存意味着多任务处理能力更强，处理时间将会大大缩短。

2008 年 11 月 17 日，Intel 公司发布了酷睿 i7 微处理器（Intel Core i7），如图 3.27 所示，Core i7 是一款 64 位四核微处理器，以 Nehalem 微架构为基础，拥有 8 MB 三级缓存，支持三通道 DDR3 内存，采用 LGA1366 针脚设计，支持第二代超线程技术，也就是处理器能以八线程运行。

图 3.26　Core 2 Duo 微处理器　　　　图 3.27　Intel Core i7 微处理器

2009 年，Intel 公司又陆续推出面向中低端市场的 Core i5、Core i3 多核微处理器。

多核（Multi-Core）是近年来处理器发展的热点，几乎成了先进处理器的代名词。2011 年 Intel 公司甚至宣布已经研制出了 80 核处理器芯片，多核处理器的核心数目大有越来越多之势，必将引起新一轮的软硬件革命。

本章小结

本章从 16 位微处理器 Intel 8086 入手，详细地介绍了 8086 的外部引脚、内部结构，并通过“基于 PC 机的电阻炉温度控制器”报警部分实例给出了微处理器 Intel 8086 的工作过程。在此基础之上，从简入繁地介绍了 Intel 系列 8088、80286、80386、80486、Pentium 及多核微处理器芯片的外部管脚及内部结构，并引出了实模式、保护模式、V86 模式；段管理、段页管理模式和虚拟存储技术；以及各种先进技术的原理和概念。

思考与练习

1. 8086 微处理器由哪两部分组成？试述这两部分的主要功能。

2. 试述 8086CPU 的寄存器组织。

3. 试述 8086CPU 标志寄存器各位的含义及作用。

4. 请将左边的术语与右边的含义连接起来。

SF	A 符号标志
CF	B 溢出标志
AF	C 进位标志
OF	D 零标志
PF	E 奇偶标志
IF	F 辅助进位标志
ZF	G 中断标志
DF	H 方向标志
TF	I 陷阱标志

5. 如何由逻辑地址(段地址:偏移地址)计算出物理地址?

6. 一个由10个字节组成的数据,存放在起始地址为6100H:1000H的内存中,试写出该数据区首、末单元的物理地址。

7. 段地址和偏移地址为3017H:000AH存储单元的物理地址是多少?如果段地址和偏移地址是3015H:002AH和3010H:007AH,它们的物理地址又是多少?说明了什么问题?

8. 80x86微机的存储器中存放信息如图3.28所示。试读出30022H和30024H字节单元的内容,以及30021H和30022H字单元的内容。

	存储器
30020H	12H
30021H	34H
30022H	ABH
30023H	CDH
30024H	EFH

图3.28

9. 地址指针67ABH:2D34H存放在00230H开始的内存单元中,试画出该指针的存储示意图。

10. 80386CPU内部由哪几部分组成?

11. Intel系列的8088、80286、80386、80486芯片外部数据总线和地址总线各是多少条?

13. 试述80286在保护模式下,24位物理地址的形成过程。

14. 试述80386如何将线性地址转换成物理地址。

15. 试述多核微处理器的原理。

第4章　存储器

学习目标：了解存储器的基本组成、分类和性能指标。

掌握 RAM 和 ROM 的基本原理和常用芯片。

掌握 CPU 与存储器的连接方法。

学习重点：RAM 和 ROM 的基本原理和常用芯片。

CPU 与存储器的连接方法。

存储器是冯·诺依曼原理中的五大部件之一，用来存放计算机工作所必需的程序和数据。当用户通过输入设备将程序和数据输入计算机时，所有输入的信息先被存放在存储器中，在程序执行的过程中，存储器还用来存放程序执行过程中产生的中间结果。本章首先介绍存储器体系结构，然后介绍半导体存储器，在掌握了半导体存储器基本电路和原理的基础上，着重讨论半导体存储器的扩展问题，并给出半导体存储器与 CPU 的连接实例。

4.1　存储器概述

计算机存储系统绝不是各种容量物理存储器的简单罗列，其组织结构和控制管理是一个系统工程，直接影响到计算机的性能，并成为计算机系统发展中最活跃的领域之一。

4.1.1　存储器体系结构

理想的存储器是容量大、速度快、价格低，但是没有一种存储器可以同时满足以上三个要求。为了解决这个矛盾，当今存储器系统多采用分级结构，如图 4.1 所示。整个存储器系统从内到外分成 4 级：寄存器组、高速缓存、内存和外存。容量从上到下依次增大，速度依次递减，位价格依次降低。

第一级是寄存器(Register)。寄存器是高速、高价的小容量存储部件，位于 CPU 内，主要用来暂存指令、数据和地址等。例如 8086CPU 内部的 AX、BX 等寄存器。因寄存器位于 CPU 内部，所以 CPU 对其进行读写时，速度极快，一般在一个时钟周期内即可完成操作。寄存器的数目越多则 CPU 的速度越快，但由于受集成度和价格的限制，所以寄存器的数量不可能很多。

第二级是高速缓存(Cache)。高速缓存可以在 CPU 内部，也可以放置在主板上。早期的计算机(如 8086)并没有高速缓存，高速缓存是计算机发展过程中出现的技术。高速缓存中存放的是内存中频繁被访问的局部数据的复制，由于高速缓存比内存存取速度快，所以当 CPU 要读取频繁被访问的数据时，直接从高速缓存中获得，而不用再访问内存，加快了数据的读取速度。现在高速缓存(Cache)本身也划分成 L1、L2、L3 级 cache，其中 L1 级 Cache 封装在 CPU

内部,L2、L3 级 Cache 在主板上。CPU 先读取 L1 级 Cache,如果没有命中,则再读取 L2、L3 级 Cache。

第三级是内存。内存是与 CPU 联系最密切的存储部件,与其他存储部件(Cache、硬盘等)相比,内存是必备的。数据一般要存放在内存中才能被 CPU 执行。相比寄存器和 Cache,内存的速度要慢些,但容量大,现在主流笔记本、台式机的内存容量一般都是 2 GB。

第四级是外存。如硬盘、光盘、U 盘等,种类繁多,使用的材质、性能也有很大差异,统称为辅助存储器或外存。其特点是速度慢,容量大。硬盘是外存中的重要存储部件,随着虚拟存储技术的应用,硬盘的存储空间可以直接用作内存空间的延伸。

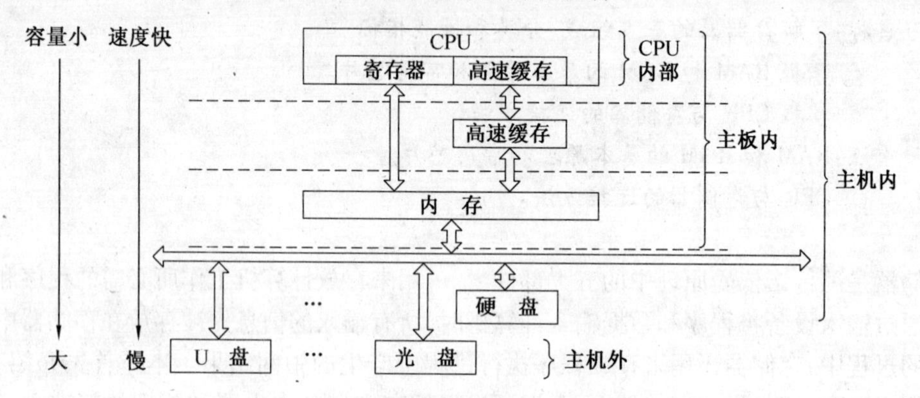

图 4.1 分级存储系统示意图

上述多级存储体系并不是每个系统都必备的,如 8086 微机中就没有第二级。随着微机性能的提高,存储系统也变得更为复杂。

另外,在上述多级存储体系中,每一级存储器承担的职责也各不相同:寄存器和 Cache 强调快速;外存强调大容量;主存介于寄存器、Cache 和外存之间。

4.1.2 半导体存储器的分类

目前的内存芯片大都由半导体存储芯片组成,其分类方法有很多种,如图 4.2 所示。

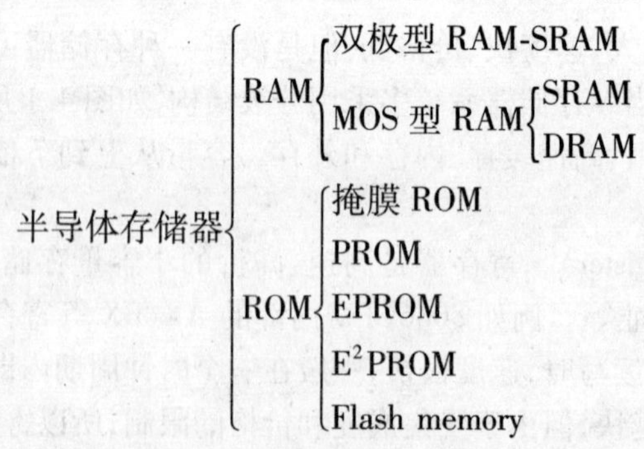

图 4.2 半导体存储器的分类

半导体存储器按存取方式不同可分为:随机存取存储器(Radom Access Memory,RAM)和只读存储器(Read Only Memory,ROM)。

RAM 中的内容可随时从内存单元中读出或写入,因此称为随机存取存储器,其内容会因断电而丢失,常用作暂存数据使用。

ROM中的内容只能读出，不能写入，因此称为只读存储器。其内容不受断电影响，常用来存放BIOS程序、操作系统的核心部分、BASIC解释程序等，其数量要比RAM少。

简单地说，RAM和ROM的主要区别是：RAM可读可写；ROM只能读。RAM掉电后，信息即丢失；ROM不受掉电影响，掉电后，信息仍存在。

1. RAM

RAM按制造工艺不同可分为双极型和MOS型RAM。

(1)双极(Bipolar)型RAM：由晶体管-晶体管逻辑电路(Transistor-Transistor Logic，TTL)构成。由于集电极电流过大导致功耗大、集成度低、价格高，但是速度很快，常用在对速度要求较高的微型计算机和大型计算机中。

(2)金属氧化物(MOS)型：特点是集成度高、功耗低、价格较低，但是速度慢。其中MOS型RAM又可分为HMOS(高浓度MOS型)、NMOS(N沟道MOS型)、CMOS(互补性MOS型)。其中CMOS型具有功耗低、速度快的特点，是计算机内存的主要半导体存储器件。

现在的RAM多为CMOS型RAM，可分为静态RAM(SRAM)和动态RAM(DRAM)。

- SRAM通过双稳态电路存储信息，因而具有稳定、速度快的优点，但集成度低、功耗大，主要用于Cache等小容量高速缓存器。
- DRAM是靠MOS电路中的栅极电容存储信息，因而集成度高、功耗小，但因电容容易漏电，因此不稳定，速度慢，需要加刷新电路。DRAM是构成大容量内存的主要方式。

2. ROM

ROM可分为：掩膜ROM、可编程PROM、紫外线可擦除EPROM、电可擦除E^2PROM、快速擦写的Flash Memory。

- 掩膜ROM主要用于芯片制造厂商将程序写入内存使用，只可写入不可修改，适合大批量生产，成本低。
- 可编程PROM主要用于用户自己编写程序时使用，但只可写入一次，不可修改，主要用于产品定型使用。
- 紫外线可擦除EPROM：通过紫外线照射的方式擦除写入的内容，可反复多次写入，多次擦除(要擦除其内信息时，首先将其从系统上取下来，然后放到紫外线下照射20 min，其内信息即被擦除，最后用专门的编程器再次写入新信息)，多用于产品研发过程中使用。
- 电可擦除E^2PROM采用特定电压进行擦除，不必将芯片从系统上取下，可在线进行修改，使用方便快捷，但容量较小。
- 快速擦写的Flash Memory是一种在线擦除和写入的ROM存储器，不仅擦除和写入方便，而且容量大，目前广泛用作数据盘使用。

4.1.3　半导体存储器的性能指标

衡量一个半导体存储器的指标有很多，如：存储容量、存储速度、功耗、可靠性、供电方式、封装形式和价格等。其中最主要的指标是存储容量和存储速度，在设计电路时还要考虑其封装形式、价格和电源种类等指标。

1. 存储容量

存储容量表示的是一个存储芯片内可以存储二进制数的个数。例如一个存储器上有n个存储单元，每个单元可以存放m个二进制数，则该存储器的容量为$n×m$个bits。例如：容量为

1 024×1 的芯片，表示该芯片上有 1 024 个存储单元，每个存储单元可存储 1 位二进制数，所以该芯片的容量为 1 024 bits。容量的单位有 bit，KB，MB，GB，TB。关系为：1 KB = 2^{10}bit，1 MB = 2^{10}KB，1 GB = 2^{10}MB，1 TB = 2^{10}GB。

【例 4.1】Intel 2114 芯片有 10 根地址总线，4 根数据总线，容量为 1 K×4。其含义是什么？

解　含义为，Intel 2114 芯片内有 1 K = 2^{10} = 1 024 个单元（与 10 根地址总线相对应），其中每个单元内存放 4 个二进制数（与 4 根数据总线相对应），所以其容量为 1 024×4 bits。

2. 存储速度

存取速度是指从 CPU 给出有效的存储器地址到存储器给出有效数据所需要的时间，单位为纳秒（ns）。存取时间越小，则速度越快。低速存储器存取速度一般为 300 ns 以上，中速存储器为 100 ~200 ns，高速存储器为 20 ns。双极型存取速度高于 MOS 型存储器。

一般在存储器芯片手册中（图 4.3）都给出典型存取时间或最大存取时间，HY6264A 三种型号的存取时间分别为 70/85/100 ns。或者在芯片外壳上给出了存取时间参数，2732A-20 表示该芯片的存取时间为 200 ns，2732A-25 表示该芯片的存取时间为 250 ns。

Product NO.	Voltage /V	Speed /ns	Operation Current/mA	Stand by Current/μA			Temperature
					L	LL	
HY6264A	5.0	70/85/100	50	1 mA	100	10	0 ~70（Normal）

图 4.3　6264 芯片手册示意图（部分）

3. 功耗

功耗包括“维持功耗”和“操作功耗”，反映了存储器在一定时间内耗电的多少及它的发热程度。功耗越小对存储器的工作稳定性越有利。大多数半导体存储器的维持功耗要小于操作功耗，双极型的功耗大于 MOS 型。

4. 可靠性

可靠性是指存储器对抗外界电磁场、温度等干扰因素的能力。通常用平均无故障时间来衡量（Mean Time Between Failures，MTBF）。显然，MTBF 时间越长，则可靠性越高。目前半导体芯片的平均无故障时间为 5×10^{6} ~10^{8} h。

5. 电源种类

电源种类是指芯片所需电源情况。有的芯片需要单一 5 V 电源，有的则需要多种电源。

在选用存储器芯片时，要根据实际情况综合考虑各项技术指标，最终给出合理选择。

4.2　常用半导体存储器

通过上节我们知道半导体存储器可分为 RAM 和 ROM，这节我们将重点介绍 RAM 和 ROM。首先介绍基本存储电路，然后介绍其结构、原理和典型芯片。

4.2.1　随机存取存储器 RAM

半导体随机存取存储器 RAM 是指工作时可以任意读出或写入信息的存储器，它包括静态 RAM（SRAM）和动态 RAM（DRAM）。

1.**静态** RAM(SRAM)

SRAM 速度快，读/写操作简单，但集成度低、存储容量较小、价格比较高，通常用于不需要太大存储容量和对速度要求较高的计算机系统中。

(1) 基本存储单元

无论存储器的容量有多大，存储1个 bit 的存储位元(Cell)都是基础，所以我们从最基本的 Cell 开始学起。

如图4.4所示，6个 NMOS 管 T1、T2、T3、T4、T5 和 T6 构成了一个 Cell，其内可以存储1个 bit 的二进制数。

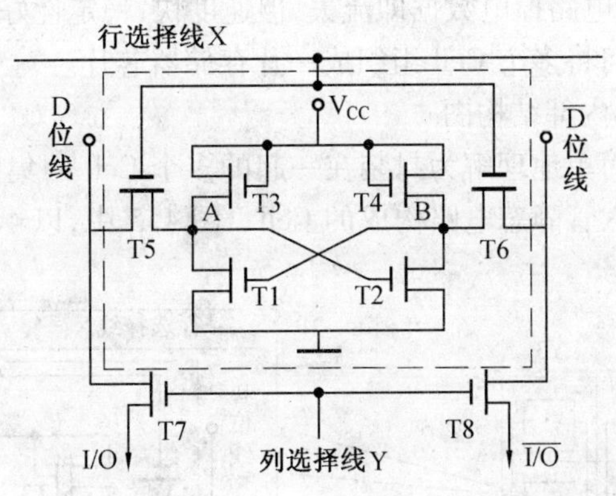

图4.4　六管静态 RAM 基本存储单元

其中 T1、T2、T3 和 T4 构成一个双稳态电路。T1 和 T2 交叉耦合构成 RS 触发器；T3、T4 是 T1、T2 的负载管与电源 Vcc 相连，为 T1、T2 补充电荷。当 A 点为高电平时，T2 管导通，B 点为低电平，同时使得 T1 管截止，A 点永远保持高电平的状态(当 A 点为低电平时，B 点会如何？请大家自己分析一下)。正是有了 T1 和 T2 管构成的双稳态电路，使得1位 I/O 信息在 Vcc 有电的情况下可以稳定地存储在 Cell 中。

T5 和 T6 为 Cell 的控制门。当行选择线=1时，T5 和 T6 导通，A、B 点分别与位线接通，此时，Cell 内的存储信息可以通过位线读出或者写入；当行选择线 X=0 时，T5 和 T6 截止，A、B 点与位线断开，此时，Cell 内存储的信息保持不变。

T7 和 T8 是一组 Cell 的公用控制门，不是一个 Cell 所特有的，因此所说的六管静态电路并不包括 T7 和 T8 两个管。当列选择线 Y=1 时，T7 和 T8 导通，在 T5 和 T6 导通的前提下，Cell 内的信息就通过 T5 和 T6、T7 和 T8 与外部数据线相连，读出或者写入。

下面我们给出六管静态电路的读/写操作过程：

• 保持：我们假设 A 点=1，此时 T2 导通，B 点=0，使得 T1 截止，同时保证了 A 点为高电平。由于 T1 管截止，T2 管导通，再交叉反馈，使得双稳态电路成功维持了1的状态。只要不掉电(V_{CC})，靠 RS 触发器的正反馈，就能一直保持1状态。

• 读操作：首先行选择线 X、列选择线 Y 有效，为高电平，此时 T5、T6 和 T7、T8 导通，A 点的高电平被读出到位线上，由于 T7 导通，位线上的信息被读出到外部数据线上(对边相同，只不过读出的是0)。最终 Cell 内存储的信息1，被读出来，送到了外部数据总线的某一位 D_i 上。

• 写操作：写入时，首先行选择线 X 和列选择线 Y 同时有效为高电平，使得 T5、T6 和 T7、T8 导通，选中这个 Cell 单元。同时由外部数据 I/O 和 $\overline{I/O}$ 双边输入所需数据，如果要写入1，则$I/O=1$，$\overline{I/O}=0$。由于T7、T8导通所以同时被写入双边D位线(1)和$\overline{D}$位线上(0)。又由于T5、T6导通，D位线上的1被加到A点，使得T2管导通。同时，$\overline{D}$位线上0被加到B点，使得T1管截止，由于T1管截止，T2管导通，再交叉反馈，使得双稳态电路成功写入并维持了1的状态。只要不掉电(V_{CC})，靠RS触发器的正反馈，就能一直保持写入的1状态。(读者可以自己推导一下写入0的操作过程)

由图4.4可知，存储一位二进制数，就需要6个MOS管，所以SRAM集成度不高，而且因为T1、T2、T3、T4构成的双稳态电路只有在V_{CC}电源不断补充电荷的基础上，才能保持其存储内容不流失，所以六管静态电路掉电数据即流失，但速度快，稳定性好。

下面我们一起学习如何将多个Cell组织成一片存储器芯片。

(2) 静态RAM存储器内部结构图

一片存储器芯片可以简单地理解为封装在一起的多个Cell的集合体。如图4.5所示，其中每一个方框代表一个由六管静态电路构成的Cell。图4.5中，以4×4矩阵的形式构成一个容量为16 bit的存储器。

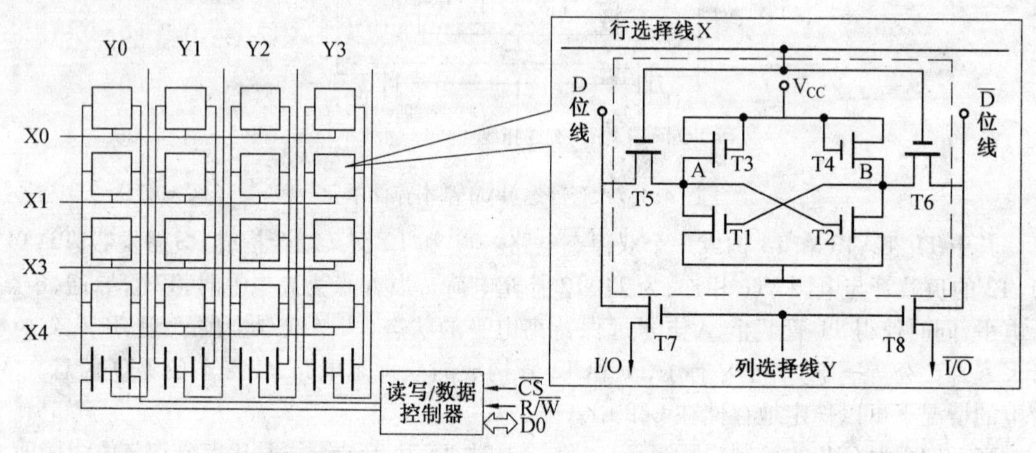

图4.5　SRAM芯片内部示意图

从图4.5中可以看到，一个存储器芯片有3组重要的连接线。

① 控制信号：包括片选信号($\overline{CS}$)和读写控制信号($R/\overline{W}$)。

片选信号($\overline{CS}$)：一个存储器系统由多个存储器芯片构成的，要想让某一片芯片工作，则必须选中该芯片。选中后，才可对该芯片进行读写等操作。$\overline{CS}$为片选信号，当$\overline{CS}=0$时，则选中该片芯片。

读写控制信号($R/\overline{W}$)：用来控制对芯片的读/写操作。当$R/\overline{W}=0$时，表示CPU对该芯片进行写操作，数据被输入到存储器内；$R/\overline{W}=1$时，表示CPU对该芯片进行读操作，数据从存储器内被读出。

② 地址信号：通过给定的地址信号，选中该芯片及芯片内的某一个Cell，或者某几个Cell，从而对该Cell进行读/写操作。

图4.5中，有4条行地址线(X0、X1、X2、X3)和4条列地址线(Y0、Y1、Y2、Y3)。通过行选择线X0、X1、X2、X3其中之一有效，选中某一行；再通过列选择线Y0、Y1、Y2、Y3其中之一有

效,选中某一列,最终就选中了某一个 Cell。例如:当 X0 = X1,X2、X3 = 0,则选中第一行中的 4 个 Cell;当 Y0、Y2、Y3 = 0,Y1 = 1 时,则选中第二列中的 4 个 Cell;最终第一行第二列的 Cell 被选中。

③ 数据信号:不论是读还是写,都需要有相应的线路将数据输入到 Cell 中或者从 Cell 中将数据输出出来。

图 4.5 中的 D0 就是一条数据线,它将通过行选择线和列选择线选中的 Cell 中的内容输出到数据总线某一位上;或者将数据写入通过行选择线和列选择线选中的 Cell 中去。

(3)典型静态 RAM 芯片

SRAM 芯片有很多,如:Intel 公司生产的 SRAM 芯片有 2114、6116、6264 和 62256;SamSung 公司的 KM718V889;DALLAS 公司的 DS1609 等。

2114 芯片

①外部结构:Intel 2114 引脚如图 4.6 所示。

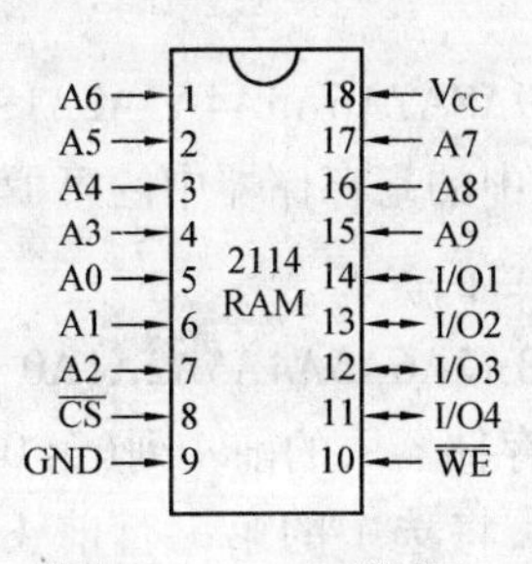

图 4.6 2114 引脚图

$\overline{CS}$:片选信号,低电平有效,选中该芯片;

$\overline{WE}$:写信号,低电平有效,表示 CPU 要向 2114 写入数据;

A0 ~ A9:地址线,10 条,可寻址 2^{10} = 1 K 的存储单元;

I/O1 ~ I/O4:数据线,4 条,表示一次可并行读/写 4 位数据。

由数据线和地址线的数目,我们可以初步推断:2114 的容量为 1 K×4 bit = 4 096 bit。

②内部结构:2114 内部结构如图 4.7 所示,分成三部分。

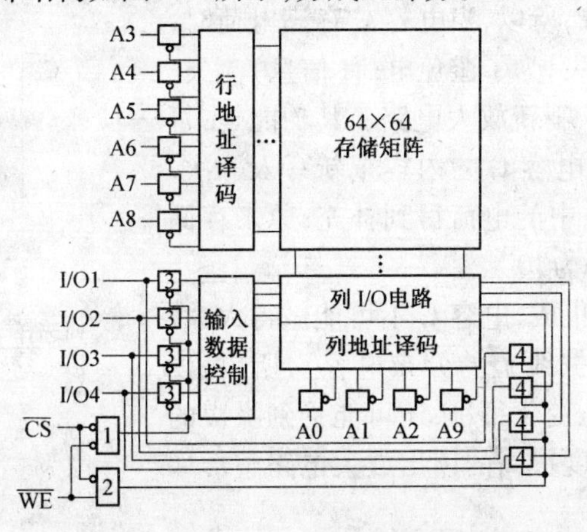

图 4.7 2114 内部结构图

存储体：由 64×64 个 Cell 构成存储矩阵，容量为 64×64 = 4 096 bit。

地址译码器：行地址译码器和列地址译码器。10 条地址线中的 A3～A8 共计 6 条通过行地址译码器产生 2^6 = 64 条行地址线，选中 64 行中的 1 行；10 条地址线中的 A0、A1、A2 和 A9 共计 4 条通过列地址译码器产生 2^4 = 16 条列地址线，选中 64 列中的 4 列。

数据控制：数据在 $\overline{CS}$、$\overline{WE}$ 的控制下，经由 I/O1、I/O2、I/O3 和 I/O4 输入到存储体或者从存储体内输出。当 $\overline{CS}$ = 0 时，选中该片 2114 芯片。如果 $\overline{WE}$ = 0，则表示对选中的 2114 进行写操作，此时与门 1 有效，4 个输入三态门 3 被打开，数据由 I/O1、I/O2、I/O3 和 I/O4 经输入三态门 3 被写入到存储体内；如果 $\overline{WE}$ = 1，则表示要对该片 2114 进行读操作，此时与门 2 有效，4 个输出三态门 4 被打开，存储体内的数据通过列 I/O 电路，再经打开的输出三态门 4 被读出到 I/O1、I/O2、I/O3 和 I/O4 上。

【例 4.2】CPU 从 2114 中读出地址为 008H 的内容，请给出 2114 芯片中控制信号、地址信号和数据信号的工作过程。

解 根据地址 008H，得出 A9A8A7A6A5A4A3A2A1A0 = 0000001000B。其中行地址为 A8A7A6A5A4A3 = 000001B，所以选中的是存储器中的第 1 行（从第 0 行开始）。

由于是读操作，所以 $\overline{CS}$ = 0，$\overline{WE}$ = 1。

根据地址 008H，得出 A9A8A7A6A5A4A3A2A1A0 = 0000001000B。其中列地址为 A9A2A1A0 = 0000B，所以选中的是存储器中的前 4 列（第 0、1、2、3 列）。

经过 I/O 电路和输出三态门 4，将选中的第 1 行前 4 列中的 4 个 bit 数据读出到 I/O1、I/O2、I/O3 和 I/O4 中，完成读操作。（自己想想写的操作过程是怎样的?）

2. 动态 RAM

静态 RAM 集成度低、功耗大，为了提高集成度、降低功耗，推出了动态 RAM（DRAM）。

（1）基本存储单元

DRAM 基本存储电路如图 4.8 所示，由一个 MOS 管 Q 和一个寄生电容 C 组成。

当电容 C 有电荷时，基本存储电路内存储信息为“1”；没有电荷时，存储信息为“0”。

由于电容有漏电现象，所以，当电容 C 存满电荷时，过一段时间后，电荷将流失，为了避免电荷（信息）流失，在基本存储电路上增加了刷新放大电路。其功能是：每隔一段时间（2 ms），就将电容 C 的内容重新写入一次，使原来存储“1”的电容 C 中的电荷得到补充；原来存储“0”的电容 C 中的电荷仍为“0”。

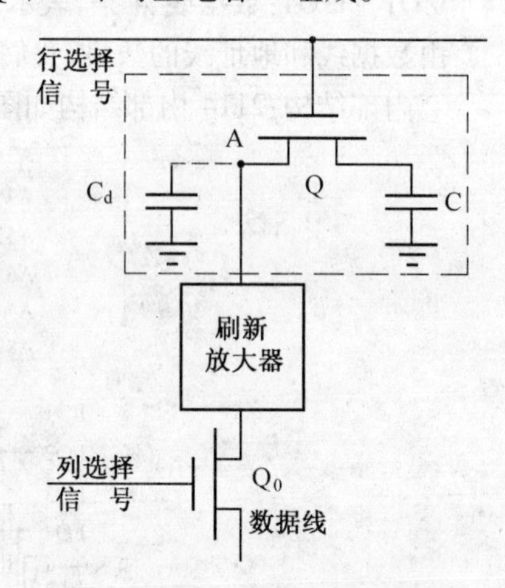

图 4.8 单管 DRAM 基本存储电路

为了节省面积，便于集成，电容 C 不可能做得太大，一般要求 $C<C_d$（C_d 为数据线上的分布电容），所以，读出时引起数据线上的电压变化很小，还可能受到噪声的影响，这就需要经过灵敏度很高的读出放大电路整形后才能输出。

• 保持操作：当行选择信号为 0 时，Q 管截止，电容 C 不能形成放电回路，保持原状态。（电容 C 虽然不能形成放电回路，但是电容 C 会漏电，电荷会慢慢地流失，所以，一般仅能保持几毫秒的时间。)

● 写操作:地址总线上的地址经行、列译码器译码后分别得到行选择信号和列选择信号。行选择信号使Q管导通,列地址选择信号使Q_0管导通。要写入“0”,则数据线上为“0”,点A为低电平,电容C通过导通的管Q对点A放电,因而电容C的电荷降低,被写入“0”;如果写入“1”,则数据线上为“1”,点A为高电平,点A通过导通的管Q对电容C充电,使电容C电荷增加,被写入“1”。

● 读操作:读信息时,地址总线上的地址经行、列译码器译码后分别得到行选择信号和列选择信号。行选择信号使Q管导通,使得电容C中的内容读出到点A上,又由于列选择信号使得Q_0管导通,点A上的电容C的内容最终被读到数据线上。

当C的信息被读出时,其上的电压下降,这是一种破坏式读出,为了保持其信息不变,刷新放大电路将按读取时的状态进行重写。

DRAM电路简单,集成度高,功耗低。但由于电容有漏电的现象,所以需要刷新电路定时刷新,以保证信息不流失。

(2)典型动态RAM芯片

DRAM芯片有很多,如早期常用的2116(16 K×1),2164(64 K×1),6256(256 K×1)等,及现在内存中常用是大容量的HM5116100(16 M×1),HM5116160(1 M×16),HM5264805(16 M×8)等。下面以2164(64 K×1)为例介绍DRAM的使用特点(HM5116100的原理与2164基本相同)。

2164芯片

①外部结构:2164A采用16脚双列直插封装,容量为64 K×1(图4.9)。

地址线(A0~A7):8条地址线。寻址64 K需要16条地址线(2^{16}=64 K),但2164只有8条地址线(A0~A7),想想这是为什么?

数据线(Din/Dout):因为×1,所以将2条数据线(Din/Dout)分别作为输入/输出。

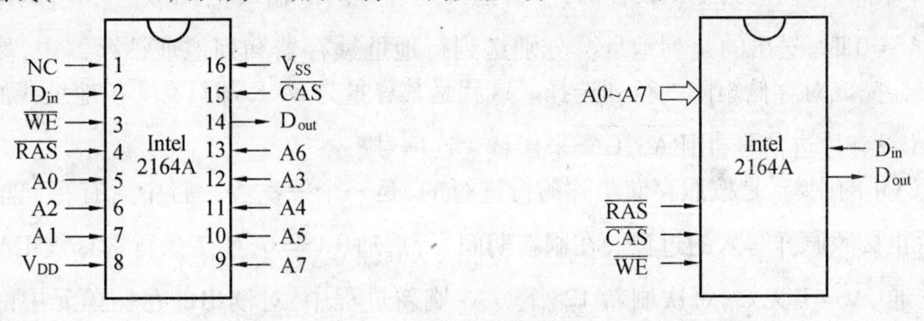

图4.9　Intel 2164A引脚图及逻辑符号图

控制线:$\overline{WE}$写允许,当$\overline{WE}$=0时表示对该芯片进行写操作;$\overline{RAS}$行地址选通,当$\overline{RAS}$=0时表示A0~A7上为行地址;$\overline{CAS}$列地址选通,当$\overline{CAS}$=0时表示A0~A7上为列地址。

② 内部结构:2164的内部结构如图4.10所示。

存储体:存储体由4个128×128的存储矩阵组成,即4×128×128=65536=64 K。

行地址选择:当$\overline{RAS}$=0时,A0~A6作为行地址(RA0~RA6)被锁存到行地址译码器中,经行地址译码器译码后可对128(2^7)行中的一行进行选择,即同时选中4个128×128存储矩阵中的各一行,也就是选中了4×128个存储单元。

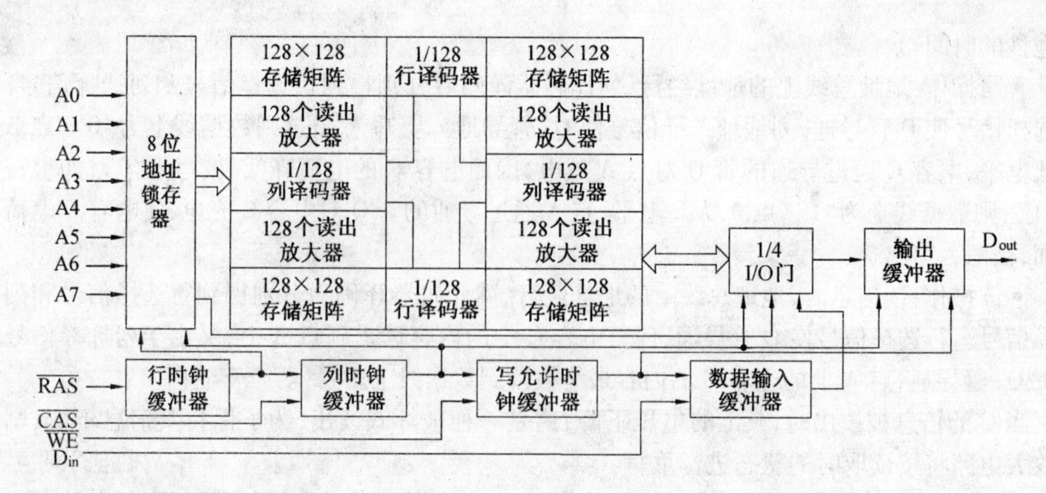

图 4.10 Intel 2164A 内部结构图

行地址选择:当$\overline{CAS}$=0 时,A0 ~ A6 作为列地址(CA0 ~ CA6)被锁存到列地址译码器中,经列地址译码器译码后可对 128(2^7)列中的一列进行选择,即同时选中 4 个 128×128 存储矩阵中的各一列,也就是选中了 4×128 个存储单元。

读出:将行选中和列选中单元综合在一起,也就是选中了 4 个存储单元。如果是读,则$\overline{WE}$=1,则被选中 4 个单元内容被送出 1/4I/O 门中,此时由 RA7,CA7 的值选定 4 个单元中的某一个单元的内容,经过输出缓冲器输出到 Dout 上。

写入:将行选中和列选中单元综合在一起,也就是选中了 4 个存储单元。如果是写,则$\overline{WE}$=0,此时由 RA7,CA7 的值选定 4 个单元中的某一个单元,要写入的数据由 Din 经过输入缓冲器输入到已经选好的 4 个单元中的某一个单元上,完成写入操作。

2164A 采用行、列两路复用锁存的方式,把长地址分两次输入,当$\overline{RAS}$=0 时,送出的是行地址;当$\overline{CAS}$=0 时,送出的是列地址。分别送到行地址锁存器和列地址锁存器中,然后通过行/列译码器完成对存储矩阵的行列选择。这就是其容量为 64 K 却只有 8 条地址线的原因。

2164A 没有片选信号,用$\overline{RAS}$、$\overline{CAS}$来代替片选信号。

对 DRAM 的刷新,是按照存储矩阵的行进行的,是一个一次将一行中所有存储单元内容读出,然后再按照原样写入的过程。在刷新期间,行选通$\overline{RAS}$=0,使 7 条行选择线 RA0 ~ RA6 有效,列选通$\overline{CAS}$=1 无效,每次刷新 128 行。在刷新过程中,对读出的存储单元中的内容放大,以保证电容上的电荷恢复到正常的水平。如图 4.10 所示,其内部 4 个 128 个读出放大器,就是来完成刷新时放大电荷用的。

4.2.2 只读存储器 ROM

只读存储器 ROM 内的信息只能读出,不能写入,一般用来存放固定程序,如 BIOS 程序等。其最大的优点是掉电后信息不会丢失。ROM 基本存储单元可由二极管、双极型晶体管或 MOS 管构成。可分为:MROM、PROM、EPROM、E^2PROM 和 Flash Memory 等。

1. 掩膜式只读存储器(MROM)

用户将自己设计好的存储器内的信息告诉厂家,厂家根据用户的信息制作专门的掩膜板,通过掩膜板曝光在硅片上，刻出与用户所要信息对应的图形（即掩膜过程）。制作掩模板工艺复杂，因此生产一片掩膜 ROM 的费用很高，但是有了掩模板后，生产的数量越大则价格越便宜，一般用于大批量生产。一旦光刻完成，其内数据就不能修改。

图4.11是一个简单的4×4位的MOS管ROM存储阵列示意图。采用单译码结构（只有一个地址译码器），地址线A1、A0经译码器译码后，产生4条选择线，可分别选中4个单元（单元0、单元1、单元2、单元3），每个单元有4位输出（同时输出4位数据，对应D3、D2、D1、D0）。

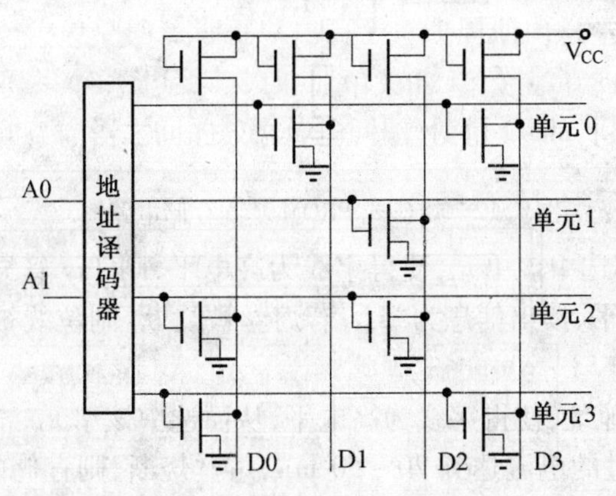

图4.11　掩膜 ROM 示意图

在存储矩阵的行列交叉点上，有的有MOS管，有的没有MOS管，有MOS管的地方存放的是数据“0”，没有MOS管的地方存放的是数据“1”。这是因为若有MOS管，当此单元被选中时，则相应的MOS管就导通，此时Di输出为0；而没有MOS管的，此时Di输出为1。于是我们得到图4.11对应的掩膜ROM各位内容对照表，见表4.2。

表4.2　掩膜 ROM 的内容表

	位 D3	位 D2	位 D1	位 D0
单元0	1	0	1	0
单元1	1	1	0	1
单元2	0	1	0	1
单元3	0	1	1	0

掩膜ROM中的内容一旦固定下来，就不能改变了，使用者再想对其内容进行修改，只能让工厂再次重新生产。为了解决这个问题，人们又设计出一种由用户通过一种设备可以写入信息的OTPROM，但是只允许写入一次。

2. 可编程只读存储器（OTPROM）

OTPROM有PN结击穿式和熔丝式两种。

（1）PN结击穿式OTPROM：这种PROM在出厂时，存储矩阵中的每个字线和位线的交叉处都有一对背靠背连接的二极管PN结，此时的字线与位线之间不导通，即此时存储体矩阵中所有的存储内容都是“1”。当用户要写入信息时，可根据需要对选中的单元施加足够大的电流，将反向二极管击穿，仅剩下一个正向连接的二极管，从而使其处于导通状态“0”。由于击穿的二极管不能再次正常工作，显然这是一种一次性写入的过程。

(2)熔丝式 OTPROM:如图 4.12 所示,熔丝式 OTPROM 基本存储电路示意图,由三极管和熔丝组成,可存储一位信息。出厂时,每根熔丝是连着的,存储的信息为"1"。

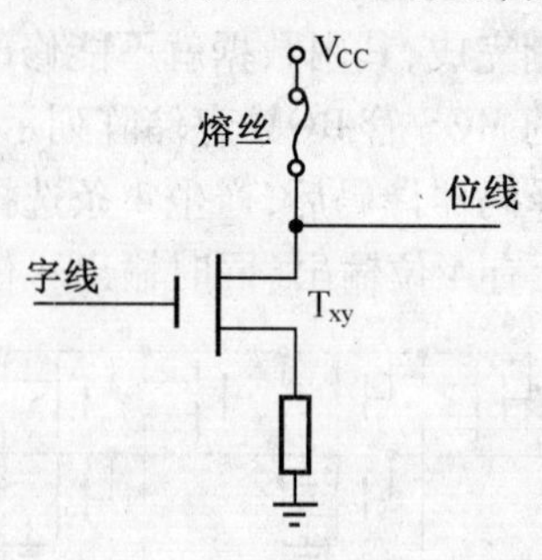

图 4.12 熔丝式 PROM 基本存储电路图

读出:首先给定地址,选中该单元,使得字线为高电平,则 Txy 管导通。若熔丝没有烧断,则位线被拉到 V_{CC} 的高电平,读出信息为"1";若熔丝被烧断,则位线被下拉电阻拉至低电平,读出信息为"0"。

用户编程:首先给定地址,使得字线为高电平,从而选中该单元。若要写入"0",则位线上送低电平"0",当熔丝通过的电流达到 20 ~ 50 mA,熔丝烧断,则存储的信息为"0";当要写入"1"时,相应的位线上送高电平"1",熔丝不被烧断,仍然保持"1"的状态。

在产品开发过程中,程序需要经过多次修改,而 PROM 仅可供用户进行一次编程,不能多次写入,多次擦除。为了解决这个问题,出现了可多次写入多次擦除的紫外线可擦除的只读存储器 EPROM。

3. 紫外线可擦除的只读存储器(EPROM)

(1)EPROM 存储单元结构及工作原理

紫外线可擦除的只读存储器 EPROM 是用电信号编程而用紫外线擦除的只读存储器芯片。如图 4.13 所示,EPROM 芯片外壳的中央有一个圆形的玻璃(SiO_2)窗口,通过这个窗口照射紫外线大约 10 ~ 20 min 即可擦除 EPROM 内的所有信息(对于新的或擦除过的 EPROM,其内各单元的内容全部为"1")。而当程序写入芯片后,为了避免阳光中紫外线照射破坏已存储在芯片中的信息,所以要在已写好程序的芯片上的玻璃窗口处贴上遮光标签。

EPROM 基本存储电路的核心部分是浮栅 MOS 管,如图 4.13 所示。它与普通的 P 沟道 MOS 电路相似,只是栅极没有引出端,而被 SiO_2 绝缘层包围,称为"浮栅"。

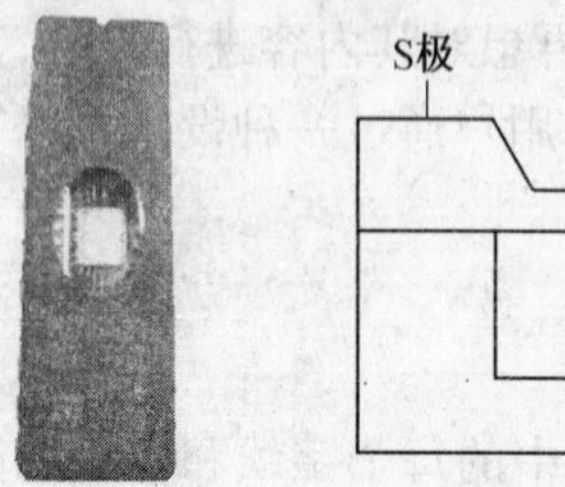

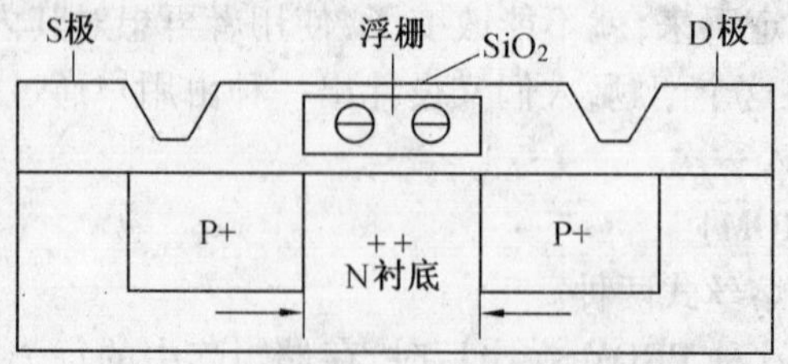

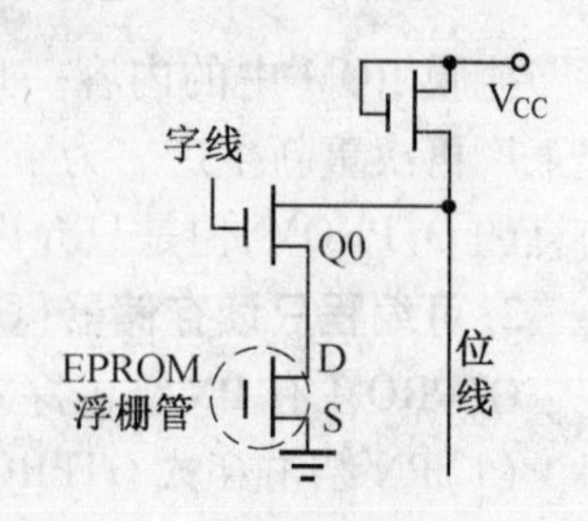

图 4.13 EPROM 基本存储电路图

原始状态:栅极没有电荷,该管没有导通沟道,D 和 S 不导通,电路内存储着"1"。

写入:将源极和衬底接地,在衬底和漏极形成的 PN 结上加上一个约 24 V 反向电压,可导致雪崩击穿，产生许多高能量电子（其数量由所加电压脉冲的宽度和幅度决定），越过绝缘层进入浮栅，当注入的电子足够多时，这些电子将在硅表面感应出一个连接源极、漏极的反应层，从而使得源极、漏极成低阻态。当外加电压取消时，积累在浮栅上的电子由于没有放电回路，在室温且无光照的条件下将长期保存在浮栅中，从而使得 EPROM 中的内容为“0”，完成写入过程。

读出：当字线为高电平时，则选中该单元，Q0 管导通。如果浮栅管内存储的是“0”，则位线为“0”，即读出数据“0”；浮栅管内存储的是“1”，则位线为“1”，即读出数据“1”。

擦除：消除浮栅的方法是通过 EPROM 芯片上的玻璃窗口照射紫外线大约 10 ~ 20 min，由于紫外线的能量较高，从而使得停留在浮栅中的电子获得足够的能量，形成光电流从浮栅流出，使浮栅恢复为初始“1”状态。

（2）典型 EPROM 芯片 Intel 2764A

① 外部结构：Intel 2764A（8 K×8 Bit）为双列直插 28 脚芯片（图 4.14）。

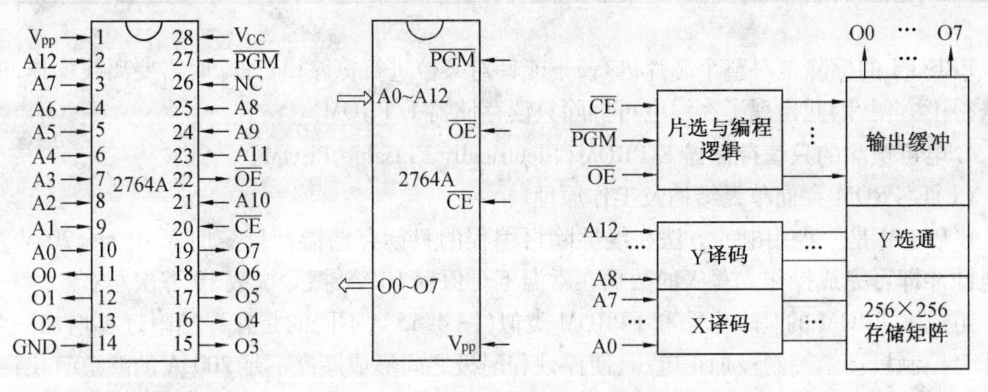

图 4.14 Intel 2764A 管脚图及逻辑符号图

V_{CC}：工作电压，+5 V；

V_{pp}：编程电压，12.5 V；

NC：不用脚；

$\overline{CE}$：片选信号，输入，低电平有效；

$\overline{OE}$：输出允许信号，输入，低电平有效。当$\overline{OE}$=0 时，输出缓冲器打开，选中单元的内容被读出；

$\overline{PGM}$：编程脉冲输入端，为 45 ms 的低电平脉冲信号；

A0 ~ A12：13 条地址线，可寻址 2^{13} = 8 K 存储空间；

O0 ~ O7：8 条数据线。所以，Intel 2764A 的容量为 8 K×8 Bit。

2764A 的主要工作方式有：读、保持、编程等方式（表 4.3）。

读方式：当 V_{CC} = +5 V，Vpp = +5 V，$\overline{PGM}$ = 1 时，通过地址线 A0 ~ A12 选中要读出的单元，然后$\overline{CE}$ = 0，$\overline{OE}$ = 0，将选中单元中的信息读出到 O0 ~ O7 数据线上。

保持方式：当$\overline{CE}$ = 1 时，数据线呈高阻状，禁止数据传送，同时芯片功耗降低。

编程方式：在 Vpp = +12.5 V 编程电压，V_{CC} = +5 V 情况下，从 O0 ~ O7 上输入要写入的数据，$\overline{CE}$ = 0，$\overline{OE}$ = 1，每写一数据，都必须在$\overline{PGM}$引脚产生一个 45 ms 宽的写入脉冲。

编程校验:为了检查编程时写入的数据是否正确,通常在一个字节编程完毕后,使$\overline{PGM}$=1,$\overline{OE}$=0 将数据输出与刚输入的数据相比较,验证数据是否正确。

编程禁止:当$\overline{CE}$=1 时,则编程立刻禁止,O0 ~ O7 呈高阻状态。

表 4.3 Intel2764A 的工作方式

方式	$\overline{CE}$	$\overline{OE}$	$\overline{PGM}$	V_{PP}/V	V_{CC}/V	D0 ~ D7
读出	0	0	1	+5	+5	OUT
保持	1	×	×	+5	+5	高阻
编程	0	1	0	+12.5	+5	IN
编程校验	0	0	1	+12.5	+5	OUT
编程禁止	1	×	×	+12.5	+5	高阻

EPROM 的擦除是对整个芯片进行,不能针对某位进行擦除,且擦除时需要离线操作,使用起来很不方便,因此出现了在线电可擦除只读存储器 E^2PROM。

4. 电可擦除的只读存储器 E^2PROM(Electrically Erasable PROM)

(1)E^2PROM 存储单元结构及工作原理

E^2PROM 是一种用电的方法在线擦除再编程的只读存储器。只需加入 10 ms、20 V 左右的电脉冲即可完成操作。写入的数据在常温下可保存 10 年,擦除次数 10 万次左右。

组成 E^2PROM 的基本电路和 EPROM 类似(图 4.15),不同的是在浮栅附近再增加一个栅极作为控制极。给控制极加正电压,使浮栅和漏极之间形成厚度不足 200 A 的隧道氧化物,利用隧道效应,电子便注入浮栅,数据被写入。如果给控制删一个负压,则浮栅上的电荷流向漏极,信息被擦除。

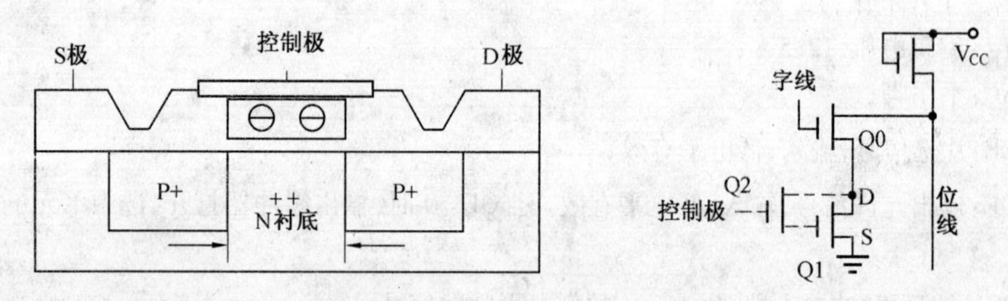

图 4.15 E^2PROM 基本存储单元示意图

(2)典型 E^2PROM 芯片

E^2PROM 芯片一般都有串行、并行两种接口。并行接口的 E^2PROM 芯片读写方法简单,可选择字节写入和页写入两种方式,速度快,容量大,但功耗大,价格贵;串行接口 E^2PROM 的芯片体积小,占用系统信号线少,功耗低,价格便宜,且所有的串行接口 E^2PROM 芯片的封装形式都一样,均是 8 脚 DIP 封装,升级容易方便,但是读写方式比较复杂,速度慢。

- AT28C64B

AT28C64B(8 K×8)是并行接口 E^2PROM 芯片(图 4.16)采用 DIP 封装。

V_{CC}:+5 V 单电源供电;

A0 ~ A12:13 条地址总线,用于选择片内的 8 K 存储单元;

I/O0 ~ I/O7:8 条数据线;

控制线:$\overline{CE}$片选信号,低电平有效,选中该芯片;$\overline{OE}$输出数据允许线,低电平有效。$\overline{WE}$写信号,低电平有效。当$\overline{CE}=0$且$\overline{OE}=0$且$\overline{WE}=1$时,将选中的单元中的数据读出。当$\overline{CE}=0$且$\overline{OE}=0$且$\overline{WE}=0$时,将数据写入选中的存储单元。

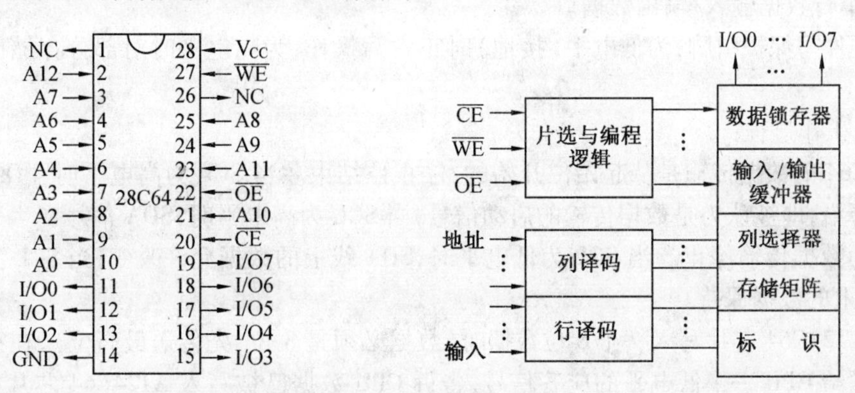

图 4.16　E^2PROM 芯片 28C64 管脚图及内部结构示意图

AT28C64B 工作过程:

数据读出:当$\overline{CE}=0$且$\overline{OE}=0$且$\overline{WE}=1$时,即可将选中的单元中的数据读出。与 RAM 及 EPROM 的读出过程是一样的。

编程写入:有字节写入和页写入两种方式。

①字节写入:一次写入一个字节的数据。当$\overline{OE}=1$,且$\overline{CE}=0$,且$\overline{WE}=0$时,输入相应的地址信号,选中某个单元,然后通过数据总线(I/O0 ~ I/O7)将数据写入该单元中,Twc 时间后一个字节数据写入完成(如果芯片的 1 脚为 READY/$\overline{BUSY}$,则通过查询管脚 1 的状态来判断一个字节数据是否写完,图 4.16 的芯片不是采用这种方法)。

② 页写入:一次写完一页,而不是一个字节。28C64 芯片的一页为 1 ~ 32 个字节,且在内存中是连续排列的。A5 ~ A12 决定访问哪页,A0 ~ A4 决定访问页中的哪个字节。

擦除:擦除和写入是同一种操作,只不过擦除是向单元中写入"1"。如果想将某一字节擦除,则只要执行写入操作,只不过写入的数据是"1";如果想对整个芯片进行擦除操作,则使$\overline{WE}=0$,$\overline{CE}=0$,$\overline{OE}=+15$ V,数据线(I/O0 ~ I/O7)为"1",保持 10 ms,即可将芯片内所有单元的内容都擦除干净,变为"1"。

- 24C64

24C64(8 K×8)是串行接口 E^2PROM 芯片(图 4.16),采用 DIP 封装,数据传输采用 I^2C 总线。

V_{CC}:电源,工作电压为 2.7 ~5.5 V;

A0 ~ A2:地址总线。片选或页面选择地址输入。当接一片 AT24C64 时,A0 ~ A2 接地。

SCL:串行移位时钟输入端,用于与输入/输出的数据同步。当 SCL 为高电平时,SDA 线上的数据保持稳定,此时"数据有效";当 SCL 为低电平时,SDA 线上的数据允许改变。

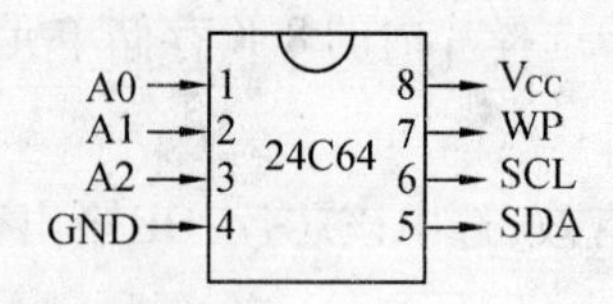

图 4.17　E^2PROM 芯片 24C64 管脚图

SDA:串行数据输入/输出数据口。

WP:硬件写保护引脚,为低电平(接地)时正常写操作;为高电平时对部分存储区进行硬件写保护。

24C64 工作过程:

AT24C64 的数据传输是从起始位开始的,停止位结束。当 SCL 为高电平时,SDA 信号产生一个下降沿,即被认为是数据传输的启动信号;当 SCL 为高电平时,SDA 信号产生一个上升沿即被认为数据传输停止。当 SCL 为低电平时,SDA 线上的数据允许改变;当 SCL 为高电平时,SDA 线上的数据保持。

当向 AT24C64 芯片写入一个 8 位数据时(数据必须是 8 位,先传送最高位),在第 9 个时钟周期会送给 CPU 一个低电平的应答信号,告诉 CPU 数据已被写入 AT24C64 芯片中(图 4.18)。

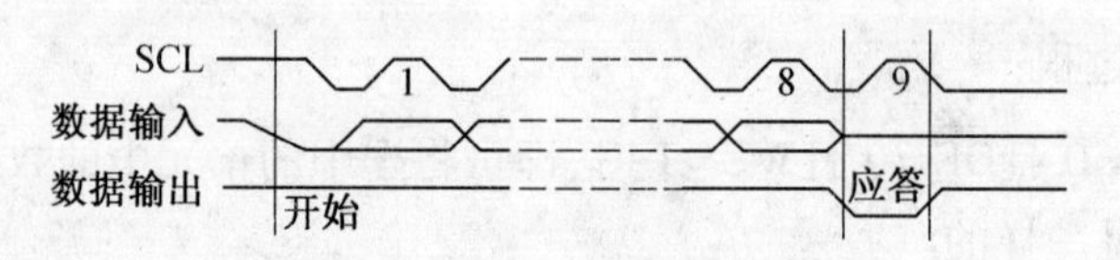

图 4.18　AT24C64 写时序图

在写入之前需要向 AT24C64 写入一个字节的读/写命令字,其格式如图 4.19 所示:1010 为标志位;当接一片 AT24C64 时,A0 ~ A2 均接地(0);是写入则 D0 位为 0,否则为 1。

D7	D6	D5	D4	D3	D2	D1	D0
1	0	1	0	A2	A1	A0	0/1
标志位				地址			写/读

图 4.19　AT24C64 读/写操作命令字格式

写入过程:如图 4.20 所示,首先,发送起始位(当 SCL 为高时,SDA 信号产生一个下降沿,即被认为是数据传输的启动信号),然后顺序写入 8 位写操作命令字(图 4.9)及应答信号(0),给出 13 位地址及应答信号(0),选中要写入的单元,再给出 8 位数据(先传高位,后传低位)及应答信号(0),最后给出停止位(当 SCL 为高时,SDA 信号产生一个上升沿,即被认为数据传输停止)。

	1010 A2A1A0 0	0		0		0	
起始位	写操作命令字	应答	13 位地址	应答	8 位数据	应答	停止位

图 4.20　一字节写操作示意

读出过程:有三种读方式,即随机地址读方式、当前地址读方式、顺序地址读方式。

①随机地址读方式:如图4.21所示,读一个字节的过程与写基本相似,只不过多了读操作命令字。

②当前地址读方式:如图4.22所示,由于是对当前地址的读,所以不需要送出地址。

③顺序地址读方式:如图4.23所示,用于读数据块,是一种连续读数据的方式。

	1010 A2A1A0 0	0		0		1010 A2A1A0 1	0		0	
起始位	写操作命令字	应答	13位地址	应答	起始位	读操作命令字	应答	8位数据	应答	停止位

图4.21　随机地址读方式示意

	1010 A2A1A0 1	0			
起始位	读操作命令字	应答	8位数据	无应答	停止位

图4.22　当前地址读方式示意

	1010 A2A1A0 1	0		0	…		0	
起始位	读操作命令字	应答	8位数据(1)	应答	…	8位数据(n)	应答	停止位

图4.23　顺序地址读方式示意

5. 快速擦除读/写存储器(Flash Memory)

Flash存储器也称为闪烁存储器,简称闪存,是一款电可擦除的非易失性新型存储器。具有快速编程、存储密度高、存取速度快、成本低、单一供电等特点。用Flash存储器生产的半导体固态盘(U盘)已成为现今最常用的外存之一。从原理上说,Flash Memory属于ROM型存储器。

(1)Flash Memory存储单元结构及工作原理

Flash Memory基本存储电路由一只MOS管构成(如图4.24所示),当浮置栅极内有电子时,衬底上靠近浮置栅的表面形成反型层,使得S和D极导通,为“0”状态;当浮置栅极内无电子时,反型层消失,S和D极不导通,为“1”状态。

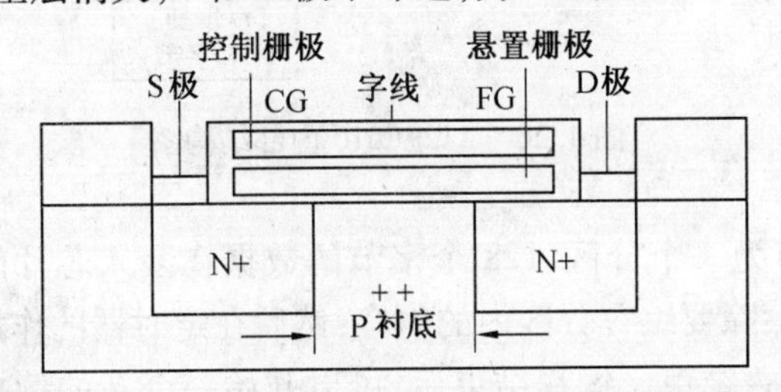

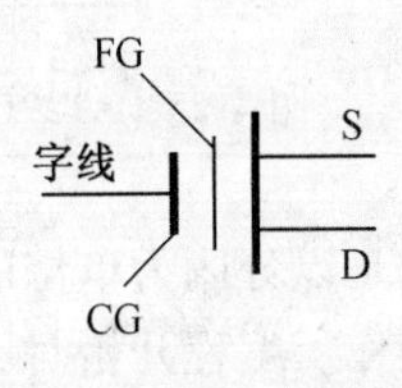

图4.24　Flash Memory基本存储电路图

擦除:在源极和控制栅极之间接一个正向12 V的电压,浮置栅极内的电子向源极扩散,导致浮置栅极内的电子丢失,使得S和D极之间的导电沟道消失,状态由“0”变为“1”。

写入:在控制栅极和S极之间接一个正向电压,电压值>D和S极之间的正向电压,则来自

S 极的电子向浮置栅极扩散,使得浮置栅极带上足够多的电子,同时在衬底 S 与 D 极之间感应出导电层,使得 S 和 D 极之间导通,状态由“1”变“0”,完成写“0”的操作。

读:读的时候,只需要在 S 和 D 极之间加 5 V 或 3 V(不同芯片要求不同)的电压,而 S 极和控制栅极之间不加电压,即可读出。

(2)典型 Flash Memory 芯片

Flash 存储器广泛应用于电信交换机、蜂窝电话、仪器仪表和数码相机等领域,其产品很多,如 AT29C256(256 Kbit)、AT29C512(512 Kbit)、AT29C010(1 Mbit)、AT29C020(2 Mbit)、AT29C040(4 Mbit)和 AT29C080(8 Mbit)等。

AT29C010(1 Mbit)

①AT29C010(1 Mbit)管脚

AT29C010 芯片有 DIP、TSOP 和 PLCC 三种封装。图 4.25 采用 32 管脚 DIP 封装。

I/O0 ~ I/O7:数据总线,8 条,双向,三态。

A0 ~ A16:地址线,17 条,可寻址 1 MB 空间。其中 A7 ~ A16 提供 1 024 个分区地址;A0 ~ A6 提供每个分区内的 128 字节单元地址;

$\overline{CE}$:片选信号;$\overline{OE}$:读选通信号;$\overline{WE}$:写信号线;V_{CC}:工作电压+5 V。

②AT29C010(1 Mbit)工作过程

AT29C010 内部结构如图 4.26 所示,由 2 个 8 K 字节的自举块和 112 K 字节的主存储器共同构成 128 K 字节的存储单元,也就是 128 K×8 = 1 MB 的存储容量。其中 8 K 字节的自举块用来存储系统的自举代码和参数表,112 K 字节的主存储器用来存储应用程序和数据。

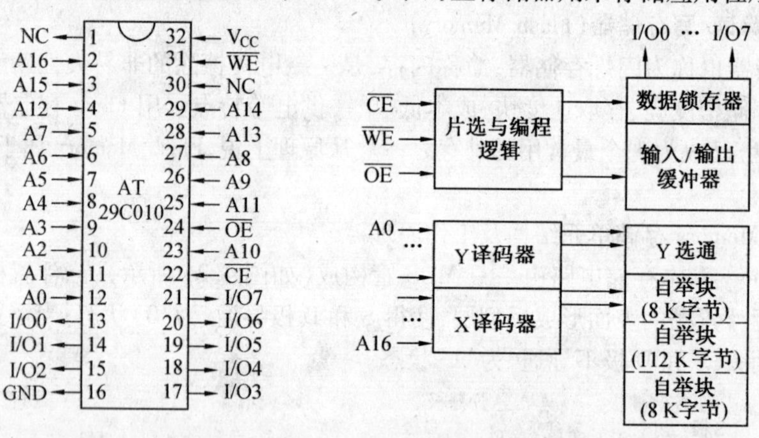

图 4.25　AT29C010 管脚图　　图 4.26　AT29C010 内部结构图

编程是以分区为单位的,128 个字节为一个分区,128 个字节的数据在装入芯片的同时完成编程操作。编程开始时,芯片会自动擦除要编程分区内的内容,然后在定时器的作用下进行编程,通过查询 I/O7 的状态判断编程是否结束。编程结束后,可以开始一个新的读操作或者编程操作。

读过程:读数据方式与 E^2PROM 相似。通过地址总线 A0 ~ A16 选中要读的存储单元,当 $\overline{CE}$=0 且 $\overline{OE}$=0 且 $\overline{WE}$=1 时,将被选中单元的内容读出到 I/O0 ~ I/O7 上;当 $\overline{CE}$=1 且 $\overline{OE}$=1 时且 I/O0 ~ I/O7 为高阻态。这种双向的控制方式为使用者提供了避免总线竞争的灵活性。

字节装载：字节装载用于装入每一个分区待编程的 128 K 字节数据或用于进行数据保护的软件编码。每一个字的装载是当$\overline{CE}=0$且$\overline{WE}=0$且$\overline{OE}=1$实现的，数据在$\overline{WE}$或者$\overline{CE}$的上升沿时被锁存。

编程：该芯片以分区为单位进行再编程，如果某一个分区中的一个数据需要改变，那么这一个分区中的所有数据都必须要重新装入。一旦某一分区中的字节被装入，这些字节将同时在内部编程时间内进行编程，在此时间内若有数据装入，则会产生不确定数据；当第一字节数据装入芯片后，其余字节将以同一方式一次装入，字节不需要按顺序装载，可以以任意方式装载。每一新装载的数据如要被编程则必须有$\overline{WE}$的下降沿，且在 150 μs 时间内完成，同时前面字节的$\overline{WE}$上升沿跳变时间也是 150 μs。如果在最后的上升沿时间 150 μs 内没有检测到下降沿，那么字节装载的时间段将结束，内部编程时间段开始。A7 ~ A16 提供 1 024 个分区地址，只有在$\overline{WE}$下降沿时才有效，A0 ~ A6 提供每个分区中的每一个字节地址（时序见图 4.27）。

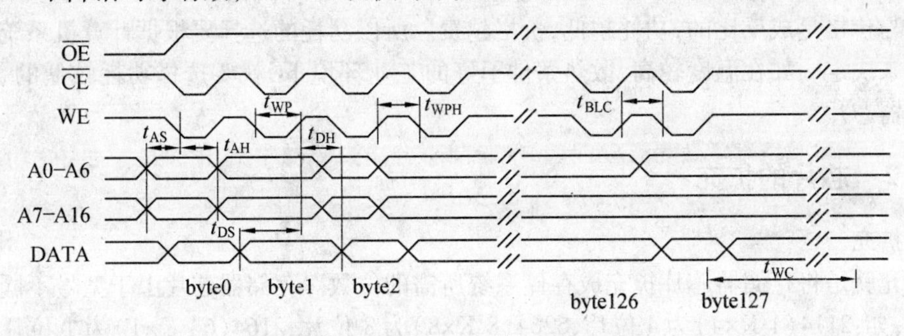

图 4.27　AT29C010 编程时序图

从读写原理上我们可以看出，E^2PROM 和 Flash Memory 仍然属于 ROM 的范畴，所以数据写入时都需要先擦除再写入，不同点是擦除的方式有了很大的改变，可以联机进行，可以按照字或者字节读写。

4.3　存储器与 CPU 的连接

要构成一个大的存储器系统就需要将前面已经介绍过的多个存储器芯片或多种存储器芯片通过某种方式连接起来，这就是计算机系统的内存设计问题。需要解决三大问题：

(1) 如何选择存储器芯片？

(2) 如何将小容量的存储器芯片扩充为一个大容量的内存系统？

(3) 存储器芯片如何与 CPU 连接？

4.3.1　存储器芯片的选择

存储器芯片的选择，主要考虑以下 4 个问题。

1. 存储器芯片类型的选择

对于一些专用的设备，如家用电器、仪器仪表等，其内部的系统程序、数据都是固定不变的，所以可以选择 ROM 芯片。

对于需要存储中间结果的设备，则需要 RAM 芯片。RAM 又可分为 SRAM 和 DRAM。如果所需容量小且对速度要求高,则可选用 SRAM;如果所需容量大,则可选用 DRAM。

对于需要在线修改、在线升级的设备,可选择 Flash Memory 和 E^2PROM。其中,如果对容量、速度要求不高,可选择 E^2PROM;对容量、速度要求高,可选择 Flash Memory。

2. 存储器芯片容量的选择

型号不同,容量、位数和价格也不同。原则上是在满足容量的前提下尽量少用芯片,因为使用芯片的数量越少,错误率越低,并且硬件设计越简单。

3. 存储器芯片速度的选择

速度与价格是成正比的,速度越快,价格越高,所以要根据 CPU 的速度选择合适的存储器芯片速度,达到合理的匹配。如果存储器芯片的速度远远大于 CPU 的速度,则会造成存储器的浪费;如果 CPU 的速度远远大于存储器的速度,则使得快速的 CPU 永远等待慢速的存储器,不但浪费 CPU 的资源而且使得整个系统速度变慢。

4. 存储器芯片功耗的选择

功耗与价格是成反比的,功耗越低,价格越贵。所以功耗的选择要根据计算机系统的实际应用情况来决定。如在温度较高、散热条件不好的工业环境下,就要选择功耗较低的、散热较少的存储器芯片。

4.3.2 芯片的扩充

1. 位扩充

位扩充就是将存储器芯片扩充成存储系统所需的位数。存储器芯片由于型号不同其位数也不相同,如:2114(1 K×4)为 4 位片,6264(8 K×8)为 8 位片,2164(64 K×1)为 1 位片。若采用 2164(64 K×1)构成 8 位的存储器系统,则需要 8 片;若采用 2114(1 K×4)构成 8 位存储器系统,则需要 2 片;若采用 6264(8 K×8)构成 8 位存储器系统,则需要 1 片就够了。

例如:用 2114(1 K×4)构成 1 K×8 位的存储器系统,如图 4.28 左侧,需要 2 片 2114 芯片。2 片芯片并联在一起,第一片芯片的数据线接到数据总线的 D0 ~ D3 位,第二片芯片的数据线接到数据总线的 D4 ~ D7 位,共同构成 8 位系统。

如果用 1 K×1 的存储器芯片构成 1 K×8 位的存储器系统,如图 4.28 右侧,则需要 8 片芯片。8 片芯片并联在一起,共同构成 8 位系统。

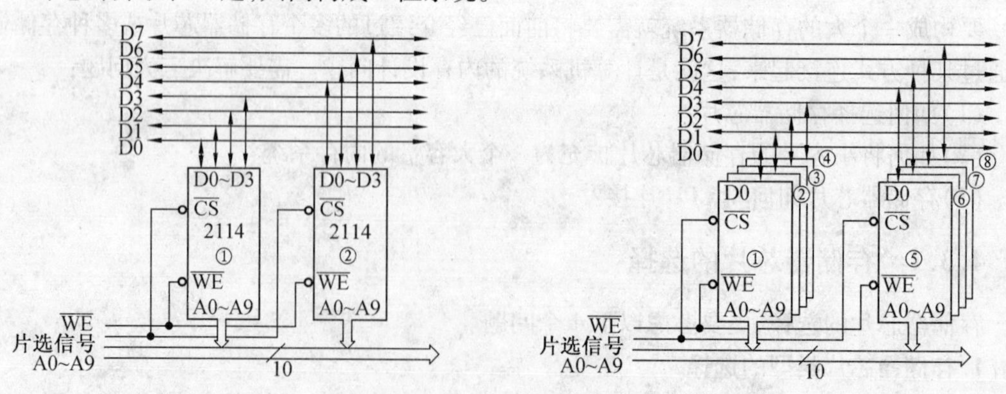

图 4.28　位扩充存储器示意图

2. 字扩充

字扩充就是存储容量的扩充。小容量存储器芯片构成大容量存储器系统。

例如:用2114(1 K×4)构成2 K×8 的存储器系统,将小容量的1 K 存储器扩充成了2 K 的存储器,如图4.29 所示。

首先满足位扩充的要求,将2114(1 K×4)扩充成1 K×8,需要2 片芯片(虚线框内部分)。然后再满足字扩充的要求,扩充成2 K×8,所以就需要2 个1 K×8,一共需要4 片2114 芯片,可以构成2 K×8 的存储器系统。(此时的2 个片选信号不同)

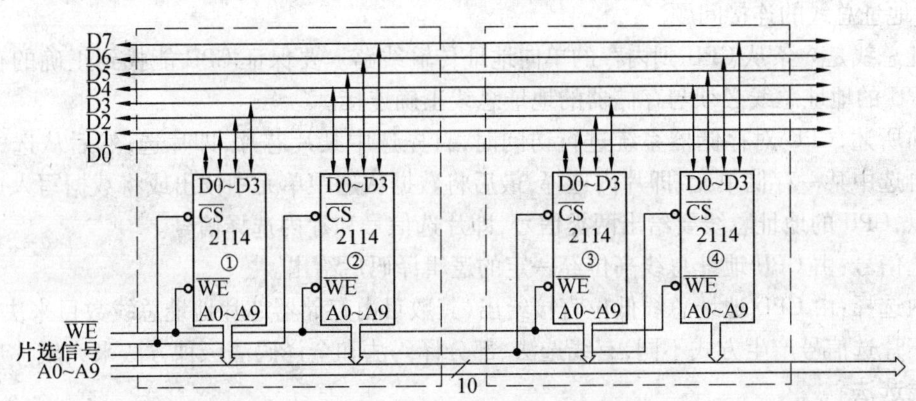

图4.29 字扩充存储器示意图

4.3.3 存储器芯片与CPU 的连接

CPU 对存储器系统进行读写操作的过程是:首先由地址总线给出地址信号,选中某一芯片和芯片内的存储单元;然后CPU 给出读/写控制信号,进行读/写操作;最后,将数据从存储器写入或读出。存储器与CPU 连接时,主要是地址总线、控制总线和数据总线的连接,在连接时要注意以下几个问题。

(1)CPU 总线的负载能力

CPU 输出线的直流负载能力一般可以带1 个TTL 管或20 个MOS 管。现在的内存多为MOS 管器件,直流负载很小,主要负载为电容负载,所以在小型系统中,存储器可以直接与CPU 相连接。在大型系统中,当总线上的器件超过负载时,就要考虑加总线驱动电路或缓冲器来提高CPU 总线的驱动能力。如在数据总线上加74LS245 双向驱动器,在地址总线上加74LS373 和74LS244 单向驱动器。

(2)CPU 和存储器的速度匹配

CPU 严格按照存储器读/写时序工作,当存储器的速度跟不上CPU 的读/写速度时,就要在CPU 的读/写时序中间插入等待时间 Tw,否则无法保证数据迅速准确地传递。

随着大规模集成电路的发展,存储器的速度得到了很大的提高,存储器与CPU 的速度匹配已不是大的问题。

(3)数据总线的连接问题

数据总线是一个双向的数据传输线路,一端连接CPU,一端连接存储器。一般CPU 的数据总线条数与数据总线的条数是一致的,而存储器的数据总线条数大都与数据总线的条数不一致,可以采用上面讲过的“位扩充”的方法,使两者保持一致。因此数据总线的连接问题还是比较容易解决的。

(4)控制信号的连接问题

CPU 与存储器连接中,主要用到如下控制信号(由于 CPU 型号的不同略有差异):

$\overline{WE}/\overline{RD}$:读/写控制信号。或用 $R/\overline{W}$ 表示,$R/\overline{W}=1$ 表示读,$R/\overline{W}=0$ 表示写。

$M/\overline{IO}$:存储器/外设选择信号。$M/\overline{IO}=1$ 表示对存储器操作;$M/\overline{IO}=0$ 表示对外设操作。当 $M/\overline{IO}=0$ 且$\overline{WE}=0$ 时表示对存储器写操作;当 $M/\overline{IO}=0$ 且$\overline{RD}=0$ 时表示对存储器读操作。

(5)地址总线的连接问题

地址总线是一条从 CPU 到内存的单向地址传输线路。要保证 CPU 能找到正确的存储单元,则 CPU 的地址总线必须与存储器的地址总线正确连接。

如前所述,CPU 对存储器系统进行访问时,首先选中某片芯片,即片选,然后从选中的芯片内部再选中某一存储单元,即片内选择,最后将数据从选中单元中读出或将数据写入选中单元。所以,CPU 的地址总线要给出两类信号,即片选信号和片内选择信号。

片选信号:由 CPU 地址总线高位经一定的逻辑译码后给出。

片内选择:由 CPU 地址总线低位直接给出,其数目由存储器芯片地址总线数目来决定。

由于片选信号产生方式不同,有线选法、部分译码法和全译码法三种方法来完成片选。

1. 线选法

线选法是指高位地址中的某一条或者几条直接作为存储器的片选信号使用。线选法是最简单的方法,缺点是造成内存地址的不连续及重叠地址。

【例 4.3】使用 1 片 RAM 6116 芯片(2 K×8)和 1 片 EPROM 2716(2 K×8)为一个具有 16 条地址线(A0 ~ A15)的 8 位微机系统构成一个 4 K×8 的内存系统,采用线选法,请画出 CPU 与存储器 6116、2716 的连线图,并给出 6116、2716 的地址范围。

解 由于 6116 的容量为 2 K×8,所以我们知道共有 8 条数据总线(×8),11 条地址总线($2\ K=2^{11}$);同理,2716(2 K×8)数据总线为 8 条,地址总线为 11 条。

首先,画出 6116 和 2716 芯片图及 CPU 芯片示意图(图 4.30)。

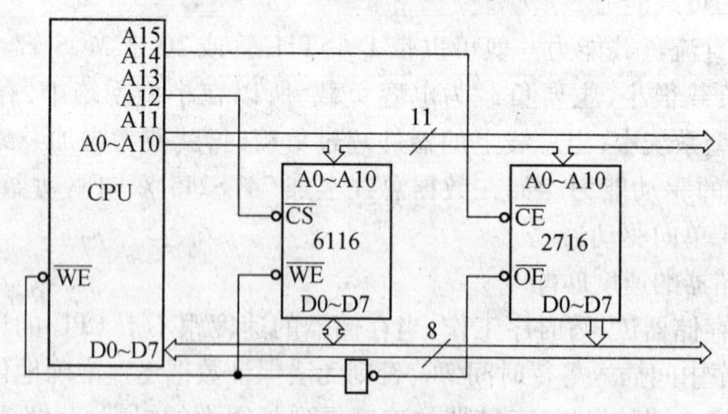

图 4.30 线选法例题解答图

然后,连接数据总线,将 CPU 的数据总线与存储器的数据总线相连。由于 6116 和 2716 都是 8 位片,所以不需要位扩充,可直接与 8 位 CPU 的数据总线相连。(需要注意的是 2716 为 EPROM,只能读出不能写入,所以数据线是单向的)

接着,连接控制总线,将 CPU 的控制信号$\overline{WE}$与 6116 相连,$\overline{WE}$取反后和 2716 存储器的$\overline{OE}$

端相连(因为$\overline{OE}$为输出数据允许线,与$\overline{WE}$逻辑正好相反)。

最后,连接地址总线。地址总线分为片内选择和片选两种。先连接片内选择:由于 6116 和 2716 的地址线都是 11 条,所以将存储器的 A0 ~ A10 与 CPU 的 A0 ~ A10 相连作为片内选择线。最后连接片选线,由于采用的是线选法,所以直接从 CPU 的高位(A11 ~ A15)中任意抽取两位作为片选信号即可,这里将 A11 作为 6116 的片选,A13 作为 2716 的片选,其他高位地址线没有使用。至此,CPU 与存储器 6116、2716 的连线图画好了。

下面我们来看地址分配情况,如表 4.4 所示:

6116 的地址空间为:××1×00000000000 ~ ××1×01111111111。如果×=0,则 6116 的地址范围为 2000H ~ 27FFH。

2716 的地址空间为:××0×10000000000 ~ ××0×11111111111。如果×=0,则 2716 的地址范围为 0800H ~ 0FFFH。

表 4.4　存储器地址分配表

	A15	A14	A13	A12	A11	A10 … A0	
6116						0 … 0	2000H
地址	×	×	1	×	0	…	…
范围						1 … 1	27FFH
2716						0 … 0	0800H
地址	×	×	0	×	1	…	…
范围						1 … 1	0FFFH
	片		选			片内选择	

通过例 4.3 可以看出:

6116 与 2716 的地址是不连续的。

存储单元有重叠地址。由于 A15、A14、A12 未用,当其值从 000 ~ 111 变化时,每个存储单元重叠地址数为 $2^3=8$ 个,所以存储单元有重叠地址(每个存储单元的地址不是唯一的)。如:当选中 6116 中的 2000H 单元时,其重叠地址为见表 4.5:

表 4.5　重叠地址表

A15	A14	A13	A12	A11	A10…A0	重叠地址
0	0	1	0	0	0…0	2000H
0	0	1	1	0	0…0	3000H
0	1	1	0	0	0…0	6000H
0	1	1	1	0	0…0	7000H
1	0	1	0	0	0…0	A000H
1	0	1	1	0	0…0	B000H
1	1	1	0	0	0…0	E000H
1	1	1	1	0	0…0	F000H

2. 部分译码法

部分译码法是指将 CPU 提供的地址线,除去片内选择所用到的地址线后,剩余的地址线中的一部分参加译码，作为片选信号使用。缺点是存储单元有重叠地址（每个存储单元的地址不是唯一的）。

【例 4.4】使用 1 片 RAM 6116 芯片（2 K×8）和 1 片 EPROM 2716（2 K×8）为一个具有 16 条地址线（A0～A15）的 8 位微机系统构成一个 4 K×8 的内存系统，采用部分译码法，请画出 CPU 与存储器 6116、2716 的连线图，并给出 6116、2716 的地址范围。

解　前三步与例 4.2 完全相同，这里不再赘述（图 4.31）。

不同的是地址总线中片选信号的连接部分：

连接片选线，由于采用的是部分译码法，所以直接从 CPU 的高位（A11～A15）中任意取得三条地址总线（A11、A12、A13）经过 3-8 译码器译码后，作为片选信号，其他高位地址线（A14、A15）没有使用。至此，CPU 与存储器 6116、2716 的连线图画好了。

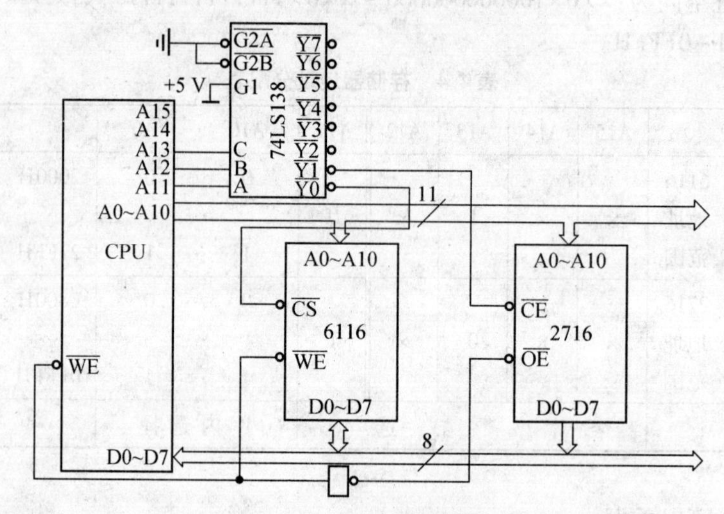

图 4.31　部分译码法例题解答图

下面我们来看地址分配情况（74LS138 在前序课已学过不再赘述），见表 4.6。

6116 的地址空间为：××00000000000000～××00011111111111。如果×=0，则 6116 的地址范围为 0000H～07FFH。

2716 的地址空间为：××00100000000000～××00111111111111。如果×=0，则 2716 的地址范围为 0800H～0FFFH。

表 4.6　存储器地址分配表

	A15	A14	A13	A12	A11	A10 … A0	
6116						0 … 0	0000H
地址	×	×	0	0	0	…	…
范围						1 … 1	07FFH
2716						0 … 0	0800H
地址	×	×	0	0	1	…	…
范围						1 … 1	0FFFH
	片		选			片内选择	

通过例4.4我们可以看出：

6116与2716的地址是连续的（选择的高位地址不同，也有可能造成地址不连续，这主要由译码器的逻辑决定的）。

存储单元有重叠地址。由于A15、A14未用，当其值从00～11变化时，每个存储单元的重叠地址数为$2^2=4$个，所以存储单元有重叠地址。

如：当选中6116中的0000H单元时，其重叠地址如表4.7所示。

也就是说给出0000H、4000H、8000H、D000H这四个地址都同时选中一个存储单元，所以说地址不是唯一的。

表4.7 重叠地址表

A15	A14	A13	A12	A11	A10…A0	重叠地址
0	0	0	0	0	0…0	0000H
0	1	0	0	0	0…0	4000H
1	0	0	0	0	0…0	8000H
1	1	0	1	0	0…0	D000H

3. 全译码法

全译码法是指将CPU提供的地址总线中的地址线，除去片内选择的地址线之外的其他地址线全部参加译码，作为片选信号使用。全译码法使得每个地址单元对应的地址都是唯一的，而且是连续的。缺点是硬件电路较复杂。

【例4.5】使用1片RAM 6116芯片（2 K×8）和1片EPROM 2716（2 K×8）为一个具有16条地址线（A0～A15）的8位微机系统构成一个4 K×8的内存系统，采用全译码法，请画出CPU与存储器6116、2716的连线图，并给出6116、2716的地址范围。

解：前三步与例4.3、例4.4完全相同，这里不在赘述（图4.32）。

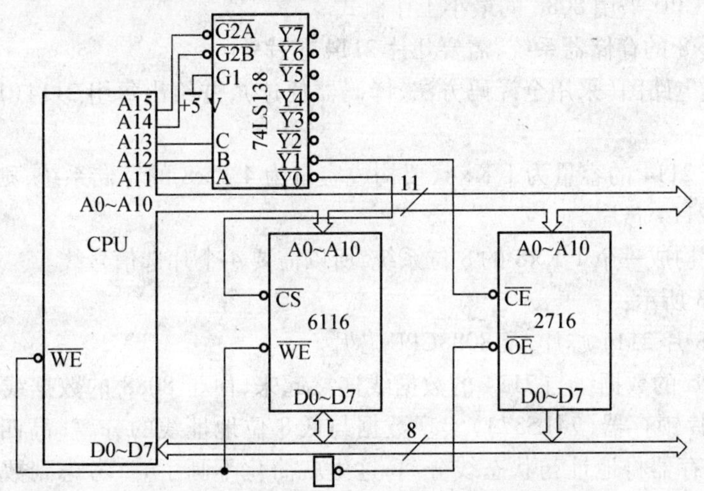

图4.32 全译码法例题解答图

不同的是地址总线中片选信号的连接部分：

连接片选线，由于采用的是全译码法，所以将CPU的高位（A11～A15）的5条地址线全部用上,经过3-8译码器译码后,作为片选信号即可(74LS138译码器的连线方式不同,会得到不同的地址范围)。至此CPU与存储器6116、2716的连线图画好了。

下面我们来看地址分配情况,见表4.18。(由于高位地址全部都用来译码,所以不会出现"×"的不确定情况,全部为确定的"0"或"1"状态。)

6116的地址空间为:0000000000000000~0000011111111111。即:0000H~07FFH。

2716的地址空间为:0000100000000000~0000111111111111。即:0800H~0FFFH。

通过例4.4我们可以看出:

6116与2716的地址是连续的。

存储单元无重叠地址(地址是唯一确定的)。但电路比较复杂。

表4.8 存储器地址分配表

	A15	A14	A13	A12	A11	A10 … A0	
6116 地址 范围	0	0	0	0	0	0 … 0 … 1 … 1	0000H … 07FFH
2716 地址 范围	0	0	0	0	1	0 … 0 … 1 … 1	0800H … 0FFFH
	片		选			片内选择	

4.4 存储器与CPU连接实例

【例4.6】采用2114(1 K×4)芯片,设计一容量为4 K×8存储器系统。要求2114芯片的首地址为00000H,CPU采用8088的最小工作模式。

①构成4 K×8的存储器系统,需要几片2114芯片?

②画出连线电路图(采用全译码方法,译码器任选),并给出每组2114(1 K×8)所构成的地址范围。

解 ①由于2114的容量为1 K×4,要构成容量为4 K×8的存储系统,则需要:(4 K×8)/(1 K×4)=8片2114芯片。

其中每两片构成一个1 K×8的8位系统,所以需要4个片选信号线。

②如图4.33所示:

首先,画出8片2114芯片,及8088CPU芯片。

然后,将CPU的数据线与2114的数据线连接起来,由于8088的数据线与低8位地址线复用,所以加一片锁存器(74LS373)实现数据与低8位地址线的分离(高四位地址线A16~A19也应该用锁存器将地址与状态线分离,这里就简化不画了)。考虑到数据总线的负载能力,在数据总线上加入一片总线驱动芯片74LS245。

接着,连接控制总线:由于8088的控制信号线为$\overline{RD}$、$\overline{WR}$和IO/$\overline{M}$,采用加入逻辑电路(如图4.33)的方法产生$\overline{WE}$信号与2114的写信号相连。当IO/$\overline{M}$=0,$\overline{RD}$=0时,输出$\overline{WE}$=1,为读

状态；当 $IO/\overline{M}=0$，$\overline{WR}=0$ 时，输出 $\overline{WE}=0$，为写状态；

最后，连接地址总线：地址分为片内连接，和片选连接两部分。

片内连接，由于 2114 的地址线是 10 条（$2^{10}=1$ K），所以，CPU 的 A0 ~ A9 用作片内选择线。

片选连接，由于要求采用全译码法，所以 CPU 高位的剩余地址线 A10 ~ A19 全部作为片选使用，通过译码电路（我们采用 74LS138）产生 4 条片选信号。又因为：要求 2114 芯片的首地址为 00000H，所以，译码电路部分的逻辑我们采用如图 4.33 的方法（也可以采用其他的逻辑电路）。

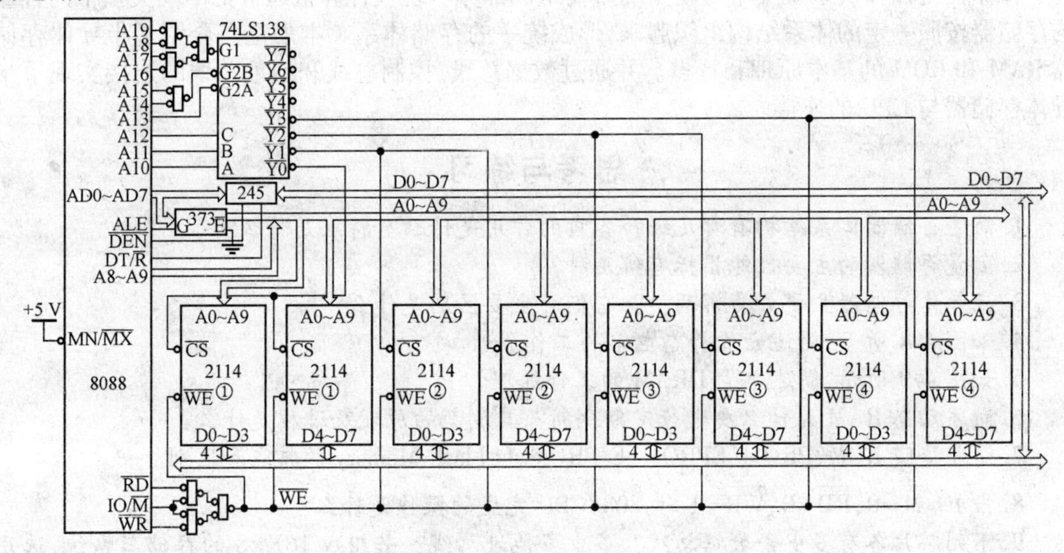

图 4.33　例 4.6 答案图

下面我们来看每组 2114 的地址分配情况（从左到右分别为第一组，第二组，……，第四组）如表 4.9 所示。

表 4.9　存储器地址分配表

	A19	A18	A17	A16	A15	A14	A13	A12	A11	A10	A9… A0	
第一组 2114 地址范围	0	0	0	0	0	0	0	0	0	0	0…0 … 1…1	00000H … 003FFH
第二组 2114 地址范围	0	0	0	0	0	0	0	0	0	1	0…0 … 1…1	00400H … 007FFH
第三组 2114 地址范围	0	0	0	0	0	0	0	0	1	0	0…0 … 1…1	00800H … 00BFFH
第四组 2114 地址范围	0	0	0	0	0	0	0	0	1	1	0…0 … 1…1	00C00H … 00FFFH
	片选										片内选择	

第一组地址范围:00000H ~003FFH;
第二组地址范围:00400H ~007FFH;
第三组地址范围:00800H ~00BFFH;
第四组地址范围:00C00H ~00FFFH。

本章小结

存储器是计算机系统中不可缺少的重要组成部分。现代计算机通常把不同类型不同容量的存储器按照一定的体系结构组织起来,形成统一的存储体系。本书重点介绍了半导体存储器 RAM 和 ROM 的基本原理和特点。并通过数据总线、控制总线和地址总线的连接实现了半导体存储器与 CPU 的连接。

思考与练习

1. 简述存储器体系结构有哪几级?各自的作用是什么?特点是什么?

2. 衡量存储器的主要性能指标有哪几种?

3. 半导体存储器主要分为哪两类?它们的主要区别是什么?

4. 如图 4.4 所示,简述六管静态电路的工作原理。

5. 如图 4.9 所示,简述单管 DRAM 的工作原理。

6. 简述动态 RAM 为什么要进行定期刷新?其刷新的原理及过程是什么?

7. 简述掩膜 ROM、PROM、EPROM、E^2PROM 和 Flash Memory 的特点和区别。

8. 当 $IO/\overline{M}=0,\overline{RD}=0,\overline{WR}=1$ 时,8088CPU 完成的操作是什么?

9. 下列芯片各有多少条数据总线?多少条地址总线?若组成 16K×8 的存储器系统,选用同一芯片各需要几片?其中多少根用于片内寻址?

(1)2114(1 K×4)　(2)2764(4 K×8)　(3)6116(2 K×8)　(4)AT28C64B(8 K×8)

10. 若用 2114(1 K×4)芯片为一个具有 16 条地址线(A0 ~ A15)的 8 位微机系统构成一个 1 K×8 的 RAM 内存系统,要求其地址范围为 8000H ~83FFH。请画出 CPU 与存储器 2114 的连线图。

11. 使用 1 片 RAM 6132 芯片(4.K×8)和 1 片 EPROM 2716(2 K×8)为一个具有 16 条地址线(A0 ~ A15)的 8 位微机系统构成一个 8 K×8 的内存系统(其中 RAM 存储系统容量为 4 K×8;ROM 存储系统容量为 4 K×8)。

(1)请问需要几片 6132 芯片?几片 2716 芯片?

(2)请用线选法画出 CPU 与存储器 6132、2716 的连线图,并给出 6116、2716 的地址范围。判断地址是否有重叠,如果有重叠给出重叠区域。

(3)请用部分译码法画出 CPU 与存储器 6132、2716 的连线图,并给出 6116、2716 的地址范围。判断地址是否有重叠,如果有重叠给出重叠区域。

(4)请用全译码法画出 CPU 与存储器 6132、2716 的连线图,并给出 6116、2716 的地址范围。判断地址是否有重叠,如果有重叠给出重叠区域。

12. 在 8088 最小方式系统总线上扩充设计 16 K 字节的 SRAM 存储器电路。SRAM 芯片选用 Intel 6264(8 K×8),起始地址从 04000H 开始,译码电路采用 74LS138。

(1)计算需要几片 Intel 6264 芯片?

(2)画出此存储器电路与系统总线的连接图。

第5章 8086指令系统

学习目标:掌握寻址方式、掌握常用指令的功能和用法。

学习重点:指令的基本功能及汇编格式、指令执行对标志位的影响。

指令支持的寻址方式、指令的其他特殊要求。

一台计算机所有指令的集合称作“指令系统”。它是程序设计的基础,要编出高质量、有效的程序,就必须了解计算机的指令系统。就8086CPU而言,其指令系统共有133条指令。现在要做的是了解指令是什么样的,它是如何在机器中执行的。这样就必须了解指令的格式及操作数地址的形成方法,进而掌握所有指令的功能,为编程所用。

本章将从指令格式、寻址方式、指令类型、指令的功能与应用等方面介绍8086的指令系统。

5.1 一个完整的程序

汇编语言程序是由若干个段组成的,段由若干条语句组成,每段定义一个段名。下面介绍一个具体的实例来说明汇编语言程序的格式。将现场采集的电阻炉温度与设定的电阻炉最高温度Y进行比较,判断电阻炉温度是否过高,过高则报警。

```
STACK    SEGMENT                          ;定义堆栈段
         DW 100 DUP (?)
STACK    ENDS
DATA     SEGMENT                          ;定义数据段
DATA     Y DW 800
CODE     ENDS
         SEGMENT                          ;定义代码段
         ASSUMECS:CODE,DS:DATA,           ;说明代码段的段地址放CS中;
         SS:STACK                         数据段的段地址放在DS中
                                          ;堆栈段的段地址放在SS中
START:   MOV AX, DATA
         MOV DS, AX                       ;数据段段地址送DS中
         IN AX, PORT0                     ;从口0取现场采集的温度
         MOV X, AX                        ;现场采集的温度送入AX中
```

```
          MOV BX, Y                    ;将设定最高温度送入 BX 中
          CMP BX, AX                   ;最高温度与现场温度比较
          JNC A                        ;不超最高温度,转向 A
          MOV AL, 1                    ;超过最高温度,则 AL=1
          OUT PORT1, AL                ;将 1 输出到口 1,报警
A:        MOV AX, 4C00H                ;程序结束返回 DOS
          INT 21H
CODE      ENDS                         ;代码段结束
          END   START                  ;整个程序段结束
```

整个程序定义了三个段:堆栈段 STACK、数据段 DATA 和代码段 CODE。

(1)每个段的定义都以如下格式定义:

```
段名    SEGMENT
        段体
段名    ENDS
```

(2)堆栈段用伪指令 DW 100 DUP(?)定义堆栈段的大小为 100 个字空间;数据段用如下指令定义了变量 Y,定义为字变量,并赋了值 800。

Y DW 800

(3)代码段定义后必须用伪指令 ASSUME CS:CODE,DS:DATA,SS:STACK 来进行段指示;然后从标号"START:"处开始指令性语句的编写。首先,对数据段 DATA 进行初始化;编写程序主体语句完成比较;然后结束程序返回 DOS;最后代码段定义结束。

(4)整个程序的最后需用 END START 伪指令结束整个程序段。

5.2 指令寻址方式

5.2.1 指令的书写格式

计算机要完成指定的任务需要编写具体指令来实现。一条完整指令性语句书写格式为:

[标号:]　指令助记符 [操作数1　[,操作数2]] [;注释]

[　]:表示方括号中的内容可以缺省;

标号:标号必须以字母开头,其后可带数字的字符串;当需使用标号项时,其后的冒号在指令性语句中是绝对不可缺省的;

指令助记符:具有相同功能的指令操作码的保留名,每条指令都有唯一的一个操作码;

操作数:完成指令所需的参数,用逗号分隔,可以为 0 ~2 个,分别称为无操作数指令,单操作数指令和双操作数指令;

注释:是对指令的说明,根据需要加,若需要加的话,注释内容必须在分号的后面,即分号后的内容都不会被执行。

5.2.2　操作数的分类

1.按照使用角度不同

按照使用角度分可将操作数分为目的操作数和源操作数。目的操作数为指令提供操作数据及操作结果的存放位置,值随执行结果而变化。源操作数只为指令提供操作数据,值在指令执行过程中是不变的。当为双操作数指令时,逗号前的操作数为目的操作数,逗号后为源操作数;当为单操作数时,视其值在指令执行过程中是否发生改变而定。

【例5.1】　ADD　AX,BX　　;AX←AX+BX

可见,AX的值发生变化,为目的操作数;BX的值始终没变,为源操作数。

2.按照提供操作数的方式不同

按照提供操作数的方式不同可分为立即数、寄存器操作数和存储器操作数。

(1)立即数

立即数是可以从指令队列中直接取得的常数量。其书写形式可以为二进制、八进制、十进制和十六进制,也可以表达式的形式出现。当为十六进制数首位为字母A~F时需在其前面加"0",目的是和变量名或寄存器名区分开。

【例5.2】要将十六进制数AH(即十进制数10)传送给8位通用寄存器BL,指令必须写作

MOV　BL,0AH

否则,立即数0AH如果写作AH的话,会与8位通用寄存器AH混淆。

【注意】由于立即数是数值固定不变的常量,故只能做源操作数,否则会报错。

(2)寄存器操作数

寄存器操作数就是存放在寄存器中的操作数,可以用来参与运算或存放结果,既可作目的操作数,也可作源操作数,书写形式即为寄存器的名称。寄存器操作数可以是16位的寄存器AX、BX、CX、DX、SI、DI、SP、BP、CS、DS、ES和SS,也可以是8位的寄存器AH、AL、BH、BL、CH、CL、DH和DL。由于寄存器操作数不需要访问存储器来取得操作数,所以速度较快。

(3)存储器操作数

存储器操作数是存放在内存数据区中的操作数。指令给出了操作数在数据区中的地址信息,处理器据此求出存放操作数的物理地址,来完成对内存指定数据的读写操作。内存地址由两部分组成,段基址(段地址)和偏移地址,其中偏移地址也称为有效地址EA(Effective Address)。同样,存储器操作数既可作目的操作数,也可作源操作数。

5.2.3　寻址方式

寻址方式就是寻找操作数或指令存放地址的方法。用来对操作数进行寻址的方法称为操作数寻址方式,根据操作数的类型,即立即数、寄存器操作数和存储器操作数,可将寻址方式分为立即数寻址、寄存器寻址和存储器寻址。其中存储器寻址根据其获得有效地址EA的方式不同又可分为五种寻址方式。此外,还有对转移地址或调用地址的寻址,即指令地址的寻址方式。有关指令地址的寻址方式将在本章介绍控制转移类指令时一并给出。

1.立即数寻址

立即数寻址就是指令中的源操作以立即数的形式直接出现。在立即数寻址方式中,操作数直接存放在指令队列中,即操作数的存放地址就是指令操作码的下一单元。立即数可以是

8 位、16 位或 32 位操作数。若是 16 位,按照“高高低低”的原则,低位字节存放在相邻两个字节存储单元的低地址单元中,高位字节存放在相邻两个字节存储单元的高地址单元中;若是 32 位,则低位字存放在相邻两个字存储单元的低地址单元中,高位字存放在相邻两个字存储单元的高地址单元中。以 16 位十六进制立即数的传送指令为例,如图 5.1 所示。

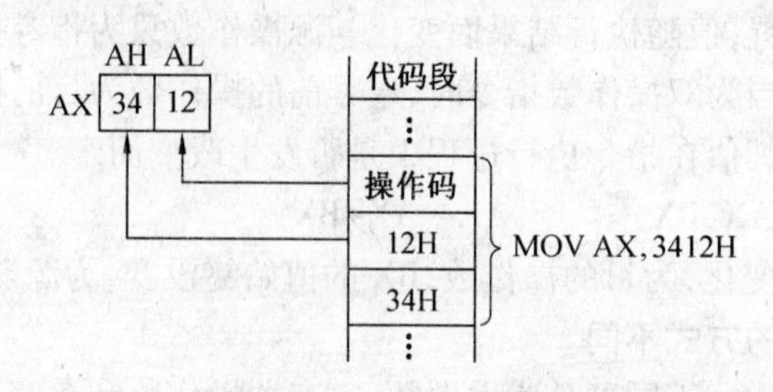

图 5.1　立即数寻址过程

2. **寄存器寻址**

寄存器寻址就是寄存器操作数在指令中做源操作数或目的操作数,寄存器的内容就是指令运行的操作数。

寄存器寻址中的寄存器可以有:

8 位寄存器:AH、AL、BH、BL、CH、CL、DH 和 DL;

16 位寄存器:AX、BX、CX、DX、SI、DI、SP、BP、CS、DS、ES 和 SS;

32 位寄存器:EAX、EBX、ECX、EDX、ESI、EDI、ESP 和 EBP。

【例 5.3】　MOV　AX,BX　　　　;AX←BX

假设执行前:AX=1234H,BX=5678H,执行后:AX=5678H,BX 作为源操作数内容不变。

3. **存储器寻址**

存储器寻址就是操作数存放在内存中,需要由段地址和偏移地址求出物理地址才能确定出操作数在内存中的位置。存储器寻址方式关键在于其偏移地址(有效地址 EA)的求取。该地址 EA 可以由指令直接给出,可以由指定寄存器间接给出,可以由指定寄存器和位移量之和间接给出,可以由某两个寄存器之和间接给出,还可以由某两个寄存器和位移量之和间接给出。根据这几种情况,可将存储器寻址方式划分为五种子方式。

(1)直接寻址方式

有效地址 EA 由指令直接给出,存放操作数的内存单元物理地址即由段地址和有效地址 EA 组成的。直接寻址方式中直接提供有效地址 EA 的方式可以有数值地址形式和符号地址形式两种。

如果用数值表示 EA,则必须用方括号括起来,直接寻址的操作数可以是字或字节。此外,可以在方括号前通过段超越给出指定段寄存器,未给出默认段寄存器为 DS。

【例 5.4】　MOV AX,[1400H]

该指令中给出的有效地址 EA=1400H,若 DS=2000H,则操作数的物理地址 PA=(DS×16)+EA=20000H+1400H=21400H。指令执行情况如图 5.2 所示,将物理地址 21400H 的字单元中的内容 2C40H 送到 AX 中。

在实际编程时,并不是每个操作数的偏移地址都是事先知道的,通过变量的定义,用符号地址代替数值地址。

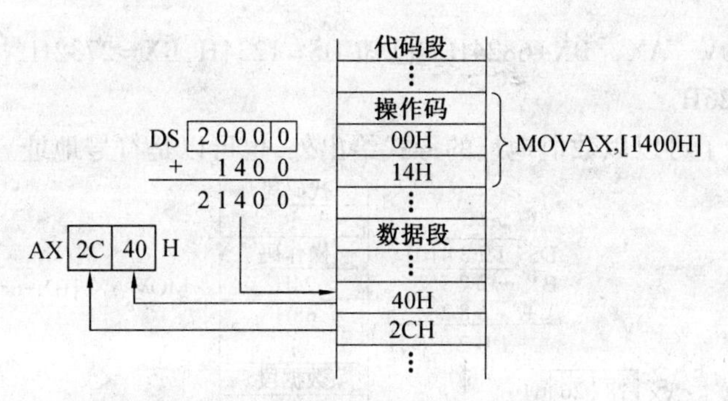

图5.2　直接寻址方式寻址过程

【例5.5】 DATA　DW　1234H

MOV　AX,DATA

以DATA为变量名的符号地址为寄存器AX赋值。第一条伪指令中将DATA定义为字变量,所指单元内容为1234H,执行完第二条指令后AX=1234H。

若指令中指定的寄存器是BX、DI或SI,则操作数默认数据段为DS。物理地址PA为

$$物理地址=DS\times16+\begin{bmatrix}BX\\SI\\DI\end{bmatrix}$$

【例5.6】 MOV AX,[DI] 若已知DS=2000H,DI=5000H,则指令执行过程如图5.3所示,指令执行后AX=2C40H。

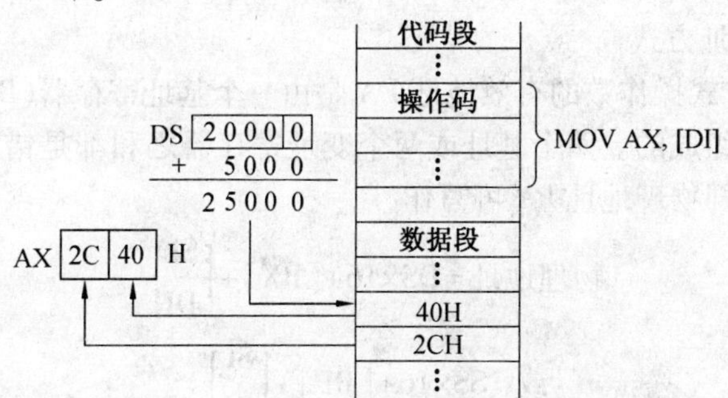

图5.3　寄存器间接寻址方式寻址过程

若指令中指定的寄存器为BP,则操作数在当前堆栈段SS中,物理地址=SS×16+BP。

【例5.7】 MOV AX,[BP] 已知SS=3000H,BP=5000H,则将物理地址为35000H单元的一个字数据送给AX。

(2)寄存器相对寻址

寄存器相对寻址是指操作数的偏移地址是一个基址或变址寄存器的内容和指令中给出的8/16位位移量之和,默认段寄存器同寄存器间接寻址。

$$物理地址=DS\times16+\begin{bmatrix}BX\\SI\\DI\end{bmatrix}+\begin{bmatrix}8位\quad disp\\16位\quad disp\end{bmatrix}$$

$$或=SS\times16+[BP]+\begin{bmatrix}8位\quad disp\\16位\quad disp\end{bmatrix}$$

【例 5.8】 MOV AX,[BX+6824H] 已知 DS=1234H,BX=2732H,执行过程如图 5.4 所示,执行后 AX=7826H。

位移量 disp 除了可以以数值地址的形式给出外,也可以是符号地址。

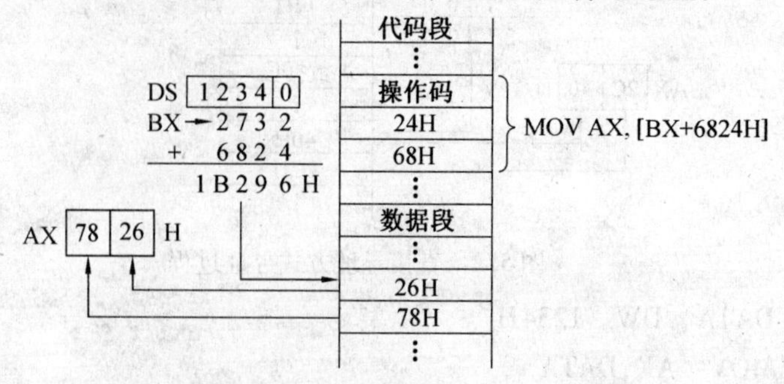

图 5.4 寄存器相对寻址方式的寻址过程

【例 5.9】 DATA EQU 1000H

MOV BX,[DI +DATA]

已知 DATA=1000H,DI=0100H,DS=2000H, 物理地址 PA=DS×16+DI+DATA=20000H+0100H+1000H=21100H。若内存中有(21100H)=5678H,则执行后 BX=5678H。

等价书写 MOV AX,disp[SI] 或

方式: MOV AX,[SI]+disp 或

MOV AX,[SI+disp]

(3)基址加变址寻址方式

基址加变址寻址方式操作数的有效地址 EA 是由一个基址寄存器(BX 或 BP)和一个变址寄存器(SI 或 DI)之和组成的。两个基址或两个变址寄存器之和都是错误的。默认的段寄存器以基址寄存器为准,即物理地址 PA 可写作

$$物理地址=DS\times16+[BX]+\begin{bmatrix}SI\\DI\end{bmatrix}$$

$$或=SS\times16+[BP]+\begin{bmatrix}SI\\DI\end{bmatrix}$$

【例 5.10】 MOV AX,[BX][DI] 或

MOV AX,[BX+DI]

已知 DS=2000H,BX=3000H,DI=1000H,则执行过程如图 5.5 所示,执行后 AX=5000H。

(4)相对基址加变址寻址

相对基址加变址寻址即是在基址加变址寻址的基础上再加上一个 8 或 16 位的位移量。也就是操作数的有效地址 EA 是指令中指定的基址寄存器内容、变址寄存器内容及 8 位或 16 位位移量三项相加之和。默认的段寄存器依然是以基址寄存器为准,其物理地址 PA 为

$$物理地址=DS\times16+[BX]+\begin{bmatrix}SI\\DI\end{bmatrix}+\begin{bmatrix}8位\quad disp\\16位\quad disp\end{bmatrix}$$

$$或=SS\times16+[BP]+\begin{bmatrix}SI\\DI\end{bmatrix}+\begin{bmatrix}8位\quad disp\\16位\quad disp\end{bmatrix}$$

【例 5.11】　设 SS=4000H,BP=3000H,SI=2000H,则执行过程如图 5.6 所示,执行结果 AX=5533H

等价书写格式　MOV AX,1460H[BP][SI]　或

MOV AX,1460H[BP+SI]　或

MOV AX,[BP+SI+1460H]

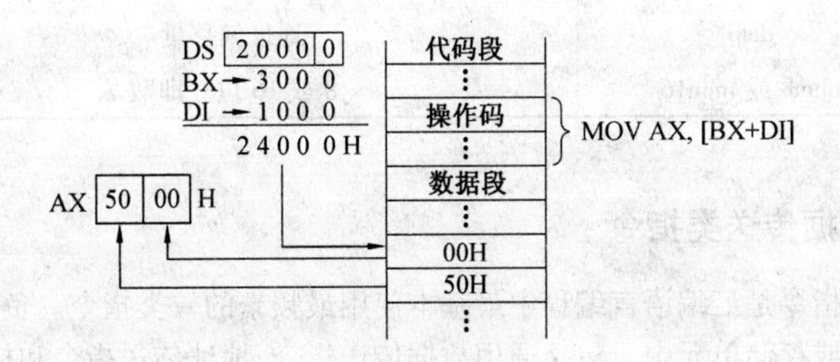

图 5.5　相对基址加变址寻址方式的寻址过程

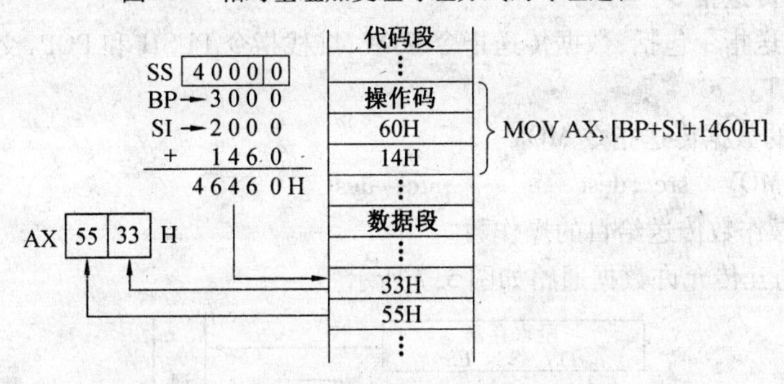

图 5.6　基址加变址寻址方式的寻址过程

4. 段超越

当要否定默认状态,到非约定段寻找操作数时,必须用跨越段前缀指明操作数所在段的段寄存名。

格式为:段寄存器名:偏移地址

【例 5.12】　MOV　AX,DS:[BP]　　;物理地址 PA=DS×16+BP

MOV　AX,ES:[BX]　　;物理地址 PA=ES×16+BX

MOV　BX,SS:[SI]　　;物理地址 PA=SS×16+SI

5.3　8086 指令系统

8086/8088 指令系统共包含 133 条基本指令这些指令按功能可分为六类:数据传送类指令、算术运算类指令、逻辑运算与移位类指令、字符串处理类指令、控制转移类指令和处理器控制类指令。表 5.1 是指令讲解中常用的一些缩写符号及其意义。

表 5.1 常用指令符号及意义

符　　号	意　　义
OPRD	操作数
mem	存储器操作数
reg	寄存器操作数
dest	目的操作数
src	源操作数
disp	地址偏移量
imm8 或 imm16	8 或 16 位立即数

5.3.1 数据传送类指令

数据传送类指令是汇编语言编程中最基本使用最频繁的一类指令。负责把数据或地址传送到指定寄存器或存储单元中。包括通用数据传送指令、地址传送指令和标志传送指令。

1. 通用数据传送指令

通用数据传送指令包括:数据传送指令 MOV,堆栈指令 PUSH 和 POP,交换指令 XCHG 以及换码指令 XLAT。

(1)最基本的数据传送指令 MOV

指令格式　MOV　src ,dest　　　　;src←dest

功能:将源操作数传送给目的操作数。

MOV 指令的互传允许数据通路如图 5.7 所示。

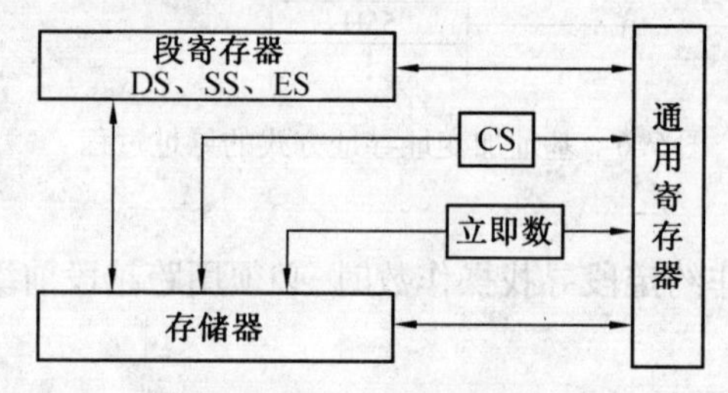

图 5.7　指令的数据通路

①寄存器↔寄存器

```
MOV AL, BL            ;8 位和 8 位通用寄存器互传数据
MOV BX, BP            ;16 位和 16 位通用寄存器互传数据
MOV DS, AX            ;16 位通用寄存器给 16 位段寄存器传送数据
```

【注意】两个寄存器操作数的类型要匹配,即同为 8 位寄存器或 16 位寄存器;代码段寄存器 CS 不能作为目的操作数;指令指针寄存器 IP 不能作为操作数。

②寄存器↔存储器

```
MOV   DL,[BP][DI]     ;基址加变址寻址的存储器操作数传送到通用寄存器
MOV   BX,DATA         ;DATA 为变量,具有符号地址的存储器操作数传送到通用寄存器
```

```
MOV   ES:[BX],SS       ;段寄存器传送到存储器操作数
```

③通用寄存器←立即数

```
MOV BH,120             ;立即数120传送给8位通用寄存器
MOV CX,1234H           ;立即数1234H传送给16位通用寄存器
```

【注意】立即数的大小不能超出所选通用寄存器的范围。

【例5.13】 MOV AL,400 ;错误指令,400已经超出了AL的范围0~255

④存储器←立即数

立即数可以为存储器传数,但由于单是立即数无法确定所占存储器空间的大小。比如将10传送给存储器操作数可以认为是0AH,也可是000AH等等。因此,这种情况下必须在存储器操作数前面加入类型属性。即字节为BYTE PTR,字为WORD PTR,双字为DWORD PTR。

【例5.14】 MOV WORD PTR [SI],1234H ;立即数1234H传送给16位存储器操作数

【注意】除代码段寄存器CS不能做目的操作数外,立即数不能直接向段寄存器DS、SS、ES传送数据。但是并非不能传,这种情况大多采用通用寄存器作为中间媒介进行传送。

【例5.15】 要将立即数100传送给段寄存器ES,可以利用两条语句完成。

```
MOV   AX,100
MOV   ES,AX
```

⑤存储器↔存储器

存储器操作数之间不能互传。指令 MOV [2000H],[BX]是错误的。那么如果实际编程中需要将两个存储器操作数进行操作时,该怎么办呢?方法同上,利用通用寄存器作为媒介进行传送。

【例5.16】 将所举错误的指令修正过来,可写作

```
MOV AX,[BX]
MOV [2000H],AX
```

⑥段寄存器↔段寄存器

段寄存器之间不能直接互传。即指令MOV DS , ES是错误的。同样,可以利用如下方法来修正。

```
MOV AX, ES
MOV DS, AX
```

⑦指令指针寄存器IP不能做操作数。

⑧MOV指令不影响标志位。

⑨寄存器操作数之间互传时,操作数的长度必须一致。

(2)堆栈操作指令

堆栈空间是按照先进后出原则组织的内存空间,它如同一个封底的盒子,整个盒子的大小即是堆栈段的容量。使用之前必须定义出整个堆栈段的大小及栈顶的位置。栈顶即盒子中已经堆放物品的顶的位置,是用栈顶指针寄存器SP来指定的,通常采用一条MOV指令定义。

【例5.17】 MOV SP,10 堆栈以"字"为单位来进行数据存储。

堆栈操作指令包括入栈指令PUSH和出栈指令POP。

①入栈指令:

PUSH　src　　　　　　;SP←SP-2;(SP+1 ，SP) ←src

功能:将一个字压入栈顶,操作数可以是通用寄存器,段寄存器或存储器。

②出栈指令:

POP　dest　　　　　　;dest←(SP+1 ，SP);SP←SP+2

功能:从栈顶的位置取出一个字,操作数可以是通用寄存器,段寄存器(代码段寄存器 CS 除外)或存储器。堆栈操作指令不影响标志位。

【例 5.18】 已知 SS=C000H,SP=1000H,若 AX=3322H,BX=1100H,CX=6655H,则执行指令 PUSH　AX,PUSH　BX 及 POP　CX 后,AX、BX、CX 的内容是什么?

栈顶的物理地址 PA=SS×16+SP=C0000H+1000H=C1000H,指令执行过程如图 5.8 所示。

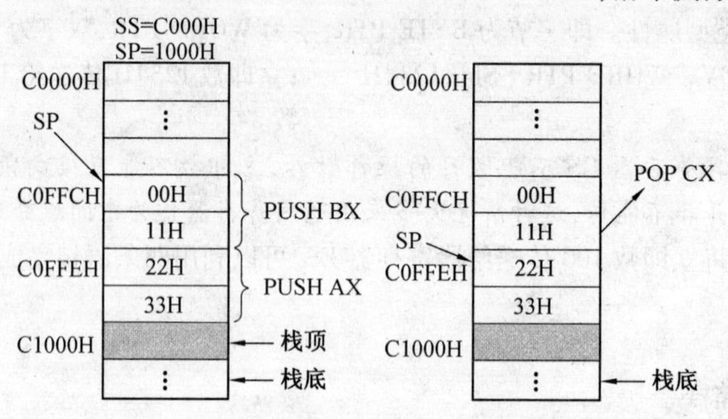

图 5.8　堆栈指令执行过程

指令 PUSH　AX 将 3322H 压入栈顶,新的栈顶 SP 变为 C0FFEH,接着执行 PUSH　BX 将 1100H 压入 SP,新的栈顶变为 C0FFCH;最后,执行 POP　CX 后将新的栈顶 C0FFCH 处一个字 1100H 弹出栈给指定寄存器 CX,这样最新的栈顶 SP 又变为 C0FFEH。因此,执行完三条指令后,AX 和 BX 的内容没有改变,而 CX 的内容变为 1100H。

(3)交换指令 XCHG

指令格式　XCHG dest ，src　　　　　;dest↔src

功能:把一个字节或一个字的源操作数与目的操作数相交换。

【注意】 ①存储器之间不能交换;

②至少有一个操作数为通用寄存器;

③段寄存器和立即数不能作为任何一个操作数;

④允许字或字节操作,不影响标志位。

(4)换码指令 XLAT

指令格式　XLAT　src　　　　;src 为被查找表格的首地址(通常为符号地址)

或　　　　XLAT　　　　　　;省略操作数,功能同上

功能:执行 XLAT 指令前,需将表格的首地址存入 BX 中,并把表中所查字节相对表首地址的位移存入 AL 中,则有效地址 EA=BX+AL。

【注意】 由于 AL 是 8 位寄存器,则表长不能超过 256 个字节;该指令不影响标志位。

【例 5.19】
```
MOV   BX,OFFSET  Hex_table
MOV   AL,0AH
XLAT  Hex_table
```

假设:DS=F000H,Hex_table=0040H,AL=0AH。执行 XLAT 过程如图 5.9 所示,结果为:(AL)=41H(F004AH),即“A”的 ASCII 码。

地址	内容	字符
Hex_table	30H	‘0’
Hex_table+1	31H	‘1’
Hex_table+2	32H	‘2’
⋮	⋮	
	39H	‘9’
Hex_table+0AH	41H	‘A’
Hex_table+0BH	42H	‘B’
⋮	⋮	
Hex_table+0FH	46H	‘F’
	⋮	

图 5.9　XLAT 执行过程

2. 地址传送指令

(1)有效地址传送指令 LEA

指令格式　LEA　reg16, mem16　　　　;reg16←有效地址 EA

功能:把源操作数存储器的有效地址 EA 装入指定的 16 位寄存器。

【例 5.20】　LEA　BX,[BX+SI+0F62H]　　设 BX=0400H,SI=003CH。

执行指令后:EA=BX+SI+0F62H=0400H+003CH+0F62H=139EH,则 BX=139EH。

【注意】LEA 指令与 MOV 的区别

【例 5.21】　已知 BUFFER 为数据段 DS 内定义的变量,其有效地址 EA 为 1000H,DS=2000H,(21000H)=0040H,则

```
LEA BX,BUFFER          ; BX=1000H
MOV BX,BUFFER          ; BX=0040H
```

【注意】LEA 指令与 OFFSET 伪指令等价

```
LEA BX,BUFFER
MOV BX,OFFSET BUFFER
```

其中,OFFSET 为伪指令,表示将 BUFFER 的有效地址 EA 传给 BX。

(2)地址指针传送指令 LDS/LES

指令格式　LDS/LES　reg16,mem32　　　;reg16←有效地址 EA

　　　　　　　　　　　　　　　　　　　DS/ES←EA+2

功能:把源操作数有效地址所对应的内存单元中的双字长的低字内容(16 位偏移量)送入指令所指定的通用寄存器(LDS 指令通常为 SI,LES 指令通常为 DI),高字内容(段地址)送入段寄存器 DS 或 ES。

3. 标志传送指令

标志传送指令共有 4 条,采用了隐含寄存器(AH 和 FLAGS)作为操作数,因此是无操作数指令。

(1)标志读取指令 LAHF

指令格式　LAHF　　　　　　　　;AH←FLAGS 的低 8 位

功能:标志寄存器低8位传送给AH。

(2)标志设置指令SAHF

指令格式　SAHF　　　;FLAGS的低8位←AH

功能:将AH的内容传送给标志寄存器低8位。

(3)标志进栈指令PUSHF

指令格式　PUSHF　　　;SP←SP-2;(SP+1,SP)←FLAGS

功能:将16位标志寄存器内容压入栈顶。

(4)标志出栈指令POPF

指令格式　POPF　　　;FLAGS←(SP+1,SP);SP←SP+2

功能:将当前栈顶的一个字内容弹出到16位标志寄存器。

5.3.2 算术运算类指令

算术运算指令包括加、减、乘、除等指令。操作数可以是无符号数和有符号数,有符号数在机器中以补码的形式来表示。参与加减运算的两个操作数必须是同一类型的数据,而在乘法和除法中是用指令来区分无符号数和有符号数的。做的都是二进制运算。

1.加法指令

(1)普通加法指令ADD

指令格式　ADD　dest,src　　　;dest←dest+src

功能:源操作数加目的操作数,结果送给目的操作数。操作数可以是字节或字,运算结果对状态标志位有影响。

(2)带进位加法指令ADC

指令格式　ADC　dest ,src　　　;dest←dest+src+CF

功能:将源操作数、目的操作数和进位标志位CF相加,结果送给目的操作数。运算结果对标志位有影响。

ADD和ADC指令中目的操作数都不能是立即数、CS和IP。

由于加法指令ADD只能做字节、字的求和,那么对于超过16位的两个操作数求和,就需要ADD和ADC结合使用才能完成。

【例5.22】　求两个4字节无符号数0107A379H、10067E4FH的和。

```
MOV   AX, 0A379H
MOV   BX, 0107H
CLC                          ;清C标志
ADD   AX, 7E4FH
ADC   BX, 1006H
```

结果存放在AX、BX中,AX=21C8H,BX=110EH。

(3)加1指令INC

指令格式　INC dest　　　;dest←dest+1

功能:操作数加1送给操作数。该指令影响标志位:AF、OF、PF、SF、ZF,但不影响进位标志位CF。操作数不能是段寄存器、IP和立即数。

2.减法指令

(1)普通减法指令SUB

指令格式 SUB dest,src ;dest←dest-src

功能:目的操作数减去源操作数,差送入目的操作数中。运算的结果对状态标志位有影响。

(2)带借位减法指令 SBB

指令格式 SBB dest, src ;dest←dest-src-CF

功能:目的操作数减去源操作数和标志位 CF,结果送入目的操作数中。运算的结果对状态标志位有影响。

(3)减1指令 DEC

指令格式 DEC dest ;dest←dest-1

功能:操作数减1,结果送回操作数中。对标志位影响同 INC。

【例5.23】 用 DEC 指令编写一段延时程序。

```
     MOV   CX , 0FFFFH              ;赋循环初值 CX
NEXT:DEC   CX                       ;CX←CX-1
     JNZ   NEXT                     ;若 CX≠0,跳转到 NEXT 语句
     HLT                            ;暂停
```

(4)求补指令 NEG

指令格式 NEG dest

功能:对目的操作数求反加1,结果送回给目的操作数。

(5)比较指令 CMP

指令格式 CMP dest,src ;dest-src

功能:CMP 指令与 SUB 指令一样都是执行减法操作,但它不保存运算结果,即结果不送回目的操作数,只影响相应的标志位,根据标志位的情况可以设置条件转移指令。

【例5.24】 执行 CMP AX , BX ,比较两个数的大小。

①若 AX 和 BX 为有符号数

OF=0,则 SF=0 时,AX>BX;而 SF=1 时,AX<BX;OF=1,则 SF=0 时,AX<BX;而 SF=1 时,AX>BX。归结起来,即 OF⊕SF=0,则 AX>BX;而 OF⊕SF=1,则 AX<BX;此外,若 AX=BX,则 ZF=1;AX≠BX,则 ZF=0。

②若 AX 和 BX 为无符号数

则 CF=1 时,AX<BX;CF=0 时,AX≥BX。

3. 乘法指令

乘法指令包括无符号数和有符号数两种,隐含了目的操作数,源操作数由指令给出。

(1)无符号数乘法指令 MUL

指令格式 MUL src ;字节操作 AX← AL×src

;字操作 (DX,AX) ← AX×src

功能:实现两个无符号二进制数的乘法运算。

【例5.25】 MUL BX ;DX:AX←AX×BX

MUL BYTE PTR[SI];AX←AL×SI 所指单元的字节操作数

(2)有符号数乘法指令 IMUL

指令格式 IMUL src ;除为有符号数乘法,其它功能同 MUL

【注意】

①源操作数不能是立即数。当源操作数是字节时，则隐含乘数放在 AL 中；当源操作数是字时，则隐含乘数放在 AX 中；

②乘积存放的寄存器也是隐含的，当为字节乘法时，则乘积隐含在 AX；当为字乘法时，则乘积隐含在 DX:AX，即乘积的低 16 位存放在 AX 中，高 16 位存放在 DX 中；

③乘法指令会影响标志位 CF 和 OF。当乘积高半部(AH 或 DX)不为零，则标志位 CF 和 OF 均置 1，否则置 0，但 AF、PF、SF 和 ZF 是不确定的，没有意义。

4. 除法指令

(1)无符号数除法指令 DIV

指令格式　DIV　src　　;字节操作:AL←AX / src 的商
　　　　　　　　　　　　AH←AX / src 的余数
　　　　　　　　　　　;字操作:AX← DX:AX / src 的商
　　　　　　　　　　　　DX←DX:AX / src 的余数

功能:实现两个无符号二进制数除法运算。

(2)有符号数除法指令 IDIV

指令格式　IDIV　src　　;除操作数为有符号数，功能同 DIV

【注意】

①源操作数不能是立即数。源操作数作为除数。当为字节操作数时，则被除数一定是 16 位的数，被隐含在 AX 中；当为字操作数时，则被除数一定是 32 位的数，低 16 位放在 AX 中，高 16 位放在 DX 中。

②除法运算对状态标志位的影响都不确定。

③当除数为 0 或商超出寄存器所能表示的范围时，会产生除法出错中断。

④IDIV 指令规定余数符号和被除数符号相同，如-43 除以 6，可得商为-7，余数为-1。

⑤规定被除数字长须是除数的 2 倍。不足位的话，如果是无符号数，前面加补 0 即可；对于有符号数，需用指令 CBW 和 CWD 来扩展。

5. 符号扩展指令

(1)字节扩展为字指令 CBW

指令格式　CBW

功能:把 AL 的符号位扩展到整个 AH 中；字节除法之前，用该指令产生双字节被除数。即如果 AL 的最高位为 0，则扩展到 AH=00H；如果 AL 的最高位为 1，则扩展到 AH=FFH。

(2)字扩展为双字指令 CWD

指令格式　CWD

功能:把 AX 的符号位扩展到整个 DX 中；字除法之前，用该指令产生双字长的被除数。即如果 AX 的最高位 0，则 DX=0000H，如 AX 的最高位为 1，则 DX=FFFFH。

【例 5.26】　将 24H 扩展为一个字。

```
MOV   AL, 24H
CBW                    ;AH=00H, AX=0024H
```

【例 5.27】　将 8400H 扩展为一个双字。

```
MOV   AX, 8400H
```

CWD　　　　　　　　　　;DX=FFFFH

扩展规则:对于 CBW,当 AL<80H,AH=00H,否则 AH=FFH;对于 CWD,当 AX<8000H,DX=0000H,否则 DX=FFFFH。

5.3.3　逻辑运算和移位指令

8086 提供的逻辑运算指令和移位指令可以对 8 位或 16 位数的每一位进行操作。因此,这类指令也称为位操作指令。

1. 逻辑运算指令

逻辑运算指令的源操作数可以是通用寄存器、存储器和立即数,目的操作数只能是通用寄存器和存储器操作数,不能是立即数;不能两个操作数都为存储器操作数或段寄存器。通常源操作数多为立即数,也称屏蔽字,适当的选取屏蔽字可对指定位进行考察。

在逻辑指令中仅 NOT 指令不影响标志位。其他指令执行后,除 AF 状态不确定外,总是使 OF=CF=0,ZF、PF 和 SF 根据运算结果被置位或复位,以反映操作数结果的特征。

(1)"与"运算指令 AND

指令格式　AND　dest,src

功能:对源和目的两个操作数进行按位"与"运算,结果送回目的操作数。

【例 5.28】　AND　AX,000FH

该指令将 AX 中内容和立即数 000FH 相"与",结果在 AX 中,实现将 AX 中高 12 位清 0。若执行前 AX=0FBFAH,则执行后 AX=000AH。

(2)"或"运算指令 OR

指令格式　OR dest,src

功能:该指令对源和目的两个操作数进行按位或运算,结果送回目的操作数中。OR 指令通常用来对一个数的某些指定位保留(和"0"相或)或将其某些位置 1(和"1"相或)。

【例 5.29】　OR　AX,0055H

该指令将 AX 中奇数位置 1,其他位不变。执行前如果 AX=0AAAAH,执行后 AX=0AAFFH。

(3)"非"运算指令 NOT

指令格式　NOT　dest

功能:将目的操作数取反,目的操作数可为 8/16 位寄存器或存储器操作数,该指令执行后对标志位无影响。

(4)"异或"运算 XOR

指令格式　XOR　dest,src

功能:对两个操作数进行按位"异或"运算,结果送回目的操作数中。XOR 指令可以检测对应位是 1 还是 0,常用来给寄存器清 0。

【例 5.30】　XOR　AX,0FFFFH

屏蔽字为全 1,则该指令会将 AX 按位取反。执行前如果 AX=0AAAAH,执行后 AX=5555H。

(5)测试指令 TEST

指令格式　TEST　dest,src

功能:源和目的操作数进行按位“与”运算,运算结果仅影响标志位,结果不回送到目的操作数。TEST 指令常用来检测一个数的某一位为 0 还是为 1,常和条件转移指令配合使用。

【例 5.31】 TEST CL,80H ;测试 CL 中 $D_7=1$?

2. 移位指令

移位指令可以对字节或字中的各位进行算术移位、逻辑移位或循环移位。指令中的目的操作数可以是字节也可以是字,同逻辑运算指令中的目的操作数一样,它们只能是寄存器或存储器操作数。指令中的计数值决定移位或循环移位的次数,计数值可以是 1 或者 CL 中的内容所规定的次数,因而最多可移位 255 次。

(1)算数/逻辑左移 SAL/SHL

算数/逻辑左移指令功能是一样的。虽然有不同的指令助记符,实际上是同一条指令。

指令格式 SAL/SHL dest,COUNT

功能:将 dest 向左移动 COUNT 指定的位数,而最低位补入相应个数的 0。CF 的内容为最后移入位的值,如图 5.10 所示。

【注意】dest 可以是通用寄存器或存储器操作数,移位次数由 COUNT 决定,COUNT 可以是 1 或 CL(当移位次数大于 1 时,需先将移位次数放入 CL 中)。

【例 5.32】
```
MOV  CL,2
SAL  AX,CL        ;若执行前 AX=0004H,则执行后 AX=0010H
```
在不超出目的操作数范围的情况下,SAL/SHL 常常用来做乘以 2^n(n 为移位次数)的运算。

(2)算术右移指令 SAR

指令格式 SAR dest,COUNT

功能:将 dest 向右移动指定的位数,这里是将最高有效位(符号位)右移,同时再用它自身的值填入。CF 的内容为最后移入位的值,如图 5.11 所示。

【例 5.33】 SAR WORD PTR[0026H],1

若执行前 DS=0300H,(03026H)=50H,(03027H)=0BH,则指令执行后(03026H)=0A8H,(03027H)=05H。

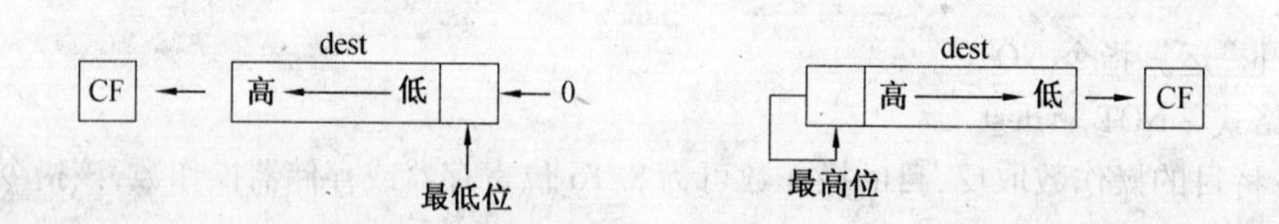

图 5.10 SAL/SHL 算术左移　　　图 5.11 SAR 算术右移

(3)逻辑右移指令 SHR

指令格式 SHR dest,COUNT

功能:将 dest 向右移动指定的位数,最高位补以相应个数的 0。CF 的内容为最后移入位的值,如图 5.12 所示。SAR 和 SHR 指令常常用来做除以 2^n(n 为移位次数)的运算。SAR 用于有符号数,SHR 用于无符号数。但是用这种方法做除法时,余数将被丢掉。

【例 5.34】 用移位指令实现 Y=10×X,

运算要比用乘法指令快得多,先将 Y=10×X 变为 Y=(2×X)+(8×X),则程序如下:

```
MOV  AL,X
SAL  AL,1          ;将X乘2
MOV  CL,AL         ;2×X暂存于CL
SAL  AL,1          ;X×4
SAL  AL,1          ;X×8
ADD  CL,AL         ;2×X+8×X
```

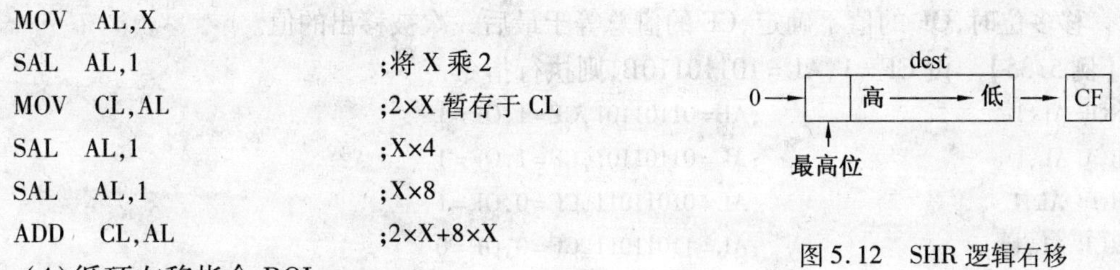

图5.12　SHR逻辑右移

(4)循环左移指令ROL

指令格式　ROL　dest,COUNT

功能:将目的操作数的最高位与最低位连接起来,组成一个环,将环中所有位一起向左移动由COUNT指定的次数。CF的内容为最后移入位的值,如图5.13所示。

(5)循环右移指令ROR

指令格式　ROR　dest,COUNT

功能:将目的操作数的最高位与最低位连接起来,组成一个环,将环中所有位一起向右移动由COUNT指定的次数。CF的内容为最后移入位的值,如图5.14所示。循环移位指令可以改变操作数中所有位的位置。

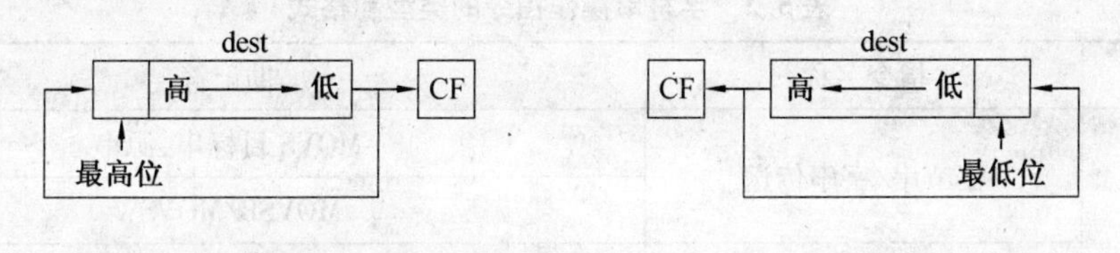

图5.13　循环左移ROL　　　图5.14　循环右移ROR

(6)带进位循环左移指令RCL

指令格式　RCL　dest,COUNT

功能:将目的操作数的最高位与最低位连接起来,组成一个环,每移一次,最高位进入CF,CF进入最低位,其余依次向左移,如图5.15所示。

(7)带进位循环右移指令RCR

指令格式　RCR　dest,COUNT

功能:将目的操作数的最高位与最低位连接起来,组成一个环,每移一次,最低位进入CF,CF进入最高位,其余依次向右移,如图5.16所示。

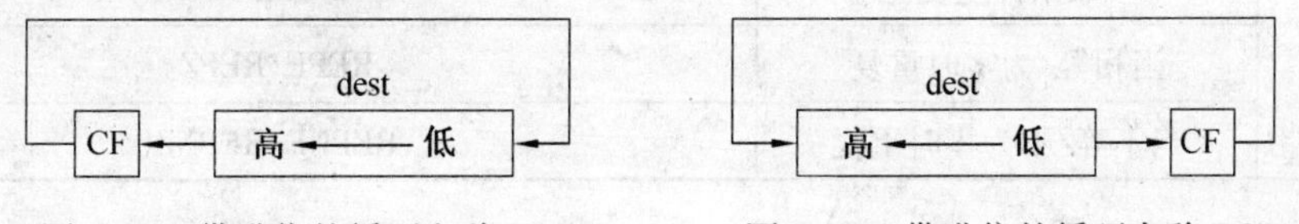

图5.15　带进位的循环左移RCL　　　图5.16　带进位的循环右移RCR

循环移位指令移位后的结果仍送回目的操作数中。目的操作数可为8位/16位的寄存器操作数,标志OF只有在移一位的情况下才有效。

具体说:对ROL和RCL指令,执行一次左移后,如果操作数的最高位与CF不等,则OF置1,表示溢出,否则OF=0。因此可用OF值判别左移后是否发生溢出。对于ROC和ROR指令,在执行一次右移时如果操作数的最高位和次高位不带,则OF置1,表示移位后符号位发生变化。移多位时,OF 的值不确定,CF 的值总等于最后一次被移出的值。

【例 5.35】 设 CF=1,AL=10110110B,则执行指令

```
ROL AL,1                ;AL=01101101,CF=1,OF=1
RCL AL,1                ;AL=01101101,CF=1,OF=1
ROR AL,1                ;AL=01011011,CF=0,OF=1
RCR AL,1                ;AL=11011011,CF=0,OF=0
MOV CL,3
RCL AL,CL               ;AL=11011011,CF=0,OF 不确定
```

5.3.4 串操作指令

数据串是存储器中的一串字节或字的序列。串操作指令可以对字节串或字串进行操作,每次处理串中的一个元素(一个字节或一个字),可以处理的数据串长度最多为 64 K。

8086 指令系统提供 5 条基本串操作指令和一个重复前缀指令,用以对存储器中的字节串或字串进行串传送(MOVS)、串比较(CMPS)、串搜索(SCAS)、读串(LODS)和写串(STOS)操作,见表 5.2。除了 CMPS 和 SCAS 外,其余串操作指令均不影响标志位。

表 5.2 字符串操作指令的类型和格式

类别	指令名称	助记符
基本串操作指令	字节串/字串传送	MOVS 目标串,源串
		MOVSB/MOVSW
	字节串/字串比较	CMPS 目标串,源串
		CMPSB/CMPSW
	字节串/字串搜索	SCAS 目标串,源串
		SCASB/SCASW
	读(取)字节串/字串	LODS 目标串,源串
		LODSB/LODSW
	写(存)字节串/字串	STOS 目标串,源串
		STOSB/STOSW
重复前缀	无条件重复	REP
	当相等/为零时重复	REPE/REPZ
	当不等/不为零时重复	REPNE/REPNZ

执行串操作指令时应注意以下隐含约定和特点:

(1)字符串包括字节串和字串两种,因此串操作也包括字节串操作和字串操作。

(2)所有的串操作指令都用 SI 寄存器指示源串中元素的偏移地址,并约定源串一定在当前数据段,因此,源串的起始地址(或末地址)用 DS:SI 表示。所有的目的串都有 DI 寄存器指示偏移地址,并约定目的串一定位于当前附加段 ES 中,因此目的串的起始地址(或末地址)用 ES:DI 表示。

(3)每执行一次串操作指令,处理一个元素,SI和DI值会自动修改而指向下一待处理的元素,而SI和DI的修改方向与方向标志位DF有关。

(4)串操作指令执行时,由方向标志位DF决定字符串处理方向,当DF=1时,表示正向处理,DS:SI地址由小向大变化,串指令每执行一次,SI递增变化(字节串增1,字串增2)一次;当DF=0时,表示反向处理,DS:SI地址由大向小变化,每执行一次串操作指令SI减1(字节串)或减2(字串)。可用位操作指令STD使DF为1,用CLD指令使DF为0。

(5)串长度应放在CX寄存器中。

(6)为加快串操作指令的执行速度,可在基本串操作指令前加重复前缀符,使串操作指令重复执行直至整个串处理完毕,每重复一次,SI和DI都根据方向标志,自动进行修改,CX的值自动减1。所有的重复前缀都不能单独使用,都必须与基本串操作指令配合使用,用来控制基本串操作指令的重复执行。

其中,无条件重复前缀REP执行的操作是:

①若CX=0,则退出REP,否则往下执行;

② CX←CX-1;

③执行REP后面的字符串指令;

④重复①~③。

REP常与MOVS、LODS、STOS指令连用,以实现连续的字符串数据传送或字符串数据的存取操作。

REPE和REPZ具有相同的含义,其重复的条件是:只有当ZF=1(即两数相等),且CX≠0时才重复字符串操作,直到CX=0或ZF=0(两数不相等)时才停止重复过程,REPE和REPZ常与CMPS和SCAS指令连用。

而REPNE和REPNZ具有相同的含义,其重复的条件是:只有当ZF=0(即两数不相等),且CX≠0时才重复字符串操作,直到CX=0或ZF=1(两数相等)时才停止重复过程,REPNE和REPNZ常与CMPS和SCAS指令连用。

(7)由于带重复前缀的串操作指令执行时间较长,因此,允许在指令执行过程中响应中断申请,在处理每个元素之前都要查询是否有中断请求。若有,则CPU暂停当前的串操作,转去执行中断服务程序,中断返回后,继续执行被中断的串操作指令。

(8)基本字符串指令都要三种格式:操作码 目的串,源串;操作码加B或操作码加W。

下面介绍5条基本串操作指令。

1. 串传送指令

```
指令格式  MOVS   dest,scr  或      ;ES:DI←DS:SI
          MOVSB     或             ;字节操作:SI←SI±1,DI←DI±1
          MOVSW                    ;字操作:SI←SI±2,DI←DI±2
```

功能:将一个字节或字从DS段由SI指向存储器某一区域传送到位于ES段有DI所指向存储器的另一个区域,然后根据方向标志DF自动修改地址指针SI和DI。

【例5.36】 将数据段中首地址为2000H的200个字节数传送到附加段4000H的内存区中。

```
MOV   SI,2000H                 ;SI←源串首地址
MOV   DI,4000H                 ;DI←目标串首地址
```

```
MOV  CX,200          ;CX←字符串长度,DF←0 地址递增
CLD
REP  MOVSB           ;字符串传送操作
HLT                  ;暂停
```

2. 串比较指令

指令格式　CMPS scr,dest　或　　;DS:SI 所指单元的内容与 ES:DI 所指单元的内容相减,结果影响 CF 标志位。

　　　　　CMPSB　或　　;字节操作:SI←SI±1,DI←DI±1

　　　　　CMPSW　　　　;字操作:SI←SI±2,DI←DI±2

功能:将两个字符串中相应的元素逐个进行比较(即相减),但比较结果不送回目的串,而反映在标志位上,CMPS 指令对大多数标志位有影响,如 SF、ZF、AF、PF、CF 和 OF。

3. 串搜索指令

指令格式　SCAS　dest 或　　;在字符串中查找一个与累加器 AL 或 AX 内容数值相同或不同的元素。

　　　　　SCASB 或　　;字节操作:AL-ES:DI,DI←DI±1

　　　　　SCASW　　　;字操作:AX-ES:DI,DI←DI±2

功能:在一个字符串中搜索特定的关键字,其结果只影响标志位 SF、ZF、AF、PF、CF 和 OF。字符串的起始地址只能在 ES 段由 DI 所指的存储单元,不允许段超越,待搜索的关键字必须放在累加器 AL 或 AX 中。SCAS 指令前也可加重复前缀。

4. 取字符指令

指令格式　LODS　src 或　　;该指令把将逻辑地址 DS:SI 所指单元的内容送到 AL 或 AX 中

　　　　　LODSB　或　　;字节操作 :AL←DS:SI, SI←SI±1

　　　　　LODSW　　　　;字操作 :AX←DS:SI,SI←SI±2

功能:把位于 DS 段中由 SI 所指示的源串某一元素取到 AL(字节串时)或 AX(字串时)中,同时修改 SI 内容使它指向下一元素。SI 的修改是由方向标志 DF 及源串本身的类型(字节/字串)而定。该指令加重复前缀无实际意义,因为每重复一次,AL 或 AX 中的内容就被修改,只保留最后一次写入的内容。

5. 存储数据串指令

指令格式　STOS　dest 或　　;该指令把 AL(字节)或 AX(字)的内容存入由逻辑地址 ES:DI 所指定的单元中

　　　　　STOSB 或　　;字节操作 ES:DI←AL, DI←DI±1

　　　　　STOSW　　　;字操作 ES:DI ←AX ,DI←DI±2

功能:将累加器 AL 或 AX 的一个字节或字传送到(存入)附加段中由 DI 指示的目标串中,同时修改 DI 内容,使其指向目标串中的下一单元。STOSB 或 STOSW 指令和重复前缀 REP 连用可实现将若干内存单元置为相同的数据如全 0 或全 1,即初始化数据区。

5.3.5　控制转移类指令

控制转移类指令用于控制程序的转移,包括:无条件转移指令、调用/返回指令、条件转移

指令、循环控制指令和中断指令。除中断指令外,其他转移指令都不影响状态标志位。这组指令的共同特点是修改 IP 或同时修改 IP 和 CS 的内容,以改变程序的正常执行顺序,使之转移到新的目标地址去继续执行。

1. 无条件转移指令 JMP

指令格式　JMP　目的地址

功能:程序无条件地转移到指定的目的地址去执行。

寻址方式除了5.2.3节的操作数寻址方式外,还有指令地址寻址方式。

指令地址寻址方式从转移类型上分,可分为段内转移或近(near)转移和段间转移(又称远(far)转移)两种。

段内转移或近(near)转移:转移指令的目的地址和 JMP 指令在同一代码段中,转移时,仅改变 IP 寄存器的内容,段地址 CS 的值不变。

段间转移,又称远(far)转移:转移指令的目的地址和 JMP 指令不在同一代码段中,转移时,CS 和 IP 的值都要改变,程序转到另一代码段去执行。

从提供地址的方式分,又可分为直接转移和间接转移。

直接转移:指令码中直接给出转移的目的地址,目的操作数用一个标号来表示,它又可分为段内直接转移和段间直接转移。

间接转移:目的地址包含在某个16位寄存器或存储单元中,CPU 根据寄存器或存储器寻址方式,间接地求出转移地址。这种转移类型又可分为段内间接转移和段间间接转移。

转移类型和提供地址的方式的组合可形成不同指令,如表5.3。

表5.3　无条件转移指令的类型和方式

类型	方式	寻址目标	指令举例
段内转移	直接	立即短转移(8位)	JMP　SHORT　NEXT
	直接	立即近转移(16位)	JMP　NEAR PTR NET
	间接	寄存器(16位)	JMP　BX
	间接	存储器(16位)	JMP　WORD PTR 5[BX]
段间转移	直接	立即转移(32位)	JMP　FAR PTR NEXT
	间接	存储器(32位)	JMP　DWORD PTR [DI]

(1)段内直接转移指令

指令格式　JMP　SHORT　标号

　　　　　JMP　NEAR　PTR 标号

功能:目的操作数用标号表示。程序转向有效地址=当前 IP 寄存器的内容+8/16位位移量。

16位:近转移 NEAR,范围在-32768~+32767个字节之间;

8位:短转移 SHORT,范围在-128~+127个字节之间。

位移量有正负号之分,正的向高地址转移;负的向低地址转移。

(2)段内间接转移指令

指令格式　JMP　16 reg / 16 mem

功能:无条件转移由寄存器的内容指定的目标地址或是由存储器寻址方式提供的存储单元内容所指定的目标地址。这是一种绝对转移指令。

```
MOV   BX,1000H
JMP   BX                    ;程序将转向1000H,即IP←1000H
JMP   WORD PTR[BX+20H]      ;设DS=2000H,[21020H]=34H,[21021H]=12H,则JMP将程序
                            转向1234H,即IP=1234H
```

(3)段间直接转移指令

指令格式　JMP　FAR　PTR　标号

功能:无条件转移到指定段内的目标地址,即标号处。

【例5.37】　JMP FAR PTR PROG_F　　;设标号PROG_F段地址=3500H,偏移地址=080AH,则执行指令后IP=080AH,CS=3500H,程序转移到3500H:080AH处。

(4)段间间接转移指令

指令格式　JMP　DWORD　PTR　mem

功能:程序将转向由mem指定的双字指针中第一个字单元的内容作为IP,第二个字单元的内容作为CS的目标地址。

【例5.38】　MOV　SI,0100H

JMP DWORD PTR [SI]　　;将把DS:[SI]即DS:0100H和DS:0101H两个单元的字送IP,而把DS:0102H和DS:0103H两单元的字送CS。程序转入由CS:新IP决定的目标地址

2.条件转移指令

条件转移指令根据上一条指令执行后的状态标志位作为判别测试条件来决定是否转移。条件转移指令均为段内短转移。

指令格式　条件操作符　标号

条件转移指令共有18条,可分为直接标志转移指令和间接标志转移指令两类。

(1)直接标志转移指令

在指令助记符中直接给出标志状态的测试条件:以CF、ZF、SF、OF和PF五个标志中的状态作为判断条件,见表5.4。

【例5.39】

```
ADD  AX,BX
JC   LAB1;当(AX+BX)有进位时,转至LAB1
CMP  CX,DX
JE   LAB2;当CX=DX时,转至LAB2
```

上面程序段中的JE也可用JZ代替,它们是同一种操作的两种助记符。

表 5.4 直接标志转移指令表

指令名称	助记符	测试条件
等于/结果为零转移	JE/JZ 目标标号	ZF=1
不等于/结果不为零转移	JNE/JNZ 目标标号	ZF=0
有进位/有借位转移	JC 目标标号	CF=1
无进位/无借位转移	JNC 目标标号	CF=0
溢出转移	JO 目标标号	OF=1
不溢出转移	JNO 目标标号	OF=0
奇偶性为1/为偶转移	JP/JPE 目标标号	PF=1
奇偶性为0/为奇转移	JNP/JPO 目标标号	PF=0
符号位为1转移	JS 目标标号	SF=1
符号位为0转移	JNS 目标标号	SF=0

(2)间接标志转移指令

指令助记符中不直接给出标志状态位的测试条件,而是标志的状态组合作为测试的条件,见表5.5。它通常放在指令 CMP 之后,以比较两个数的大小。

①无符号数比较测试指令:指令助记符中"A"是英文 Above 的缩写,表示"高于"之意;"B"是英文 Below 的缩写,表示"低于"之意。

②有符号数比较测试指令:指令助记符中的"G"是 Greater than,表示"大于";"L"是 Less than,表示"小于"。

表 5.5 间接标志转移指令表

	指令名称		助记符	测试条件
无符号数	高于/不低于也不等于	转移	JA/JNBE 目标标号	CF=0 且 ZF=0
	高于或等于/不低于	转移	JAE/JNB 目标标号	CF=0 或 ZF=1
	低于/不高于也不等于	转移	JB/JNAE 目标标号	CF=1 且 ZF=0
	低于或等于/不高于	转移	JBE/JNA 目标标号	CF=1 或 ZF=1
有符号数	大于/不小于也不等于	转移	JG/JNLE 目标标号	SF 异或 OF=0 且 ZF=0
	大于或等于/不小于	转移	JGE/JNL 目标标号	SF 异或 OF=0 且 ZF=1
	小于/不大于也不等于	转移	JL/JNGE 目标标号	SF 异或 OF=1 且 ZF=0
	小于或等于/不大于	转移	JLE/JNG 目标标号	SF 异或 OF=1 且 ZF=1

【例 5.40】 01H 和 FEH 这两个数,若作为无符号 01H 比 FEH 小;但作为有符号数 01H 比 FEH(-2)大。当下列指令执行后有:AL=01H,CF=1,OF=0,SF=0,ZF=0。

```
MOV   AL,01H
CMP   AL,0FEH
```

显然,若要求 AL 中存放的无符号数大于 FEH 时转移,必须使用"高于"指令 JA。这时因 AL 中的数小,所有不发生转移(转移条件 CF=0 且 ZF=0);若要求 AL 中存放的有符号数大于

FEH 转移,则需用“大于”指令 JG,此时上例发生了转移,因为 AL 中是大数(转移条件($SF\oplus OF=0$ 且 $ZF=0$))满足。

【注意】测定两个无符号数或两个有符号数是否相等,均可以使用指令 JE/JZ 或 JNE/JNZ。

条件转移指令有丰富的助记符,只要正确理解助记符的含义,则可以不必关心发生转移时的具体标志位条件。编程时只要按程序的意图选用相应助记符的条件转移指令即可。

【例 5.41】
```
ADD  AL,AL
JC   TOOBIG          ;若加法有进位转移至 TOOBIG
SUB  AL,BL
JZ   ZERO            ;若减法结果为 0,转移至 ZERO
```

3. 循环控制指令

循环控制指令用于控制程序的循环,它们以 CX 寄存器为递减计数器,在其中预置程序的循环次数,并根据对 CX 内容决定程序是否循环至目的地址 dest,还是顺序执行下一条指令。由此看来,循环指令类似于条件转移指令,也是按给定的条件是否满足来决定程序的走向。循环控制指令的目的地址是 8 位地址偏移量,即短转移,但偏移量必须是负值。所有指令对标志位无影响。循环控制指令的功能如表 5.6 所示。

表 5.6 循环控制指令

指令名称	助记符	测试条件
循环	LOOP 目标标号	CX← CX-1　CX≠0
相等/结果为 0 循环	LOOPE/LOOPZ 目标标号	CX← CX-1　ZF=1 且 CX≠0
不相等/结果不为 0 循环	LOOPNE/LOOPNZ 目标标号	CX← CX-1　ZF=0 且 CX≠0
CX=0 时转移	JCXZ 目标标号	CX=0

除了 JCXZ 指令外,其余的指令执行时都是先使 CX 内容减 1,然后根据 CX 中的循环计数值是否为 0 来决定是否终止循环。

【注意】LOOPZ/LOOPE 和 LOOPNZ/LOOPNE 使用复合测试条件。LOOPZ/LOOPE 指令使 CX-1→CX,若 CX≠0 且 ZF=1(测试条件成立),则循环转移至目标标号;否则(CX=0 或 ZF=0),顺序执行 LOOPZ/LOOPE 后面的指令。LOOPNZ/LOOPNE 同 LOOPZ/LOOPE 指令类似,只不过转移条件是 CX≠0 且 ZF=0。JCXZ 指令不影响 CX 的内容,此指令仅在 CX=0 时,控制转移到目标标号,否则顺序执行 JCXZ 的下一条指令。

【例 5.42】用循环控制指令实现软件延时。
```
      MOV   CX,0F00H                 ;置循环初值
NEXT: NOP
      LOOP  NEXT                     ;空操作(NOP)F000H 次,产生延时
```

【例 5.43】 一个字符串存放在 STRING 开始的内存中,查找该字符串中是否包含空格符(20H)。在没找到且尚未查完时继续查找,直到找到第一个空格符或查完了才退出循环。
```
      STRING DB 'Personal Computer'  ;字符串
      ……
      MOV BX,OFFSET STRING           ;BX 指向字符串首地址
      MOV CX,17                      ;CX=字符串长度
NEXT: CMP  [BX],20H                  ;字符串元素与空格比较
```

```
    INC     BX                  ;指向下一个字符
    LOOPNE  NEXT                ;循环直到找到空格或 CX 已为 0
```

4. 调用与返回指令

在 8086 中,调用子程序(过程)和从子程序(过程)返回的指令是 CALL 和 RET。CALL 指令用在调用程序中,RET 设置在被调用程序中。

CALL 指令执行时,CPU 首先将其下一条指令(断点)的地址(IP 或 IP 与 CS)压入堆栈,然后以新的目标地址(子程序的首地址)装入 IP 或 IP 与 CS,于是控制转移到被调用的子程序。当调用结束时,返回指令 RET 从堆栈栈顶弹出断点地址,重新装入 IP 或 IP 与 CS,从而将控制再次转移给 CALL 的下一条,保证程序正确地返回。

(1)调用指令

指令格式　CALL　过程名

CALL 指令用于调用子程序 dest。与 JMP 指令相似,即可实现段内直接或间接调用,也可实现段间直接或间接调用。若被调用子程序在当前代码段中是段内调用,此时子程序名中包含 NEAR;若子程序不在当前代码段中是段间调用,此时子程序名中包含 FAR。汇编程序根据不同的子程序属性(NEAR 或 FAR)形成不同的目的地址并装入 IP 或 IP 与 CS。

①直接调用

CALL　proc

无条件调用过程 proc。若过程 proc 属性是 NEAR,CALL 指令首先将 IP 的值入栈保护,再将 proc 提供的目的地址送入 IP,实现段内的直接调用;若过程 proc 属性是 FAR,CALL 指令首先将当前 CS、IP 的值入栈保护,再将 proc 提供的目的地址送入 IP、CS,实现段间的直接调用。

②间接调用

CALL　reg　或

CALL　mem

无条件调用由寄存器的内容指定的过程,或由寄存器寻址方式提供的存储单元内容所指定的过程。若过程属性是 NEAR,CALL 指令首先将 IP 的值入栈保护,再将 reg 或 mem 指定的过程地址送入 IP,实现段内的间接调用;若过程属性是 FAR,CALL 指令首先将当前 CS、IP 的值入栈保护,再将 mem 指定的过程地址送入 IP、CS,实现段间的间接调用。

【例 5.44】　设 SUB_PROC1 为 NEAR,SUB_PROC2 为 FAR,则指令

```
CALL  SUB_PROC1              ;SUB_PROC1 为 NEAR,段内直接调用
CALL  SUB_PROC2              ;SUB_PROC2 为 FAR,段间直接调用
CALL  AX                     ;段内间接调用,目标地址由 AX 给出
CALL  DWORD PTR[DI]          ;段间间接调用,目标地址在[DI]、[DI+1]、[DI+2]、[DI+3]4
                             个内存单元中,前 2 个字节为 IP,后 2 个字节为段地址 CS
```

(2)返回指令

指令格式　RET

　　　　　RET　n

返回指令通常是子程序(或过程)的最后一条指令,用以返回到这个子程序的断点处。

①若是段内(过程被定义为 NEAR)返回,RET 指令把堆栈栈顶的一个字弹出至 IP、恢复调用时断点处的偏移地址;若为段间(过程被定义为 FAR)返回,则除了弹出 IP 外,还要从当

前栈顶继续弹出一个字到 CS,恢复断点处的段地址。

段内与段间返回的指令形式是一样的,它们的差别仅在于指令的机器代码不同。

②RET n 指令中的 n 称为弹出(POP)值。若在 RET 指令中规定了弹出值,则 RET 指令在完成上述操作后,还须做 SP←SP+ n 个字节的内容。这个性能可以允许废除一些执行 CALL 指令之前入栈的参数,n 必须为偶数。

【例 5.45】 下列程序段表示由于在 RET 指令中规定了弹出值,使控制从子程序返回后栈顶位置恢复到正常状态。

```
;主程序                              ;子程序 A
MOV   AX ,N1                        PROG_A   PROC   NEAR
PUSH   AX                           …
MOV   AX ,N2                        RET 4
PUSH  AX                            PROC_A   ENDP
CALL  PROG_A
MOV  SUM ,AX
```

5. 中断指令

从广义上讲,8086 有软、硬两大类中断。此处的中断指令,是指利用软件功能中一种类似于外部硬件中断的操作来改变程序执行方向,并调用一个类似于子程序或过程的指令。由中断指令引起的中断属于软中断。

所有的中断发生后,都按以下过程进行中断处理:

保护现场:将标志寄存器入栈(相当于执行 PUSHF 指令)。

保护断点:将当前指令指针 CS:IP 入栈。

地址索引:由中断类型码 N 得到中断向量,更新指令指针 CS:IP。

关闭中断:清除中断标志位 IF,然后开始执行中断处理程序。

以上操作均在中断指令出现之后,在 CPU 控制下自动进行。中断处理完毕,可通过开放中断和中断送回指令回到断点处,顺序执行原来的指令。

指定类型的中断指令

指令格式 INT N

功能:该指令启动由指令指明的类型码为 N 的中断。

INT 指令中的 N 是值为 0 ~ 255 的无符号数,代表 256 种中断类型。就指令的控制转移功能而言,中断指令与调用指令 CALL 相同,区别在于 CALL 指令并不保护现场(标志寄存器)。另外,INT 指令总是进行远转移,而 CALL 指令可以实现远、近转移。

(1)溢出中断

指令格式 INTO

功能:若 CPU 检测溢出标志 OF = 1,就执行一条 INTO 指令,之后立即产生一个类型 4 的中断,此时中断处理程序给出错误标志。

(2)中断返回指令

指令格式 IRET

功能:依次弹出 IP、CS、标志寄存器,使 CPU 恢复断点及现场,从而在中断服务结束后返回主程序的断点处,它位于每个中断处理程序的末尾。

5.3.6 处理器控制类指令

8086CPU设置有三种处理器控制指令,用来控制处理器的某些功能。状态标志位指令用来调整状态标志位,外部同步指令用来使8086CPU与外部事件进行同步,此外还有一条空操作指令。

1. 标志位操作指令

标志位操作指令比较简单,它用来直接对CF、DF和IF标志位进行置位或清除。

(1)STC、CLC和CMC指令

CLC指令可使CF清0;STC指令可使CF置1;CMC可使CF取反。

(2) STD、CLD指令

STD指令使DF置1;CLD使DF清0。

(3) STI和CLI指令

CLI指令使IF清0,从而禁止CPU响应可屏蔽中断;

STI指令使IF置1,允许CPU响应可屏蔽中断。

2. 外部同步指令

8086CPU具有支持多处理器的功能,为充分发挥硬件的功能,系统设置了3条使CPU与其他协处理器同步工作的指令,以便共享系统资源。这类指令的执行都不影响标志位。

(1)交权指令ESC

指令格式 ESC 外部操作码,源操作数

交权指令ESC是CPU工作于最大模式时,CPU要求协处理器完成某种功能的命令。

(2)等待指令WAIT

WAIT(等待)指令一般是和ESC指令配合起来使用的,常用在CPU执行完ESC指令之后。8086在执行WAIT指令的过程中,每隔5个时钟周期测试一次TEST引脚状态,一旦TEST=0(协处理器在工作完成之后会在此引脚上送一个低电平),CPU立即退出等待状态,继续执行后续指令。

(3)封锁指令LOCK

LOCK指令实际上不是一条独立的指令,它常作为指令前缀可加在任何指令的前端。凡带有LOCK前缀的指令在执行过程中会禁止其他协处理器使用总线。

(4)暂停指令HLT

当CPU执行HLT指令时,CS和IP指向HLT后面的一条指令地址,而CPU则处于暂停状态。CPU处于暂停状态时,如果有一个外部NMI中断请求或INTR中断请求(只要中断允许标志IF=1),CPU便退出暂停状态而用两个连续的总线周期响应中断。当然,RESET线上的复位信号也会使CPU退出暂停状态。

3. 空操作/无操作指令NOP

CPU执行此指令时,不做任何具体的功能操作,也不影响标志位,仅占用3个时钟周期的时间,故称之为空操作指令。NOP指令常用于程序调试时插在其他指令之间用以延时。

5.4　32 位机新增指令

本节将在 8086 指令系统的基础上，扼要地介绍 80286、80386、80486 和 Pentium 对指令系统的扩充及其新增加的指令。

5.4.1　80286 扩充与增加的指令

1. 80286 功能扩充的指令

(1) PUSH　src

(2) IMUL

指令格式　IMUL　reg16, data　　　　　;(reg16)←(reg16)×data

　　　　　IMUL　reg16, reg16/mem16, data; (reg16)←(reg16) /(mem16) ×data

(3) 移位和循环移位指令

指令格式　SHL/SHR　dest, count　　;逻辑左移/右移

　　　　　SAL/SAR　dest, count　　;算数左移/右移

　　　　　ROL/ROR　dest, count　　;循环左移/右移

　　　　　RCL/RCR　dest, count　　;带进位循环左移/右移

2. 80286 增加的指令

(1) 边界检查指令

指令格式　BOUND　reg16, mem16

(2) 登录栈空间指令

指令格式　ENTER　data16, data8

(3) 撤销栈空间指令

指令格式　LEAVR

(4) 通用寄存器出/入栈指令

①通用寄存器入栈指令

指令格式　PUSHA

②通用寄存器出栈指令

指令格式　POPA

(5) 字(符)串输入/输出指令

①字节串输入指令

指令格式　INSB　　或　INS 目的串, DX

②字串输入指令

指令格式　INSW　　或　INS 目的串, DX

③字节串输出指令

指令格式　OUTSB　　或　OUTS　DX, 源串

④字串输出指令

指令格式　OUTSW　　或　OUT　DX, 源串

⑤保护方式指令

下表 5.7 将简单介绍这些保护方式指令的功能。如需详细了解,请参阅有关文献。

表 5.7 保护方式指令及功能

ARPL 指令:调整子程序的特权级号	LTR 指令:设置任务寄存器
CLTS 指令:清除任务转换标志	SGDT 指令:保存全程描述子表寄存器
LAR 指令:读取访问特性字节	SIDT 指令,保存中断描述子表寄存器
LGDT 指令:设置全程描述子表寄存器	SLDT 指令:保存局部描述子表寄存器
LLDT 指令:设置局部描述子表寄存器	SMSW 指令:保存机器状态字
LIDT 指令:设置中断描述子表寄存器	STR 指令:保存任务寄存器
LMSW 指令:设置机器状态字	VERR 指令:对存储器或寄存器进行读检验
LSL 指令:设置段的限长寄存器	VERW 指令:对存储器或寄存器进行写检验

5.4.2 80386 增加的指令

1. 扩展传送指令

指令格式 MOVSX/MOVZX dest,src

2. 标志寄存器压入堆栈和弹出堆栈指令

(1) PUSHFD 将 32 位寄存器压入堆栈。

(2) POPFD 将栈顶内容弹出 32 位的标志寄存器。

3. 远地址指针传送指令

LFS dest,src

LGS dest,src

LSS dest,src

4. 转换指令

(1) CWDE (2) CDQ

5. 移位指令

指令格式 SHLD/SHRD dest1,dest2,count

SHLD/SHRD dest1,dest2,CL

6. 位操作指令

(1)测试与置位指令

指令格式 BT/BTC/BTR/BTS dest,count 或

BT/BTC/BTR/BTS dest,reg

(2) 位扫描指令

指令格式 BSF dest,src

BSR dest,src

7. 条件字节置"1"指令

指令格式 SETCC dest

以上扼要地介绍了 80286、80386 扩充和增加的指令,有关这些指令的详细内容请参阅有关文献或手册。

本章小结

本章全面、系统地介绍了 8086 指令系统的寻址方式、指令格式和各类指令功能及应用。该指令系统的特点是:指令格式灵活,采用可变长度指令格式,指令长度可在 1 ~6 个字节之间变化;寻址能力强,有七种不同的寻址方式,不仅为程序设计提供方便,而且有利于提高程序运行效率;具有处理多种数据类型的能力,可以对 8 位/16 位数,带符号数和无符号数,压缩的和非压缩的 BCD 码十进制数进行处理,还提供了字符串操作指令,为支持构成多处理系统,还专门提供了一组指令(WAIT,ESC)。

通过本章学习,应重点掌握以下内容:

1. 理解指令、指令系统、寻址方式、物理地址 PA、逻辑地址、位移量等基本概念。
2. 了解 8086 指令的基本格式,包括机器码表示、指令的汇编格式,并区分二者异同。
3. 熟悉 8086 指令系统的使用方法。

思考与练习

1. 选择题

(1)设 BX=2000H,SI=3000H,指令 MOV AX,[BX+SI+8]的源操作有效地址为(　　)。

A. 5000H　　B. 5008H　　C. 23008H　　D. 32008H

(2)设 DS=2000H,ES=3000H,SI=200H,指令 MOV　ES:[SI],AL 的目的操作数的物理地址为(　　)。

A. 20200H　　B. 30200H　　C. 50200H　　D. 200H

(3)下述指令中不改变标志位的指令是(　　)。

A. MOV　AX,BX　　B. AND　AL,0FH

C. SHR　BX,CL　　D. ADD　AL,BL

(4)下述指令中不影响 CF 的指令是(　　)。

A. SHL　AL,1　　B. INC　CX

C. ADD　[BX],AL　　D. SUB　AX,BX

(5)设 AL=67H,执行 CMP　AL,76H 后,AL=(　　)。

A. 76H　　B. 0DFH　　C. 67H　　D. 00H

(6)当有符号数 a-b 的结果使标志位 SF=1,OF=0,这表明(　　)

A.　a>b　　B.　a≥b　　C.　a<b　　D.　a≤b

(7)下列指令中,不含有非法操作数寻址的指令是(　　)

A. ADC　[BX],[3000H]　　B. ADD　[SI][DI],BX

C. SBB　AX , BL　　D. SUB WORD PTR [3000H] , 3000H

(8)以下指令中可以对寄存器 AX 和 CF 同时清零的是(　　)

A. OR　AX , AX　　B. MOV AX ,0

C. SUB　AX , AX　　D. PUSH AX

(9)以下指令中不可能改变 CS 内容的是(　　)

A. JCXZ　PROG1　　B. INT　21H

C. IRET　　D. RET 4

(10)某存储单元的段地址为0915H,偏移量为003AH,那它的物理地址为(　　)

A.0918AH　　B.0945AH　　C.0915AH　　D.0912AH

2. 填空题

(1)设CX=5304H,执行ROL CH , CL后,CH= ________。

(2)设SS=1EFFH,SP=40H,依次执行PUSH　AX , PUSH BX后,栈顶单元的物理地址为________H。

(3)在16位的基址加变址寻址方式中,基址寄存器可以为____或____,变址寄存器可以为____或____,若用____、____、____作为基址寄存器,则操作数在段中;若用____作为基址寄存器,则操作数在____段中。

(4)设AX=2000H,BX=2300H,则在执行了指令CMP　AX,BX后,标志CF=____,ZF=____。

(5)当执行指令DIV　BL后,被除数在____中,所得商在____中,余数在____中。

3. DS=3000H,ES=2000H,SS=1500H,SI=010CH,BX=0870H,BP=0500H,指出下列指令的目的操作数字段的寻址方式,并计算目的操作数字段的物理地址。

(1)MOV　[BX],CX

(2)MOV　[1000H],BX

(3)MOV　[BP],BX

(4)MOV　ES:[BP+100], BX

(5)MOV　[BX+100][SI],AX

4. 指出下列指令中的错误

(1)MOV CS , 12H　　(2)MOV AH , 400

(3)MOV BP ,AL　　(4)MOV AX , [SI][DI]

(5)MOV BYTE PTR [BX] , 1000　　(6)MOV [BX] , [SI]

(7)MOV 4[DI] , 2　　(8)MOV [BX+SI+3] , IP

(9)PUSH BH　　(10)CMP　5,[BX]

5. 编写程序段,将100个字符串从2000H处搬到1000H,并将100个字符串中第一个为'$'字符的单元中的字符换成空格符。

6. X、Y、Z均为16位带符号数,假设X、Y、Z分别存放在名为DATAX、DATAY和DATAZ的变量单元中,请编写一个程序段计算表达式(X×Y+Z−1000)/70的值,要求计算结果保存在AX中,余数保存在DX中。

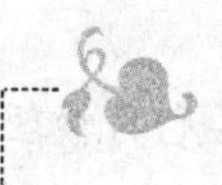

第6章　汇编语言程序设计

学习目标：掌握汇编语言编程格式与编程方法。
掌握伪指令用法。
了解汇编语言表达式形式。
理解汇编语言与高级语言的结合方式。
学习重点：汇编程序设计方法。

汇编语言程序设计由基本指令构成，包括可执行指令与伪指令，在前面的章节中介绍了寻址方式与可执行指令的用法，但只有可执行指令是不能构成一个完整的汇编程序的。通过本章的学习，可以掌握汇编语言程序的基本结构，及汇编程序设计方法与应用。

6.1　汇编语言的程序设计基础

6.1.1　汇编语言的数据

汇编语言中常用到的数据形式主要为常量、变量和由运算符构成的表达式，包括地址表达式和数据表达式。

1. 常量

常量包括整数、字符与字符串、符号常量、数值表达式等。

整数是用二进制、八进制、十六进制、十进制表示的整数，在指令中将其称为立即数。

字符与字符串常量必须用“ ”或‘ ’括起来，存储时，表现形式是对应的ASCII码。

符号常量为用赋值伪指令EQU或等号语句“=”定义的符号名。

数值表达式是由运算符连接立即数或变量、标号形成的常数表达式和地址表达式。在汇编时，按规定的优先级进行计算，形成最终的常数或地址操作数。

2. 变量

变量在程序运行过程中会发生变化，表现形式是一个或一组连续的存储器单元的名字。对变量的访问是通过变量名来实现的，由字母开头，长度不超过31个字符，代表符号地址。

(1)变量的定义：[变量名] 助记符 [操作数] [:注释]

我们看一个简单的例子：

```
M1   DB   45      ;定义变量M1为字节型变量,值为45
```

这里：M1为变量名，DB为变量定义操作的助记符，45为操作数。

①变量名

变量名的命名要符合汇编中名字的命名规则,最多由31个字符组成,可以由字母(A~Z)、数字(0~9)和专用字符(?、.、@、-、$)来表示。字母不区分大小写,在变量定义中,变量名可有可无。命名时需注意:

不能以数字开头。

不能单独使用特殊字符。

不能是系统保留字,如指令助记符、寄存器名等。

如用到“.”,则必须是第一个字符。

例如,ABH能作为名字,而0ABH不能作为名字,表示十六进制数,助记符见表6.1。DB(define byte)用来定义字节型变量,定义字符串时,用单引号‘ ’或双引号“ ”括起来。

②助记符

DB是唯一能定义字符串的伪操作,串中每个字符占用一个字节。DW(define word)用来定义字,其后的每个数据分配两个字节(一个字),数据的低8位存储在低字节地址中,高8位存储在高字节地址中。

表6.1 变量定义伪指令

助记符	数据类型	字节数(类型值)
DB	字节	1
DW	字	2
DD	双字	4
DF	三字	6
DQ	四字	8
DT	五字	10

DD(define double word)用来定义双字,每个操作数占用4个字节,低地址存低字节,高地址存高字节。

DQ(define quad word)用来定义4字,每个操作数占用8个字节,低地址存低字节,高地址存高字节。

DT(define ten word)用来定义10个字节,要注意的是数据后面不加“H”,最大只能输入18个数字,用来为压缩的BCD数据分配存储单元;如加“H”,按十六进制数据分配存储单元,最多可输入0~9,A~F组成的20个数值。

③操作数

操作数可以是常量、数值表达式和地址表达式、ASCII字符串、?、DUP子句等。存储时,每个操作数按定义的数据类型进行存储。

【例6.1】定义变量如下,设M1偏移地址为2000H

```
M1   DB  45,?,'AB'                        ;定义变量M1为字节型变量
M2   DW 10H,2*4, 2 DUP (0C0H,22H);定义变量M2为字变量
M3   DW'AB'                               ;定义变量M3为字变量,M3值为4142H
M4   DD 12345678H                         ;定义变量M4为双字变量,值为12345678H
M5   DQ 12345678H                         ;定义变量M5为四字变量,
```

	;值为 0000000012534678H
M6 DF 0ABCDH	;定义变量 M6 为三字变量,
	;值为 00000000ABCDH
M7 DT 11223344556677889912H	;定义变量 M7 为五字变量,
	;值为 112233445566778899AAH
M8 DT 112233445566778899	;定义变量 M7 为 5 字变量,
	;值为 112233445566778899

④变量在内存中的存放

内存实际存储结构为:

```
0B6E:2000  2D 00 41 42 10 00 08 00-C0 00 22 00 C0 00 22 00
0B6E:2010  42 41 78 56 34 12 78 56-34 12 00 00 00 00 CD AB
0B6E:2020  00 00 00 00 12 99 88 77-66 55 44 33 22 11 99 88
0B6E:2030  77 66 55 44 33 22 11 00-00 00 00 00 00 00 00 00
```

为了清楚的描述变量的定义与存储器的存放顺序,建立内存结构示意图如图 6.1 所示。

表达式为?,用来保留存储空间,不设定初始数据,汇编过程中,将存储单元清 0。

表达式为 dup 子句,为数据重复定义设置,允许嵌套。

格式:变量名 变量定义伪指令 n dup(初值,…(n dup(……),初值))

功能:为变量重复定义数据,括号内为重复定义的数据,n 为重复次数。其中,内括号为 DUP 嵌套格式。如:

DATA1 DB 20DUP(11H)	;为变量 DATA1 分配 20 个字节空间,初值为 11H
DATA2 DB 2DUP(5,3DUP(2,3))	;为 DATA2 分配的数据为 5,2,3,2,3,2,
	;3,5, 2,3,2,3,2,3

表达式为已定义的变量,用 DW 定义,取已定义变量的偏移地址,用 DD 定义的,取变量的逻辑地址,其中,低地址存偏移地址,高地址存段地址。如:

VAR1 DB 12h,34H	;定义字节变量 VAR1,分配的值为 12H,34H
VAR2 DW VAR1	;定义变量 VAR2,其值为 VAR1 的偏移地址
VAR3 DD VAR1	;定义变量 VAR3,其值为 VAR1 的逻辑地址

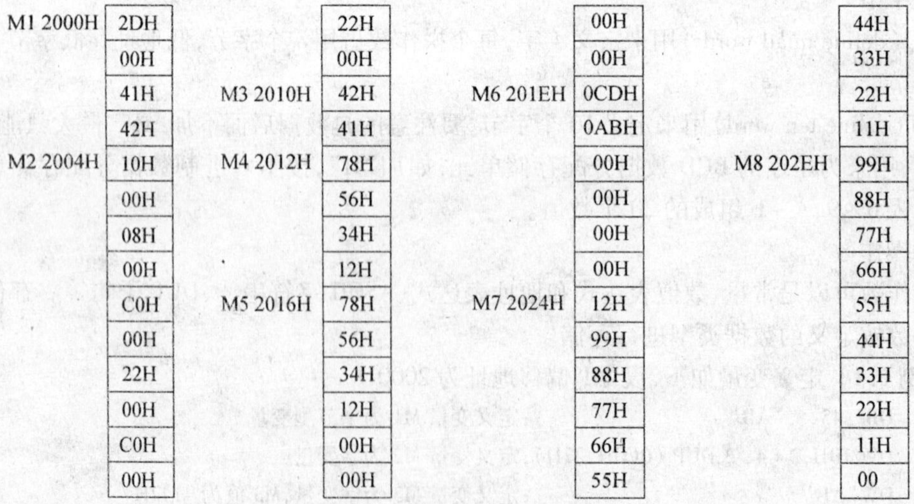

M1 2000H	2DH		22H		00H		44H
	00H		00H		00H		33H
	41H	M3 2010H	42H	M6 201EH	0CDH		22H
	42H		41H		0ABH		11H
M2 2004H	10H	M4 2012H	78H		00H	M8 202EH	99H
	00H		56H		00H		88H
	08H		34H		00H		77H
	00H		12H		00H		66H
	C0H	M5 2016H	78H	M7 2024H	12H		55H
	00H		56H		99H		44H
	22H		34H		88H		33H
	00H		12H		77H		22H
	C0H		00H		66H		11H
	00H		00H		55H		00

图 6.1 存储器结构示意图

(2)变量的属性

存储器是分段使用的,变量是在逻辑段中定义的,决定了变量具有3种属性,即段属性、偏移属性、类型属性。这三种属性显示出变量在内存中分配的位置和所占空间。

①变量的段属性(SEGMENT)

说明它是属于哪个段,是指变量所在段的段地址,当访问该变量时,该变量的段地址已经在某一段寄存器中。

②变量的偏移属性(OFFSET)

是变量在段内的地址到段首地址的位移是多少,既偏移量。

③变量的类型属性(TYPE)

变量在存储器中的存储形式,既字节型、字型、双字型、三字型、四字型、五字型等。

3. 表达式与运算符

汇编语言中除基本的常量、变量和标号独立使用外,常将三者通过运算符连接形成表达式作为操作数出现。使用中,表达式的运算不在执行程序时进行,而是由汇编程序在汇编时进行运算,将其结果作为操作数,参加指令的执行。表达式分为数据表达式和地址表达式,数据表达式的结果为数值,在程序中表现为立即数的性质,地址表达式的结果代表存储器地址,若该地址存放的是数据,则称其为变量,若存放的是指令,则称其为标号。

(1)标号

标号是可执行语句的符号地址,一个标号对应一条指令的地址,表示指令所在存储单元的符号地址。标号可以作为JMP指令和CALL指令的目的操作数,是指定地址的符号表示,标号与变量类似具有段、偏移、类型3种属性,但有以下2点不同:

①标号的段基址存在代码段寄存器(CS)中;

②标号的类型为NEAR和FAR,前者用于段内引用,后者用于段间引用。

(2)连接表达式的运算符

①算术运算符

包括+(加)、-(减)、*(乘)、/(除)、mod(模)。参与运算的数据需为整数,运算结果亦为整数,除法运算的商为整数部分,mod求取除法运算的余数。如5mod2结果为1。

【例6.2】将字数组ARRAY的第三个字送到BX中

```
MOV BX,ARRAY+(3-1)*2
```

【例6.3】将数组长度(双字数)送CX中

```
ARRAY   DD   5,-5,10,20,0FFCEH
N DD?
…
MOV CX,(N-ARRAY)/4
```

②逻辑运算符

包括AND(逻辑与)、OR(逻辑或)、XOR(逻辑异或)、NOT(逻辑非)。逻辑运算按位操作,只用于连接数字表达式,在汇编时进行计算,结果作为操作数参与指令的执行。

【例6.4】计算下列指令,指出指令执行结果。

```
MOV AL,07H
AND 80H              ;AL=00H
```

```
MOV AL,07H
OR  80H              ;AL=87H
MOV AL,07H
XOR 80H              ;AL=87H
MOV AL,
NOT 07H              ;AL= 0F8H
```

③关系运算符

包括 EQ(等于)、NE(不等于)、LT(小于)、LE(小于等于)、GT(大于)、GE(大于等于)。关系运算形成的表达式,为真,结果全 1,为假,结果全 0。

【例 6.5】
```
MOV AX,   09H LT 42H
ADD AL,   8EQ8
MOV CX, (PORT LT 10) AND 50) OR ( PORT GE 10) AND 100)
MOV AX,   0
```

汇编时形成指令为 ADD AL,0FFH

本例最后一行表示接口地址 PORT 小于 10 时,汇编结果相当于指令 MOV CX ,50,若端口地址 PORT 大于 10 时,汇编结果相当于指令 MOV CX ,100。

③数值返回运算符

数值返回运算一共有 5 个,加在标号或变量前,返回运算对象的某个参数值。

SEG(取段地址)

格式:SEG 变量或标号

功能:返回标号或变量的段基址。

OFFSET(取偏移地址)

格式:OFFSET 变量或标号

功能:返回标号或变量的偏移值(偏移地址)。

【例 6.6 】
```
MOV AX, SEG   TAB        ;取 TAB 的段地址
MOV AX, OFFSET   TAB     ;取 TAB 的偏移地址,送到 AX 中
                         ;相当于指令 LEA   AX ,TAB
```

TYPE(取类型值)

格式: TYPE 变量或标号

功能: TYPE 加在变量前,返回变量的类型值(见表 6.1),TYPE 加在标号前,返回标号的距离属性。属性 NEAR 返回值为-1(0FFH),属性 FAR 返回值为-2(0FEH)。

【例 6.7】
```
     X1 DB 34H,25H
     X2 DW 1234H
     X3 DD?
L1:  MOV AL,TYPE X1       ;AL=1
     MOV AL,TYPE X2       ;AL=2
     MOV AL,TYPE X3       ;AL=4
     MOV AL,TYPE L1       ;AL=0FFH
```

LENGTH(取长度)

格式:LENGTH 变量

功能:当变量用DUP定义时,LENGTH返回DUP分配给变量的单元数,不用DUP定义,返回值为1。

SIZE(取总字节数)

格式:SIZE 变量

功能:返回变量的总字节数,是LENGTH和TYPE的乘积。即SIZE=LENGTH×TYPE。

【例6.8】
```
W1 DW   20 DUP(3,10 DUP(7))
W2 DW   8, 20 DUP(3,10 DUP(7))
B1 DB   20 DUP(3, 10 DUP(7))
B2 DB   8, 20 DUP(3,10 DUP(7))
X DB ?
Y DB ?
……
MOV AL      ,TYPE W1      ;AL=2
MOV AH      ,LENGTH W1    ;AH=14H
MOV CL      ,SIZE W1      ;CL=28H
MOV CH      ,TYPE W2      ;CH=02H
MOV DL      ,LENGTH W2    ;DL=01H
MOV DH      ,SIZE W2      ;DH=02H
MOV BL      ,TYPE B1      ;BL=01
MOV BH      ,LENGTH B1    ;BH=14H
MOV SI      ,SIZE B1      ;SI=14H
MOV DI      ,TYPE B2      ;DI=01H
MOV X       ,LENGTH B2    ;X=01
MOV Y       ,SIZE B2      ;Y=01
```

```
AX=1402  BX=1401  CX=0228  DX=0201  SP=0000  BP=0000  SI=0014  DI=0001
```

(5)属性操作符

属性操作符用于修改变量或标号的现有属性,使其使用更加灵活。属性操作符有:PTR、THIS、:、SHORT、HIGH、LOW共6个。

PTR(修改类型属性)

格式: 类型 PTR 变量或标号

功能:临时指定变量或标号的操作类型。

其中,类型为BYTE、WORD、DWORD、QWORD、FWORD、TWORD、FAR、NEAR。

【例6.9】在数据段定义:
```
X1   DB 12H,34H
X2   DW 3456H
X2   DW 3456H
```

在代码段中:
```
MOV AX ,WORD PTR X1          ;将X1的字节属性修改为字属性
MOV AL,BYTE PTR X2           ;将X2的字属性修改为字节属性
```

THIS(指定类型操作符)

格式:变量名/标号/过程名 EQU THIS 类型

功能:将 EQU THIS 右边的类型属性,赋给左边的变量。或指定标号或过程转移距离。同时该操作数与下一个存储单元地址相同。

【例 6.10】
```
NUM   EQU THIS BYTE        ;指定 NUM 为字节变量
SCORE DW   1234H           ;指定 SCORE 为字变量
```

NUM 与 SCORE 地址相同,但类型不同。NUM 为字节型,SCORE 为字型。

【例 6.11】在代码段中:
```
……
L1 EQU THIS FAR
……
L1: MOV AX,BX
```

指定标号 L1 为 FAR 属性,允许其他段的转移指令转移到该条指令上,如果没有用 THIS 操作符来指定,则隐含 L1 为 NEAR 属性,只允许本段的转移指令转移到该条指令上。

":"(段属性修改操作符)

格式: 段寄存器 : 变量/标号/地址表达式

功能:为指定变量、标号或地址表达式修改段属性(段超越)。

【例 6.12】MOV AX , ES:[BP+SI] ;修改 BP 段属性为 ES

SHORT(短转移操作符)

格式:SHORT 标号

功能:SHORT 用来说明转移类指令中转向地址的属性,指出转移的目标地址与本指令之间的距离在-128 ~ +127 之间,限制在短转移的范围内。

HIGH 和 LOW(字节分离操作符)

格式:HIGH/LOW 数值表达式/符号常量

功能:HIGH 取表达式或符号常量的高字节,LOW 取低字节。

HIGH 和 LOW 不能用于内存操作数。

【例 6.13】
```
NUM EQU 0FF00H
……
MOV AH, HIGH NUM          ;AH=0FFH
MOV AL, LOW NUM           ;AL=00H
```

6.1.2 伪指令

汇编语言指令分为可执行指令与伪指令两种,可执行指令经汇编后产生二进制代码,而伪指令不产生可执行代码,第 5 章学习的指令均为可执行指令,本节介绍伪指令。

1. 定位伪指令 ORG

格式:ORG 常数表达式

功能:使 ORG 下面的指令或变量的偏移地址为常数表达式的值。

【例 6.14】
```
DATA SEGMENT
ORG 0100H
TAB DB 1,2,3,4,5,6,7
ORG 0200H
```

```
STR1 DB  'HELLO MASM'
DATA ENDS
```

偏移地址为0100H的存储单元内容

```
1408:0100  01 02 03 04 05 06 07 00-00 00 00 00 00 00 00 00
```

偏移地址为0200H的存储单元内容

```
1408:0200  48 45 4C 4C 4F 20 4D 41-53 4D 00 00 00 00 00 00
```

2. 赋值伪指令

格式:标识符 EQU/=表达式

功能:为标识符赋以一个表达式,使表达式等同于标识符。

注意:在同一汇编程序中,EQU不能重复定义同一标识符,而"="可以重复定义。

【例6.15】
```
A1=0FFH
A1=78H          ;用"="伪指令为A1重新赋值
A2 EQU A1+8
```

赋值伪指令可以实现符号替换操作:

```
AD EQU ADD
……
AD AX,BX        ;等同于 ADD AX,BX
```

3. 程序计数器$

当$独立出现在表达式中时,它的值为程序下一个所能分配的存储单元的偏移地址。

【例6.16】
```
DATA SEGMENT
ORG 0100H
A1 DB 12,34,56          ;定义三个字节
B1 EQU  $-A1            ;符号B1与表达式S-A1等价
C1 DB  $-A1             ;C1为A1的长度,即3
DATA ENDS
```

其中表达式的值为程序下一个所等分配的偏移地址0103H减去A1的偏移地0100H,所以$-A1=0103H-0000H=03H。

4. LABEL 伪指令

格式:变量/标号 类型

其中,变量(符号地址)类型为BYTE,WORD,DWORD,QWORD,FWORD,TBYTE;标号类型为NEAR或FAR。

功能:定义一个标号或变量,并指定其属性。

【例6.17】利用LABEL伪指令定义:

```
OUT1 LABEL BYTE
OUT2 DW 10H DUP(1)
```

将32个字节地址赋予两个不同类型的变量,A1,A2指向同一数据区,其中A1为字节类型,A2为字类型。其存储结构示意图如图6.2所示。

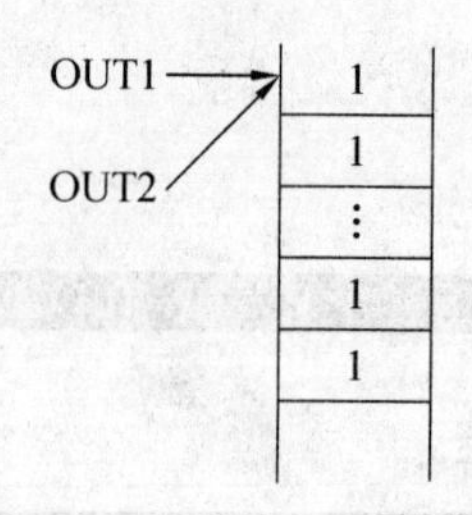

图 6.2　LABEL 定义数组结构示意图

【例 6.18】MOV OUT1+2,12H　　　　;OUT1+2 所指存储单元的内容为 12H

MOV OUT2+2,1234　　　　;OUT2+2 所指存储单元的内容为 1234H

执行结果如图 6.3 所示。

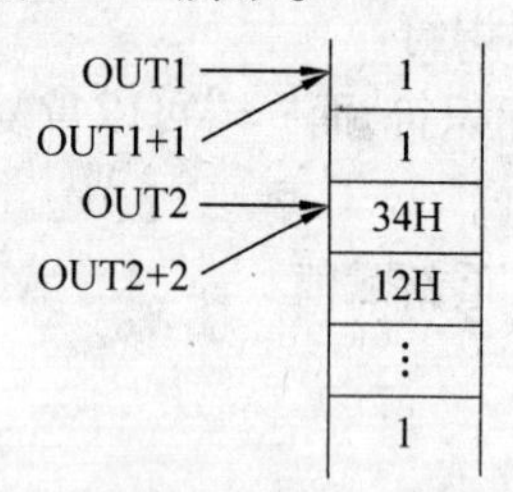

图 6.3　LABEL 定义,执行例 6.18 指令后结构示意图

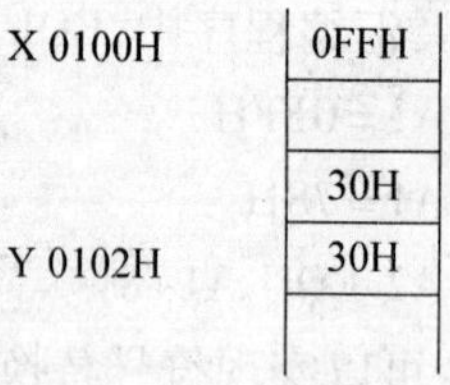

X 0100H　0FFH

30H

Y 0102H　30H

图 6.4　例 6.18 结构示意图

需要注意的是:汇编语言中变量+2,无论变量类型为何,就是偏移地址加 2,即不是内容加 2,也不是按变量类型取地址加 2,即 OUT1+2 和 OUT2+2 取相同的地址。

【例 6.19】对标号属性设置,L2 LABEL FAR

L1：ADD DX,0

……

此处 L1 和 L2 都是 ADD DX,0 指令的标号(偏移地址),L2 属性是 FAR 属性,L1 属性是 NEAR 属性。当转移指令是在本段内时,转移指令的目的标号是 L1,当转移指令不在本段内时,转移指令的目标标号应是 L2。

5. 对准伪指令

格式:EVEN

功能:使其后的指令或数据开始于偶字节的地址。

【例 6.20 】

```
DATA SEGMENT
ORG 0100H
X   DB 0FFH
EVEN
Y   DB   2 DUP('0')          ;使数组 ARRAY 的偏移地址从偶地址开始
DATA ENDS
```

6. 标题伪指令

格式: TITLE 标题名

或 NAME 模块名

功能:为程序或模块起一个名字。

6.2　汇编语言程序结构

汇编语言程序采用分段式管理与设计，两种定义格式，一种为简化段定义，一种为完整段定义，本节介绍完整段定义格式。

1. 完整段定义格式的汇编程序框架

完整的汇编语言源程序框架：

```
STACK      SEGMENT                            ;定义堆栈段
           ……
STACK      ENDS
DATA       SEGMENT                            ;定义数据段
           ……
DATA       ENDS
CODE       SEGMENT                            ;定义代码段
           ASSUME CS:CODE,DS:DATA,SS:STACK    ;说明代码段的段地址放 CS 中
                                              ;数据段的段地址放在 DS 中
                                              ;堆栈段的段地址放在 SS 中
START:     MOV   AX,DATA
           MOV   DS,AX                        ;数据段段地址送 DS 中
           ……                                 ;程序
           MOV AX,4C00H                       ;程序结束返回 DOS
           INT 21H
CODE       ENDS                               ;代码段结束
           END   START
```

任何一个源程序有至少一个逻辑代码段和一条作为源程序结束的伪指令 END；数据段根据程序的实际需要，可有可无，也可以有多个；堆栈段可有可无，也可以有多个，如果没有，连接时会产生一个警告性的错误，这对于没有堆栈操作的用户程序来说并不是错误，但如果用户用到堆栈的话，则最好设置自己的逻辑堆栈段。

【例6.21】 X，Y，Z 为 16 位有符号数，计算(X * Y+Z-8)/Z，商存在 X 中，余数存在 Y 中。

```
STACK      SEGMENT                            ;定义堆栈段
           DW   100 DUP (?)
STACK      ENDS
DATA       SEGMENT                            ;定义数据段
           X          DW   100H
           Y          DW   200H
           Z          DW   300H
DATA       ENDS
CODE       SEGMENT                            ;定义代码段
           ASSUME   CS:CODE,                  ;说明代码段的段地址放 CS 中
           DS:DATA,SS:STACK                   ;数据段的段地址放在 DS 中
```

```
                                            ;堆栈段的段地址放在 SS 中
START:    MOV   AX     ,DATA
          MOV   DS     ,AX                  ;数据段段地址送 DS 中
          MOV   AX     ,X                   ;乘数 X⇒ AX
          IMUL   Y                          ;计算 X * Y     DX :AX
          CLC                               ;清进位标志位 CF
          ADD   AX     ,Z                   ;计算 X * Y+Z
          ADC   DX     ,0                   ;若有进位,高位加 1
          CLC                               ;清进位位 CY
          SUB    AX    ,8                   ;计算 X * Y+Z-8
          SBB   DX     ,0                   ;若有借位,高位减 1
                                            ;计算(X * Y+Z-8)/Z,商存 AX,余数存
          IDIV  Z                           DX
          MOV   X      , AX                 ;保存商
          MOV   Y      , DX                 ;保存余数
          MOV AX       ,4C00H               ;程序结束返回 DOS
          INT   21H
CODE      ENDS                              ;代码段结束
          END   START
```

运算前内存情况

```
0B7B:0000  00 01 00 02 00 03 00 00-00 00 00 00 00 00 00 00
0B7B:0010  B8 7B 0B 8E D8 A1 00 00-F7 2E 02 00 F8 03 1E 04
```

运算后结果:商为 0ABH,余数为 01F8H

```
0B7B:0000  AB 00 F8 01 00 03 00 00-00 00 00 00 00 00 00 00
0B7B:0010  B8 7B 0B 8E D8 A1 00 00-F7 2E 02 00 F8 03 06 04
```

2. 完整段定义伪指令

(1)SEGMENT/ENDS 定义段起始与结束伪指令

格式:<段名> SEGMENT [定位类型] [组合类型] [寻址方式] [类别]

```
      ……         ;段体
   <段名> ENDS
```

功能:定义任一逻辑段,指出该段起止。段名为符合汇编语言命名规则的符号,由用户给出,段名后不带“:”。SEGMENT/ENDS 成对出现,由 SEGMENT 开始,ENDS 结束。其前的段名需保持一致,如用户不写段名,汇编时,自动为其加上一个段名:?? SEG。定位类型规定了对该段的起始边界地址的要求,如表 6.2 所示。PARA 为系统默认值。

表 6.2 段定位类型

类型	说 明
PAGE	段起始地址以页边界开始,256 个字节为一页,地址低 8 位为 0
PARA	段起始地址以节开始,16 个字节为一节,地址低 4 位为 0
DWORD	段起始地址以双字为单位,地址最低两位为 0

续表 6.2

类型	说　明
WORD	段起始地址以字为单位,偶地址开始,地址最低位为0
BYTE	段起始地址为任意值。

组合类型表示该段与其他段的关系,如表6.3所示,NONE为系统默认值。

类别,类别名不超过40个字符,用单引号' '括起来,主要作用是将所有分类名相同的逻辑段组成一个段组,不管其在源模块中的顺序如何。

表 6.3　段组合类型

类型	说　明
NONE	该段独立与其他段无关
PUBLIC	该段可与其他同名同类别的段发生相邻的连接在一起,共同拥有一个段基址,段的总长度不得超过64KB
STACK	同PUBLIC ,但作为堆栈段处理
COMMON	该段可与其他同名同类别的段发生覆盖,共同拥有一个段基址,段总长度取决于最长的COMMON段
AT	连接程序将该段置于AT表达式值所指定的段地址上,不能指定程序代码段
MEMORY	该段定位在所有段上面,即程序最高地址处。如有多个MEMORY逻辑段,除第一个带MEMORY参数逻辑段外,其他同名段按照COMMON方式处理

(2) ASSUME 段分配伪指令

格式:ASSUME　段寄存器名:段名[,段寄存器名:段名][,段寄存器名:段名]……

功能:段分配伪指令用于指定当前有效的逻辑段。

段名由用户定义,汇编编译器并不知道SEGMENT定义的段是什么段,以致不知在用CS,DS,ES,SS寻址时,相对偏移地址在哪个段中,因而,用ASSUME指令通知编译器各个段的分配。ASSUME指令不给具体的段寄存器赋值。除CS寄存器自动赋值外,其余段寄存器的赋值方式由用户完成。

由于段寄存器不能赋予立即数,需借助通用寄存器AX实现段寄存器的装填,如:

```
MOV  AX     ,DATA
MOV  DS     ,AX          ;装填DS寄存器
MOV  AX     ,DATA
MOV  ES     ,AX          ;装填ES寄存器
```

在完整段定义中,如果程序中有STACK的定义,也需将段地址装入SS中,栈顶装入SP中,例如:

```
MOV  AX     ,STACK
MOV  SS     ,AX          ;装填SS寄存器
MOV  SP     ,STACKTOP    ;栈顶存入SP
```

如用户未定义堆栈,将会使用操作系统的堆栈,连接时会出现警告提示,WARNING:NO STACK! 只要程序正确,这种情况是不会引起错误的。

CS 段寄存器的自动赋值由 END 后的标号进行装入。汇编程序连接编译后形成可执行文件(*. EXE),自动将 CS 和 IP 指向 END 后的标号处,该标号为可执行程序的起始地址。

```
START:
……
END START
```

(3)操作系统下汇编程序的正常结束

调用 INT 21H 中断,如:

```
MOV AX,4C00H        或        MOV AH,4CH
INT 21H                       INT 21H
```

(4) END 结束

格式:END ［标号/过程名］

功能:表示整个程序的结束,并指明该过程或程序的起始地址。

END 后的源程序文件不予汇编,每个模块有且只有一个 END。

(5)宏处理伪指令

宏指令是将一组语句定义成一条宏指令。

格式:MACRO［<形式参数 1>,<形式参数 2>,……］

```
语句组    ;宏体
ENDM
```

MACRO 和 ENDM 是用来定义宏的一对伪指令。宏指令名命名应遵循汇编标识符命名规则。形式参数是宏体中指令的操作码、操作数或它们的一部分,宏调用时,形参被实参所代替。宏体由一系列指令或伪指令构成。宏定义必须出现在宏调用之前,为避免出错,通常把宏定义放在程序段中所有段的代码之前。宏调用的格式同一般指令一样,在使用宏指令的位置写下宏指令名,后跟实体参数(实参);若有多个参数,按形参顺序填入实参,逗号分隔。汇编时,宏指令被汇编程序用对应的代码序列替代,称为宏展开。

宏调用格式:宏指令名［实参,……实参］

注意,实参与宏定义中的形参是一一对应的。

宏展开的具体过程:当汇编时遇到已经定义的宏指令时,即用相应的宏定义体取代源程序的宏指令,同时实参一一替代形参进行宏展开。

【例 6.22】宏定义MACRO_PRG MACRO A

```
MOV CL,A
SHR AL,CL
ENDM
```

当 A 为 4,则宏调用时,MACRO_PRG 4

宏展开为:MOV CL,4

```
SHR AL,CL
```

6.3 汇编语言程序程序设计及举例

前面我们已经介绍了 8086/8088CPU 的指令系统,汇编语言的格式,伪操作指令等,这节我们将运用前面所学,实现汇编语言基本程序结构设计,并具体实例说明汇编语言程序设计方法。

1. 汇编程序设计步骤

要实现高质量汇编程序,首先应了解汇编语言程序设计的过程。一般为以下几个步骤:

(1)依题意,分析问题,抽象出数学模型,依据模型建立框图、确定算法。

(2)画出流程图,依据算法,画出程序流程图。

(3)分配寄存器、内存及堆栈。

(4) 编写源程序并保存,形成*.ASM 的文件。

(5)通过汇编程序生成*.OBJ 的目标代码文件,完成静态语法检查。

(6)通过链接程序生成*.EXE 的可执行文件

(7)执行程序,完成动态测试。

2. 汇编程序结构

汇编语言程序与高级语言程序结构基本一致,可以分为4种基本结构,即:顺序结构、分支结构、循环结构、子程序结构。任何复杂程序都由4种基本结构组成。

顺序结构是汇编语言中最简单的程序设计方法。这种结构没有分支、循环和转移,所有指令按顺序执行一次。例6.21就是顺序程序设计的例子。顺序结构是基本结构,但单纯的顺序结构基本不能解决问题,常和其他结构结合实现规定功能。

分支结构的特点是具有判断能力,使程序不再顺序执行,产生程序分支,分支程序有单分支和多分支两种形式。一般来说,经过判断后,程序只执行其中一个分支。

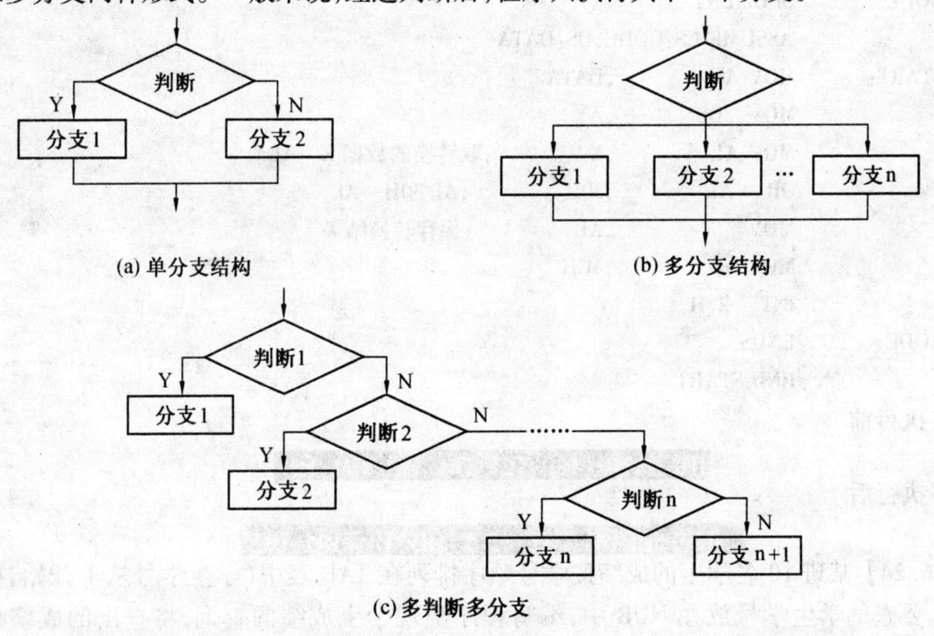

图6.5　分支程序结构

循环结构是将需要反复执行的程序设计为循环程序。一个循环程序大体包括:循环初值、循环体、循环控制三部分。循环初值主要为设置地址指针、循环次数、清空寄存器等。循环体是循环的主体,完成程序功能,循环控制是保证循环的正确进行和退出。

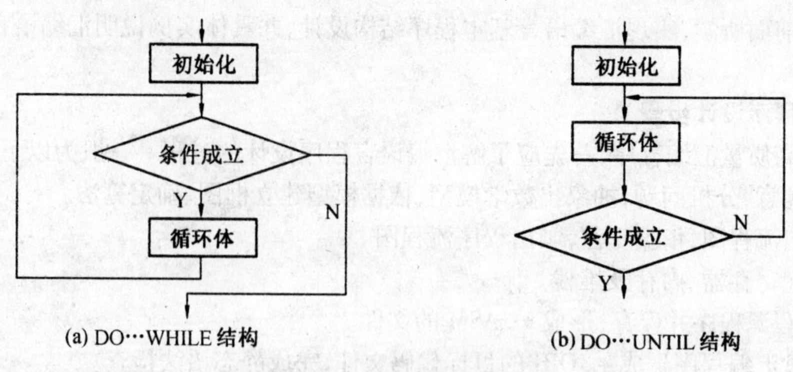

图 6.6 循环程序结构

6.3.1 顺序程序设计

【例 6.23】将非压缩 BCD 码转换为 ASCII 码。

分析:非压缩 BCD 数是一个字节存储一位十进制数,其中高 4 位存 0,低 4 位存 BCD 码。一位 BCD 数 0 ~ 9 对应的 ASCII 码为 30H ~ 39H。只要将数据与 30H 进行或运算即可。

```
DATA    SEGMENT
          X DB 03H
          Y DB ?
DATA    ENDS
CODE    SEGMENT
        ASSUME CS:CODE,DS:DATA
START:  MOV AX      ,DATA
        MOV   DS    ,AX
        MOV AL      ,X          ;取转换的数据 X→AL
        OR    AL    ,30H         ;AL^30H→AL
        MOV    Y    ,AL          ;保存转换结果
        MOV AH      ,4CH
        INT   21H
CODE    ENDS
        END START
```

程序执行前

```
0B6D:0000  03 00 00 00 00
```

程序执行后

```
0B6D:0000  03 33 00 00 00 00
```

【例 6.24】某班 10 名学生的成绩按学号顺序排列在 TAB 表中(学生学号从 1 开始,按升序排列),要查的学生学号放在 NUB 中,编写程序实现学生成绩的查询,将查出的成绩放在 SCORE 中,并将该生成绩显示出来。

(1)分析:根据题意,可用查表指令(换码指令)来实现,将学生的成绩预先存放在一个表中(学生的成绩为 BCD 码格式),该表的名称为 TAB,将 TAB 表的首地址送入 BX 寄存器中,将变量赋值为 AL 寄存器。然后使用换码指令完成查询操作。

(2)程序的基本结构框图见图 6.7 所示。

```
DATA        SEGMENT
            TAB DB 68H,78H,42H,56H,89H,43H,76H,74H,55H,91H
            NUB   DB 6
            SCORE DB?
DATA        ENDS
CODE        SEGMENT
            ASSUME CS:CODE,DS:DATA
START:      MOV AX          ,DATA
            MOV DS          ,AX
            LEA BX          ,TAB            ; 取表首
            MOV AL          ,NUB            ;取要查找学生学号
            DEC   AL                        ;修正偏移量
            XLAT TAB                        ;查表求数
            MOV SCORE       ,AL             ;存数
            MOV DL          ,AL             ;显示成绩高十位
            AND DL          ,0F0H
            MOV CL          ,4
            SHR DL          ,CL
            ADD DL          ,30H
            MOV AH          ,02H            ;调用02号功能输出显示
            INT             21H
            MOV DL          ,SCORE          ;显示成绩个位
            AND DL          ,0FH
            ADD DL          ,30H
            MOV AH          ,02H            ;调用02号功能输出显示
            INT 21H
            MOV AH          ,4CH
            INT 21H
CODE        ENDS
          END START
```

(3)源程序

程序执行前:

```
0B6E:0000  68 78 42 56 89 60 76 78-55 91 06 00 00 00 00 00
```

程序执行后

```
60
Program terminated normally
```

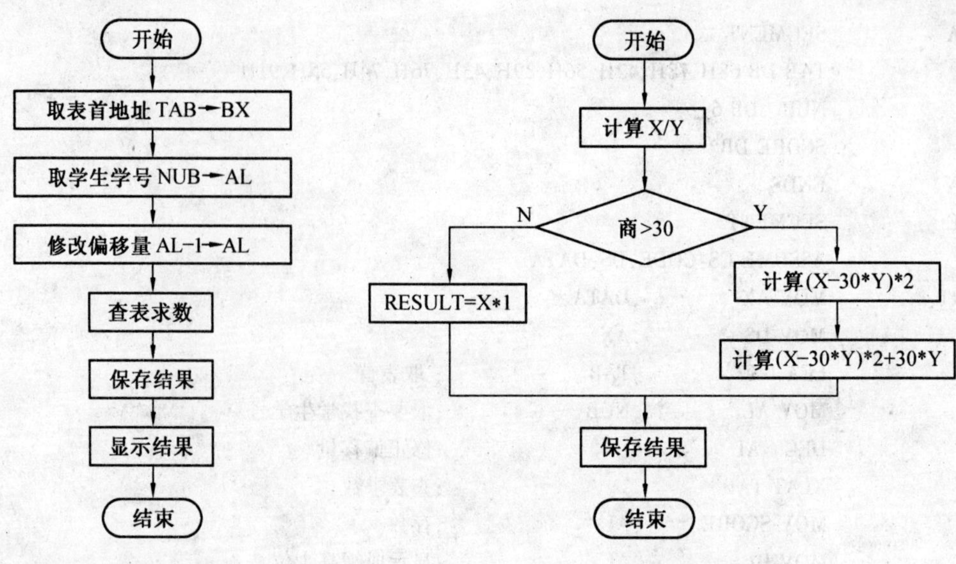

图 6.7　例 6.24 程序流程图　　　　图 6.8　例 6.25 流程图

6.3.2　分支程序

1. 单分支程序设计

【例 6.25】家庭人均用电 30 度以下(含 30 度),按 1 元收费,超过部分,则按 2 元收费。总用电量在 X 中,家庭成员数在 Y 中,家庭需缴纳的总费用保存于 RESULT 中。

(1)分析:本题为典型的双分支结构 X/Y(取整)≤30,则家庭需交总费用为 x * 1;若 X/Y(取整)>30,在家庭需交总费用为(X-30 * Y) * 2+30 * Y。

(2)程序流程结构见图 6.8。

(3)源程序

```
DATA        SEGMENT
            X DW 76H
            Y DB 03H
            Z DB 30
            RESULT DW ?
DATA        ENDS
CODE        SEGMENTASSUME CS:CODE,DS:DATA
START:      MOV,AX        ,DATA
            MOV DS        ,AX
            MOV AX        ,X
            IDIV    Y               ;计算 X/Y,人均用电量
            CMPAL         ,30       ;人均电量是否高于 30
            JA            GAO       ;高于 30 则跳到 GAO 处,
                                    ;计算家庭总电费量(X-30 * Y) * 2+30 * Y
            MOV AX        ,X        ;不高,则顺序执行,计算家庭总电费量 X * 1
            MOV BL        ,1
            MUL BL
```

```
            JMP          JIAOFEI ;跳转到保存需交纳的总电费量 JIAOFEI 处
GAO:        MOV AL       ,Z      ;计算(X-30 * Y) * 2+30 * Y
            MUL Y
            MOV BX       ,AX
            SUB X        ,AX
            MOV AX       ,X
            MOV CL       ,2
            MUL CL
            ADD AX       ,BX
IAOFEI:     MOVRESULT    ,AX     ;保存总费用
            MOV AH       ,4CH
            INT 21H
CODE        ENDS
            END START
```

执行前

```
1408:0000  76 00 03 1E 00 00 00 00-00 00 00 00 00 00 00 00
```

执行后

```
1408:0000  1C 00 03 1E 92 00 00 00-00 00 00 00 00 00 00 00
```

2. 多分支程序

【例6.26】从键盘上接收0~9的任意一个字符,输入“0”,转到分支程序PRG0处理,屏幕输出对应的数字;输入“1”,转到分支PRG1处理,以此类推,输入“9”,转到分支PRG9处理,编程实现该过程。

(1)分析:

对于键盘输入的数据是否是0~9,需要进行判断,当输入的字符不在0~9的范围内,则需显示错误信息。对0~9的判断,是判断接收的字符的ASCII码是否在30H~39H范围内,需要3条分支程序,实现该判断。在0~9范围内,需要10个条件分支,实现题目要求功能。

(2)源程序

```
DATA        SEGMENT
            TAB DB‘PLEASE   INPUT 0~9 : $’
            ERROR DB 0AH,0DH,INPUT ERROR!  $´
            RESULT DB  0AH,0DH‘´YOU INPUT THE KEY  $’
DATA        ENDS
CODE        SEGMENT
            ASSUME CS:CODE,DS:DATA
START:      MOV AX            ,DATA
            MOV DS            ,AX
            LEA DX            ,TAB
            MOV AH            ,09H
            INT 21H
            MOV AH            ,01H
            INT 21H
            CMP AL            ,30H
```

```
        JB ERR
        CMP AL      ,39H
        JA  ERR
        CMP AL      ,30H
        JE PRG0
        CMP AL      ,31H
        JE  PRG1
        CMP  AL     ,32H
        JE PRG2
        CMP AL      ,33H
        JE PRG3
        CMP AL      ,34H
        JE PRG4
        CMP AL      ,35H
        JE PRG5
        CMPAL       ,36H
        JE PRG6
        CMP  AL     ,37H
        JE PRG7
        CMP AL      ,38H
        JE PRG8
        CMPAL       ,39H
        JE PRG9
ERR:    LEA DX      ,ERROR
        MOV AH      ,09H
        INT 21H
PRG0:   LEA DX      ,RESULT
        MOV AH      ,09H
        INT 21H
        MOV DL      ,30H
        MOV AH      ,02H
        INT 21H
        JMP EXIT
PRG1:   ……
        MOV DL      ,31H
        ……
        JMP EXIT
PRG2:   ……
        MOV DL      ,32H
        ……
        JMP EXIT
PRG3:   ……
        ……
```

```
PRG9:       ……
            MOV DL          ,39H
            ……
            JMP EXIT
EXIT :      MOV AH          ,4CH
            INT 21HCODE     ENDS
            END START
```

执行程序结果：

```
PLEASE  INPUT 0~9 :6
YOU INPUT THE KEY 6
Program terminated normally
```

这段代码采用的是逻辑分解法，容易看懂，但重复代码太多。除了出错情况外，其他 10 个分支情况基本一致，因而可以考虑采用跳转表法来解决这 10 个分支的问题。

跳转表法可分为转移表法和地址表法。转移表法是在程序的代码段中建立一个多分支的转移指令表，根据转移指令表的首地址，计算出跳转地址（地址计算公式，跳转地址 = 编号 * 2 + 转移指令表首地址），即转移指令表中的一条转移指令所在地址，从而通过执行另一条跳转指令进入一个分支处理；地址表法则是在程序的数据段中建立一张各分支程序段的入口地址表，通过各种不同的寻址方式找到地址表中的相应地址进行跳转。使用转移表法或地址表法可以使程序结果简单，转移次数少，到达各分支所需的时间一致。

6.3.3　循环程序设计

1. 单重循环程序设计

【例 6.27】 计算数组 TAB 的累加和及平均整数并存入内存字变量 SUM 和 AVER 中。

（1）分析：本题的关键是求数组元素之和，求和的循环控制条件可用数组长度进行控制，求出数组的和之后，再用和除以数组中数据元素个数，即数组的长度。

（2）程序流程如图 6.9 所示：

（3）源程序

```
DATA        SEGMENT
            TAB  DW 10H,20H,30H,40H,50H,60H,70H,80H,90H ;定义数据
            LEN EQU ( $ -TAB)/2                      ;数组长度
            SUM DD   ?                               ;保存和的结果
            AVER DW ?                                ;保存平均值
DATA        ENDS
CODE        SEGMENT
            ASSUME CS:CODE,DS:DATA
START:      MOV AX          ,DATA
            MOV DS          ,AX
            LEA SI          ,TAB;求表首地址
            XOR  AX         ,AX                      ;清 AX ,保存和的低 16 位
```

```
        XOR   DX        ,DX                 ;清 DX,保存和的高 16 位
        MOV   CX        ,LEN                ;数组长度赋给 CX
L1:     ADD AX          ,[SI]               ;求累加和
        ADC DX          ,0
        INC   SI                            ;修改地址指针,
        INC   SI                            ;数组为字数组地址+2
        LOOP L1
        MOV WORD PTR [SUM+2],DX             ;保存和高 16 位
        MOV CX          ,LEN                ;取数组长度,即除数,赋给 CX
        DIV   CX                            ;计算平均值(DX:AX)/CX
        MOV AVER        ,AX                 ;保存平均值
        MOV AH          ,4CH
        INT   21H
CODE    ENDS
        END             START
```

执行程序,结果:和为 2D0H,平均值为 50H。

```
1441:0000  10 00 20 00 30 00 40 00-50 00 60 00 70 00 80 00
1441:0010  90 00 D0 02 00 00 50 00-00 00 00 00 00 00 00 00
```

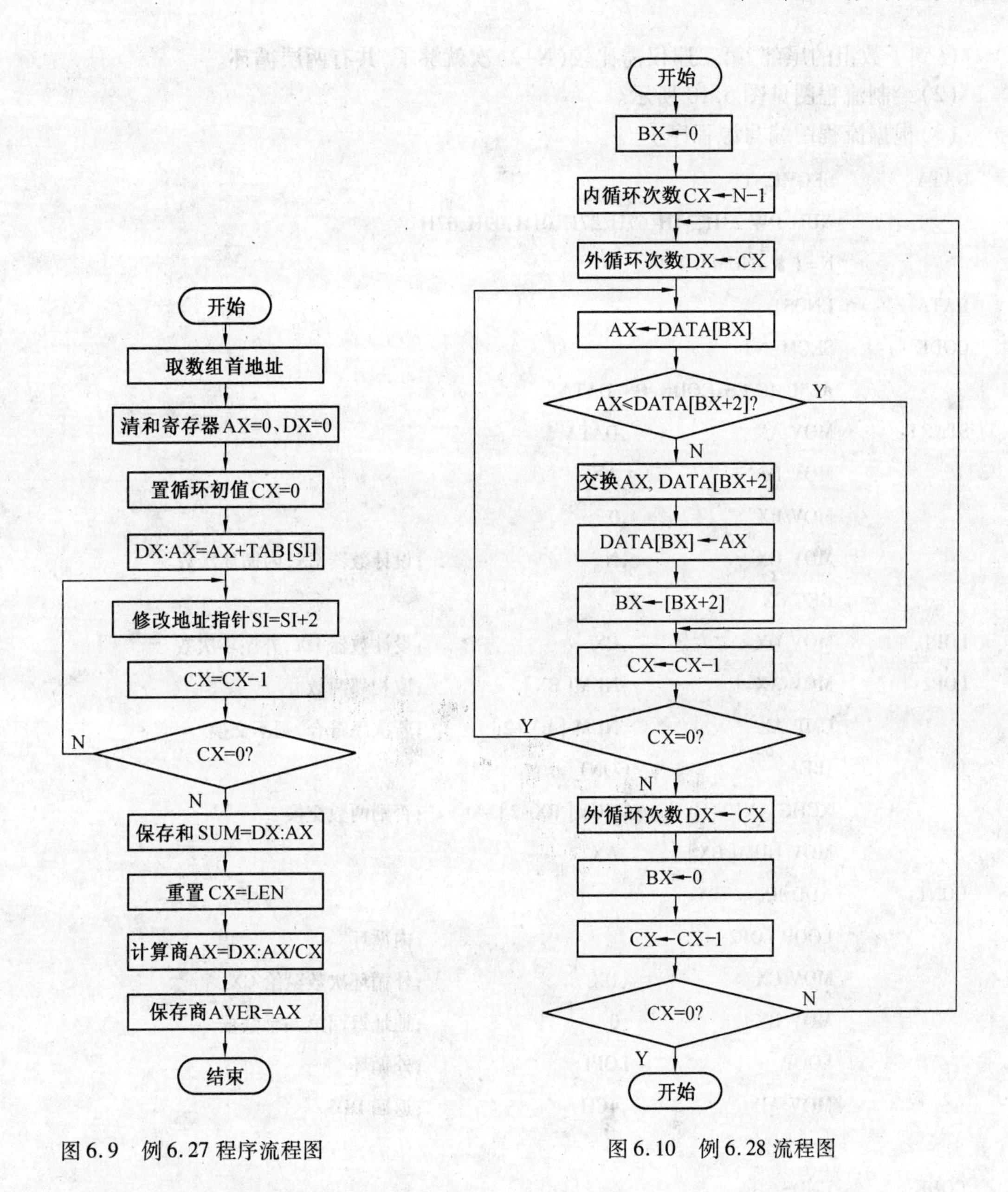

图6.9　例6.27程序流程图

图6.10　例6.28流程图

2. 多重循环程序设计

多重循环是指循环程序体内还有一个或多个循环结构的程序。多重循环设计时应注意:

(1)设置各重循环的初始状态;

(2)注意内外循环的嵌套,内外循环不能不能交叉循环;防止死循环的发生,即不能让循环回到初始状态,否则会引起死循环。

【例6.28】设某一数组的长度为N,各元素为字数据,试编制一个程序使该数组中的数据按照从大到校的次序排列。

(1)分析:设数组放在以NUM开始的存储区中,采用冒泡排序算法。从第一数据开始相邻的数进行比较,若次序不对,两数交换位置。第一遍比较(N-1)次后,最大数已到了数组的尾部,第二遍仅需比较(N-2)次就够了,共有两层循环。

(2)绘制流程图见图6.10所示。

(3)根据流程图编写源程序

```
DATA      SEGMENT
          NUM DW 23H,34H,67H,87H,01H,09H,67H
          N=( $-NUM)/2
DATA      ENDS
CODE      SEGMENT
          ASSUME CS:CODE,DS:DATA
START:    MOV AX        ,DATA
          MOV DS        ,AX
          MOV BX        ,0
          MOV CX        ,N              ;设计数器CX,内循环次数
          DEC CX
LOP1:     MOV DX        ,CX             ;设计数器DX,外循环次数
LOP2:     MOV AX        ,NUM[BX]        ;取相邻两数
          CMP AX        ,NUM [BX+2]     ;若次序符合,则不交换
          JBE           CONT
          XCHG AX       ,NUM[BX+2]      ;否则两数交换
          MOV NUM[BX]   ,AX
CONT:     ADD BX        ,2
          LOOP LOP2                     ;内循环
          MOV CX        ,DX             ;外循环次数赋给CX
          MOV BX        ,0              ;地址返回第一个数据
          LOOP          LOP1            ;外循环
          MOV AH        ,4CH            ;返回DOS
          INT 21H
CODE      ENDS
          END START
```

执行前

```
1408:0000  23 00 34 00 67 00 87 00-01 00 09 00 67 00 00 00
```

执行后

```
1408:0000  01 00 09 00 23 00 34 00 67 00 67 00 87 00 00 00
```

6.3.4 子程序的设计与返回

子程序又叫过程,是程序设计中经常用到的设计方法,可使程序简化。可将输入、输出过

程、特殊的处理程序等设计为子程序的形式。实现程序的模块化。

1. 子程序的结构定义

过程名 PROC [NEAR/FAR]

过程体

RET

过程名 ENDP

其中过程名为符合标识符定义的任意名字，实际上是子程序的入口地址；PROC 为过程定义伪指令，表示过程开始，ENDP 为过程结束，成对出现；NEAR/FAR 是过程的属性操作符，缺省时为 NEAR，当调用程序和子程序在一个程序段时，属性选择 NEAR，不在同一个程序段时，应选择 FAR；过程体是子程序的主体，实现完成的功能；过程体内必须有一条 RET(return)返回指令，以便子程序返回主程序。汇编程序不会通过 ENDP 实现子程序的返回，而是通过 RET。

2. 子程序的调用与返回

子程序的调用与返回通过 CALL 和 RET 实现。当主程序需要调用子程序时，应用 CALL 指令实现。CALL 指令后为子程序的入口地址。同时将断点地址压入堆栈进行保护，将子程序的入口地址赋给 IP(段内)和 CS(段间)。进入子程序，执行完成，则应用 RET 指令返回主程序，同时将保护的断点内容重复赋给 IP 和 CS。

需要注意的是：

(1)在子程序中用到的寄存器在执行子程序之前应进行保存，执行完子程序后再恢复。

(2)堆栈的使用，进行子程序设计时，首先要设置堆栈，保证堆栈的长度；应用堆栈保存断点信息；保护主、子程序要均使用的寄存器；应用堆栈实现参数的传递；保持堆栈指针的平衡，即压入、弹出的内容必须对应等。

3. 子程序的参数传递

主程序和子程序之间需要进行参数的相互传递。主程序向子程序传递的参数称为子程序的入口参数，子程序向调用它的程序传递的参数称为子程序的出口参数。通常使用4种方法实现过程的参数传递。即：寄存器参数传递、存储器参数传递、堆栈参数传递、地址表传递变量地址。

(1)寄存器传送

寄存器传送是最常用、最简单的参数传送实现方法。调用程序将参数置入寄存器中，进入子程序后，子程序使用这些寄存器便获得了参数。这种方法受到寄存器数目的限制，用于传送参数不多的情况，但该方法参数传递速度快。

(2)存储器传送

在数据段内设置要传送的数据变量，主程序把要传送的参数置入这些数据变量，子程序对这些数据变量直接访问便获得了参数。为了能正确的实现参数传送，主程序在调用前必须把要处理的数据按约定的格式要求送入缓冲区，子程序必须按约定的格式要求来处理这些数据变量。

(3)堆栈传送

堆栈传递也是通过存储器来实现参数传递的，这里的存储区是指堆栈段。主程序在调用子程序前用 PUSH 指令将参数地址压入堆栈；进入子程序后再用基址指针寄存器 BP 从堆栈中取出这些参数地址送寄存器,再过寄存器间接寻址方式访问所需变量。

(4)地址表传送

地址表传送也是采用存储器来实现参数传递的。具体方法是在数据段内设置地址表,存放待传送的参数。将地址表指针传到子程序中去,通过地址表取得所需参数,这种方法实质是固定缓冲区传送的间接寻址过程。主程序把要传送的参数置入地址表中,子程序通过地址表便获得了参数。为了能正确的实现参数传送,主程序在调用前必须把要处理数据地址按约定的格式要求送入地址表,子程序必须按约定的格式要求来间接访问这些数据变量。一般情况下子程序与调用它的主程序也应安排在同一模块内,便于子程序和调用它的主程序直接访问地址表。

3. 子程序的嵌套与递归

(1)子程序嵌套

在一个子程序中又调用另一个子程序,称为子程序的嵌套,嵌套的层次理论上不限,但会受到堆栈容量的限制,其嵌套层数称为嵌套深度。

子程序嵌套调用时,注意正确使用 CALL 和 RET 指令,注意保护和恢复寄存器,正确使用堆栈,保证子程序正常返回。

(2)子程序递归调用

当子程序嵌套调用时,如果一个子程序调用的另一个子程序就是它自身,称为递归调用,这样的子程序称为递归子程序。递归调用需要用堆栈来传递参数。

设计递归子程序的关键是:每次调用时将入口/出口参数、寄存器内容及所有的中间结果保存在堆栈中,并且必须保证每次调用都不破坏以前调用存放在堆栈中的所有数据,当达到递归结束条件时,再一层层从堆栈中弹出递归调用时保存的参数与之间结果,完成递归计算和操作。

【例 6.29】主程序压入堆栈 3 个数 100,200,300 及数的个数。调用过程访问堆栈,求 3 个数的平均值并将其送入 AX 中,然后调用另一过程将其以十进制形式输出。

(1)分析:AVERAGE_N 通过堆栈获取数的个数和每个数,然后将平均值送入 AX 中,过程 OUTPUT_PROC 将 AX 中二进制数转化为十进制数并输出。

(2)源程序

```
          NAME LI6_25
CODE      SEGMENT
          ASSUME CS:CODE
START:    MOV AX        ,100
          PUSH AX
          MOV AX        ,200
          PUSH AX
          MOV AX        ,300
          PUSH AX
          MOV AX        ,3
```

```
                PUSH AX
                MOV AX          ,0
                CALL            AVERAGE_N
                CALL            OUTPUT_PROC
                MOV AH          ,4CH
                INT 21H
AVERAGE_N       PROC                    ;过程 AVERAGE_N 求 3 个数的平均数,余数忽略
                MOV BP          ,SP
                MOV CX          ,[BP+2]
                MOV BX          ,CX
                MOV SI          ,2
AVERAGE _ N _   INC SI
LOP1:
                INC SI
                ADD AX          ,[BP+SI]
                LOOP            AVERAGE_N_LOP1
                DIV             BL
                MOV AH          ,0
                RET   8
AVERAGE_N       END
DISPLAY         PROC
                OR    DL        ,30H
                MOV AH          ,02H
                INT21H
                RET
DISPLAY         ENDP
OUTPUT_PROC     PROC                    ;过程 OUTPUT_PROC 将 AX 中数字输出
                PUSH        AX
                PUSH        BX
                PUSH        CX          ;CX 寄存器为标志,
                                          当为 1 时表示找到最高位
                PUSH        DX
                MOV BX      ,10000      ;字节相乘最高为 5 位,先用 10000 除
                MOV CX      ,0
L1:             MOV DX      ,0
                DIV         BX
                PUSH        DX          ;余数入栈
```

```
            CMP CX      ,0          ;判断标志
            JNZ         L3
            CMP AX      ,0          ;判断没有找到最高位时,除法商是否为0
            JZ          L2
            MOV CX      ,1          ;商不为0,表示找到最高位,标志置1
L3:         MOV DL      ,AL
            CALL        DISPLAY     ;输出
L2:         MOV AX      ,BX
            MOV DX      ,0
            MOV BX      ,10
            DIV         BX          ;将BX除以10,找到下一位
            MOV BX      ,AX
            CMP BX      ,0
            POP         AX          ;余数出栈
            JG          L1
            POP         DX
            POP         CX
            POP         BX
            POP         AX
            RET
OUTPUT_PROC ENDP
CODE        ENDS
            END STAR
```

```
-g
200
Program terminated normally
```

6.3.5 汇编语言与高级语言的连接

汇编语言具有执行速度快,占用存储空间小的优点。时常将高级语言与汇编语言进行混合编程。混合编程是一种有效的编程方法,可进行相互调用、参数传递和数据结构共享,有效的发挥了高级语言和汇编语言的特点和优势,提高运行效率。本章简单介绍汇编语言和高级语言 C/C++的混合编程方法。

1. 嵌入式混合编程

(1)格式

在 C/C++程序中,嵌入汇编非常简单,即在需要的地方写上汇编指令,并在嵌入的指令前加上关键字 ASM 或_ _ASM 即可。

格式 1:asm <操作码> <操作数><;换行符>

格式 2:_ _asm<操作码> <操作数><;换行符>

格式 3:_asm{汇编指令}

格式 1 适用于在 C 程序中嵌入汇编指令。

格式 2 和格式 3 适用于在 Visual C++程序中嵌入汇编指令。

嵌入的汇编指令可以用分号“;”结束,也可用换行符结束。一行中可以有多个汇编语句,相互之间用分号分隔,但不能跨行书写。嵌入式汇编语句的分号不是注释的开始,要对语句注释,应使用 C 语言的注释,如/ * … * /。例如:

```
ASM MOV AX,0;               / * AX 清 0,ASM 语句在 C 程序中可以不用分号结尾 * /
ASM ADD AX,BX;              / * 计算 AX 和 BX 的和 * /
ASM PUSH AX;PUSH BX;        / * 3 条语句可以写在一行 * /
```

在 C 程序的函数内部,每条汇编语句都是一条可执行语句,它被编译进入程序的代码段。在函数外部,一条汇编语句是一个外部说明,在编译时被放在程序的数据段中,这些外部数据可以被其他程序引用。

含嵌入汇编语句的 C 语言程序并不是一个完整的汇编语言程序,所以 C 程序只允许有限的汇编语言指令集。在 Turbo C2.0 中,具体说明如下:

①支持 8086 指令集,包括传送、运算、串操作、转移等全部指令。当内嵌 80286 指令时,必须使用 TCC 命令行选项-1 进行编译,以便使汇编程序能够识别这些指令。

②仅支持若干汇编语言伪指令,他们是变量定义伪指令 DB、DW、DD 和外部数据说明伪指令 extern。

③Turbo C 语言中可以直接使用同用寄存器和段寄存器,只要在寄存器名字前加一个下划线即可,但寄存器名字要大写。

④嵌入式汇编语言中,可以使用无条件转移指令、条件转移和循环指令,但它们只能在一个函数内部转移。ASM 语言也不能定义标号,转移指令的目标必须是 C 语言程序的标号。

若要嵌入一组汇编语句,则需要用括号“{”和“}”把它们括起来。

【例 6.30】在 Visual C 环境下利用嵌入式汇编指令,完成对两个 C 变量的求和,结果由 C 程序显示。

```
Main ( )
{
    int sum;
    int var1 =5
    __asm{
    MOV AX,VAR1
    ADD AX,VAR2
    MOV SUM ,AX
    }
printf (“%d’,sum);
}
```

【例 6.31】在嵌入式汇编指令中调用一个 C 函数。

```
Void fun ( )
```

```
{
    printf("this is an example!");
    return;
}
main( )
{
void ( *p)( );
p=fun
asm call p
}
```

(2)嵌入汇编的编译过程

C 语言程序中含有嵌入式汇编语言语句时,C 编译器要完成以下 3 个步骤。

①代码转换:将.C 扩展名源程序的代码转换成.ASM 扩展名的汇编语言代码源文件。

②编译:用默认的汇编程序 TASM.EXE 把产生的.ASM 汇编语言源文件编译成.OBJ 目标文件,TASM 与 MASM 基本相同,也可以在编译的命令行中加上-EMASM 选项用 MASM.EXE 来编译。

③用 TLINK 将目标文件链接成.EXE 可执行文件。

(3)多模块混合编程

模块连接方式是不同程序设计语言之间混合编程常使用的方法。各种语言分别编写,利用各自的开发环境编译形成.OBJ 目标模块文件,然后将它们连接在一起,最终生成可执行文件。但是为了能保证正确连接,各个模块必须都遵守相同的约定规则。

①命名规则

C 语言编译系统在编译 C 语言源程序时,要将其中的变量名、过程名、函数名等标识符签名前加一下划线"_"。例如,C 源程序中的变量 first,编译后变为_first。所以要被 C 语言程序调用的汇编语言源程序中,所有标识符前都要加下划线"_"。但是如果汇编语言程序设置采用 C 语言类型,则不必在标识符前加下划线,而且对标识符的要求是取前 8 个字符有效,还要区分字母的大小写。

②声明规则

在 C 语言程序中,对所要调用的外部过程、函数、变量都要用 EXTERN 来说明,并且要求放在主调用程序之前,一般放在各函数体外部,说明形式如下:

EXTERN 返回值类型 函数名称(参数表);

EXTERN 变量类型 变量名;

其中,"返回值类型"和"变量类型"是 C 语言中函数、变量中所允许的任意类型,当返回值类型空缺时,默认为 INT 型。

```
EXTERN LONG AN (INT,INT);          /* AN 函数返回值为 LONG 型 */
EXTERN BN (INT,INT);               /* BN 函数返回值为 INT 型 */
EXTERN CHAR TEMP;                  /* TEMP 变量为 CHAR 型 */
```

经说明后,这些外部变量、过程、函数可在 C 程序中直接使用,函数的参数在传递过程中要求参数个数、类型、顺序都一一对应。

和纯汇编语言多模块编程要求一样,汇编语言程序的标识符为了让 C 语言程序能够调用它,必须用 PUBLIC 语句定义它们。

③寄存器使用规则

通用寄存器 AX、BX、CX、DX 和 ES,在汇编语言子程序中通常是可以任意使用的,一般传递返回值的任务由 AX 和 DX 寄存器承担。标志寄存器也可以任意改变。

段寄存器 DS、CS、SS、BP、SP,如果汇编子程序要使用它们,必须先进栈保护,退出前再加以恢复。

变址寄存器 SI 和 DI 一般作为 Turbo C 寄存器变量,所以汇编子程序使用 SI 和 DI 时也要进行保护和恢复。但如果 C 程序没有用到寄存器变量,则汇编子程序不必多此一举。

④存储模式规则

Turbo C 提供了 6 种存储模式,分别对应汇编程序的前 6 种存储模式。为了使汇编语言程序与 Turbo C 语言程序能够正确的连接在一起,二者必须就有相同的存储模式。汇编语言采用. MODEL 伪指令,Turbo C 利用 TCC 命令行的选项-m 指定各自的存储模式。相同的存储模式将自动产生相互兼容的调用和返回类型;另外,汇编程序的段定义伪指令. CODE、. DATA 等也会产生与 Turbo C 相兼容的段名和属性。

连接前,C 语言与汇编语言程序都有各自的代码段、数据段;而连接后,它们的代码段、数据段合二为一或彼此相关。应该说明的是,被连接的多个目标模块中,应当有一个并且只有一个具有起始模块。也就是说,某个 C 语言程序中应有 main( ) 函数,汇编语言不用定义起始执行点。由于共用一个堆栈段,混合编程时汇编语言程序无需设置堆栈段。

2. C/C++程序调用汇编源程序

在实际使用中,C/C++与汇编的结合常采用调用的方式,即把汇编程序作为 C 程序的一个子程序来调用。

Turbo C 集成环境调用汇编子程序的过程如下:

(1)编辑汇编源程序 *. ASM 与 *. C 源程序。

(2)C 环境下新建过程文件 *. PRJ。

(3)将已编制的汇编程序与 C 程序添加到过程文件中。

(4)保存工程。

(5)编译。选择 C 环境 Compile 下的 Primary C File 选项,输入 C 程序名。

(6)选择 Project Name 选项,输入工程文件名 *. PRJ。

(7)链接 选择 C 环境 Options 中的 linker 选项,将 Case-sensitive 置为 OFF,即关闭大小写敏感开关。

(8)选择菜单 Compile 中 Make EXE file 选项,生成. EXE 文件。

Turbo C 命令行方式:

(1) 编辑 *. ASM 和 *. C

(2)用宏汇编 MASM 将 *. ASM 汇编为 *. OBJ 文件

(3)用 TCC 命令行方式对 C 程序 *. C 进行编译,生成. OBJ 文件

TCC　- C　*. C

参数-C 表示只编译不链接。

(4)用 Turbo C 的 tlink 对两个目标文件进行连接,生产. EXE 文件。

Tlink lib\c0s democ demo　, * exe, lib\cs

【例 6.32】编制计算一个数组中能被 3 整除的数据之和的子程序,并利用此子程序编制求 A、B、C 三个数组中能被 3 整除的数据之和的主程序,主程序和子程序分别进行编制。

C 语言主程序:

```
extern “c” int  sum (int *s, int n)
main( )
{
    int s=0;
    int a[5]={1,3,5,7,9}
    int b[5]={10,20,30,40,50,60}
    int c[5]={11,22,33,44,55}
    s=sum(a,5)+sum(b,5)+sum(c,5)
    printf(“%d”,s)
}
```

汇编语言子程序:

```
        .MADEL SMAL     ;简化定义
        PUBLIC_SUM
        .CODE
_SUM    PROC
        MOV BP          ,SP
        MOV BX          ,[BP+4]
        MOV CX          ,[BP+6]
        MOV SI          ,0
        MOV DI          ,0
NEXT:   MOV AX          ,[BX+SI]
        MOV DL          ,3
        DIV DL
        TEST AH         ,0FFH
        JNE REPEAT
        ADD DI          ,[BX+SI]
REPEAT: ADD SI          ,2
        LOOP            NEXT
        MOV AX          ,DI
        POP             BP
        RET
_ADD    ENDP
        END
```

行命令方式下的编译、连接和执行过程:

对汇编子程序进行汇编,生产.OBJ的文件,只编译不链接;

对C程序进行编译,生成.OBJ的文件;

对目标文件链接,生成.EXE文件;

运行。

本章小结

本章具体介绍了汇编语言程序设计中涉及的伪指令及汇编程序设计格式。完整段定义方式,程序设计中涉及的变量、标号与表达式的表示方法及使用。说明程序设计的基本方法并给出具体实例阐述4种程序结构设计。简单说明高级语言与汇编语言混合编程方法。重点掌握伪指令与程序设计方法,了解混合编程内容。

汇编语言的表达式包括常数表达式和地址表达式,表达式在汇编时求值。地址表达式的值仅仅表示是一个内存地址。变量和标号具有相同的命名规则和三种属性:即段地址、偏移地址和类型。但类型的含义不同。变量的类型为BYTE、WORD、DWORD、FWORD、QWORD和TBYTE;标号的类型为NEAR和FAR。指令和伪指令是汇编语言构成基础。指令产生可执行代码,由CPU执行。伪指令不可执行,是汇编程器的处理命令,为数据分配内存空间,为汇编器提供程序段的定义与结束。汇编其在汇编每个段时,在缺省的情况下,每个段的偏移地址从0开始,可通过ORG伪指令进行设定。段地址在装入内存时,根据实际的装入值确定。一个完整的汇编程序由若干个段构成,包括代码段、数据段、堆栈段、附加段等。段与段之间无指定顺序。程序设计的基本结构为顺序程序、分支程序、循环程序和子程序四种。四种结构各有特点,通常结合在一起使用实现具体的功能。汇编程序常和高级语言的结合使用解决实际问题,对于简单的结合采用嵌入式汇编即可,但常常使用的是高级语言调用汇编程序的方式。

通过本章的学习,编写一个完整、正确的汇编程序已经不是问题。要掌握汇编技巧必须通过不断的编写与调试才能实现,上机实验调试未尝不是一个好方法。

思考与练习

1.选择题

(1)表示一条指令所在存储单元的符号地址称为( )

A.标号　　B.变量　　C.偏移量　　D.常量

(2)要将A、B两个字符的ASCII码顺序存放在两个连续的字节单元中,正确的语句是( )

A. DB‘AB’　　B. DW ‘AB’　　C. DB 0ABH　　D. DW 0ABH

(3)若有数据定义X DW 100DUP(1,2),则指令MOV BX,LENGTH实现的功能是( )

A. MOV BX,2　　B. MOV BX,200　　C. MOV BX,100　　D. MOV BX,1

(4)在汇编语言程序开发过程中,使用宏功能的顺序是( )

A.宏定义,宏调用　　B.宏定义,宏展开

C. 宏定义,宏调用,宏展开　　D. 宏定义,宏展开宏调用

(5)与MOV BX,OFFSET VAR指令完全等效的指令是( )

A. MOV BX,VAR　　B. LDS BX,VAR　　C. LES BX,VAR　　D. LEA　BX,VAR

(6)INC BYTE PTR [BX]指令中操作数的数据类型是( )

A. 字节　　B. 字　　C. 双字　　D. 四字

(7)段定义时，使用(　)定位类型，则该段必须从小段的边界开始。

A. BYTE　　B. WORD　　C. DWORD　　D. PARA

2. 程序填空题，下列各小题，每一个横线上只能填一条指令，实现各题目要求的功能。

(1)将以 SBUF 开始地址的数据区中的连续 100 个字节数据移动到以 DBUF 为起始地址的数据区中。

```
①________
②________
      MOV CX,100
NEXT: MOV AL,[SI]
      MOV [SI],AL
③________
④________
      LOOP NEXT
EXIT: MOV AH,4CH
      INT 21H
```

(2)设字节数组变量 BUF，元素个数放在字变量 N 中，下面程序的功能是统计 BUF 中整数、0、负数的个数，结构分别放在自变量 COUNT、COUNT+1、COUNT+2 中。

```
      MOV BX,OFFSET BUF
      MOV CX,N
LOP1: MOV AL,[BX]
      CMP AL,0
      JG ZSP
      JL FSP
   ①________
      JMP NEXT
ZSP:②________
JMP NEXT
FSP:③________
NEXT:INC BX
      LOOP LOP1
```

3. 标号和变量有什么属性?

4. 数字返回运算符有哪几种，简述 LENGTH 和 SIZE 的区别。

5. 写出下列变量定义语句 (1)为缓冲区 BUF1 预留 20B 的存储空间

(2)将字符串'ABCD','1234'存放于 BUF2 存储区中

(3)定义变量 A1，所赋的值为某一标号 B1 的偏移地址

(4)定义变量 A2，所赋的值为某一标号 B2 的逻辑地址

6. 试编写一个程序实现将从键盘输入的小写字母用大写字母形式显示出来。

7. 在内存 BUFFER 单元中定义有 10 个 16 位数，试寻找其中的最大值及最小值，并放在指

定的存储单元 MAX 和 MIN 中。

8. 已知数组 A1 中包含有 15 个不相等的整数,数组 A2 中含有 20 个互不相等的整数,试编制一个程序,把既在 A1 又在 A2 中出现的整数存放在以符号地址为 E 开始的内存单元中。

9. 编程实现计算两个数 X 和 Y 最小公倍数的子程序。

10. 用嵌入汇编指令编写一个字符转换函数,实现将 C 语言主程序中的一个字符串内容的所有小写字母转换为大写字母。转换前后的字符串内容由 C 语言主程序打印显示。

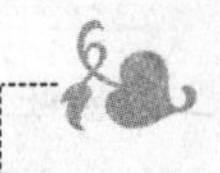

第7章　中　断

学习目标：掌握中断，中断源，中断类型号，中断向量概念。
　　　　　掌握8086中断系统的响应过程。
　　　　　了解中断的软件查询与硬件排队方式。
学习重点：中断向量表，软件中断，硬件中断。
　　　　　DOS和BIOS中断服务程序的调用。

中断技术是计算机应用中的一项重要技术，中断技术源于输入、输出，它是主机内部管理的一种重要手段。它的作用之一是使异步于主机的外部设备与主机并行工作，从而提高整个系统的工作效率。

7.1　中断概述

7.1.1　中断问题的引出

中断是用以提高计算机工作效率的一种重要技术。最初，它只是作为计算机与外设交换信息的一种同步控制方式而提出来的，但随着计算机技术的发展，特别是CPU速度的迅速提高，对计算机内部机制的要求也越来越高，总希望计算机能随时发现各种错误，当出现各种意想不到的事件时，能及时妥善地处理。于是，中断的概念延伸了，除了传统的外部事件（硬件）引起中断外，又产生了CPU内部软件中断的概念。因此，中断是指某种事件发生时，为了对该事件进行处理，CPU中止现行程序的执行，转去处理某种事件的程序（俗称中断处理程序或中断服务程序），待中断服务程序执行完毕后，再返回断点继续执行原来的程序，这个过程称为中断。中断问题在现实生活中也经常遇到，假如你正在给朋友写信，电话铃响了，这时你放下手中的笔去接电话，通话完毕再继续写信，这个过程就表现了中断及其处理。在计算机程序设计中，相对被中断的原程序来说，中断处理是临时嵌入的一段，所以常将被中断的原程序称为主程序，而将中断处理程序称为中断子程序。程序中断处理的示意图如图7.1所示。

中断是现代计算机必须具备的重要功能，应用广泛，具有以下优点。

1. 可以提高CPU的工作效率

CPU有了中断功能可以通过分时操作启动多个外设同时工作，并能对它们进行统一管理。CPU执行人们在主程序中安排的有关指令可以令各外设和它并行工作，而且任何一个外设在工作完成后（例如打印完第一个数的打印机）都可以通过中断得到满意服务（给打印机送第二个需要打印的数）。因此，CPU在和外设交换信息时通过中断就可以避免不必要的等待

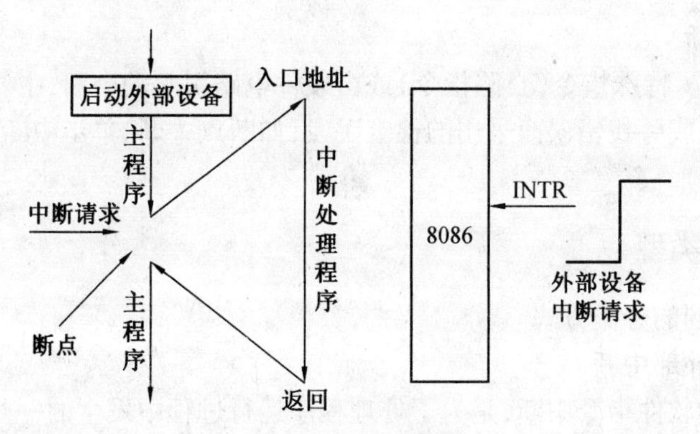

图7.1　中断处理示意图

和查询,从而大大提高了它的工作效率。

2. 可以提高实时数据的处理时效

在实时控制系统中,被控系统的实时参量、越限数据和故障信息都必须被计算机及时采集、处理和分析,以便对系统实施正确调节和控制。因此,计算机对实时数据的处理时效常常是被控系统的生命,是影响产品质量和系统安全的关键。CPU 有了中断功能,系统的失常和故障都可以通过中断立刻通知 CPU,使它可以迅速采集实时数据和故障信息,并对系统做出应急处理。

不同的微型计算机的中断系统虽然各不相同,但中断系统的基本功能是相同的:

(1)能实现中断响应、中断处理(服务)、中断返回和中断屏蔽;

(2)能实现中断优先级排队(管理);

(3)能实现中断嵌套。

7.1.2　中断源

引起中断的原因或发出中断请求的来源,称为中断源。通常中断源有以下几种。

1. 外部设备请求中断

一般的外部设备(如键盘、打印机、A/D 转换器等)在完成自身的操作后,向 CPU 发出中断请求,要求 CPU 为它服务。

2. 故障强迫中断

计算机在一些关键部位都设有故障自动检测装置。如运算溢出、存储器读出出错、外部设备故障、电源掉电以及其他报警信号等,这些装置的报警信号都能使 CPU 中断,进行相应的中断处理。

3. 实时时钟请求中断

在控制中常遇到定时检测和控制,为此常采用一个外部时钟电路,并可编程控制其定时间隔。当需要定时时,CPU 发命令(程序中指令)使时钟电路开始工作,一旦到达规定的时间,时钟电路发出中断请求,由 CPU 转去完成检测和控制等工作。

4. 数据通道中断

数据通道中断又称直接存储器存取(DMA)操作,如磁盘、磁带机或 CRT 等直接与存储器交换数据所要求的中断。

5. 程序自愿中断

这是 CPU 执行了特殊指令(自陷指令)或由硬件电路引起的中断,主要是使用户调试程序时,能检查中间结果或寻找错误而采用的检查手段,如断点中断、单步中断和软中断指令INT n等。

7.1.3 中断类型

中断可以有不同的分类方式。

1. 内部中断和外部中断

内部中断,或称软件指令中断,是为了处理程序运行过程中发生的一些意外情况或调试程序而提供的中断,这些中断的产生与外部无关,是编程人员事先在程序中安排好的,类似于普通子程序的调用;外部中断指由发至 CPU 某一引脚上的信号引起的,也叫做硬件中断,如外设的传输请求中断。

2. 自愿中断和强迫中断

自愿中断又称为程序自中断,一般是在程序中安排专门的指令来调用中断服务子程序;强迫中断对 CPU 来说是随机产生的,这也就是我们一般意义上所说的中断。

3. 向量中断和非向量中断

向量中断是指中断事件自己可以提供中断服务子程序的入口地址;非向量中断的中断事件不能提供中断服务子程序的入口地址。

4. 单重中断和多重中断

单重中断指 CPU 执行中断服务子程序的过程中不能被再打断;多重中断指 CPU 允许中断嵌套。

7.2 中断过程

对于不同的微机系统,CPU 中断处理的具体过程不尽相同,即使是同一台微型计算机,由于中断方式的不同,中断处理也会有差别。但一个完整的中断处理的基本过程应包括:中断请求、中断判优、中断响应、中断处理以及中断返回 5 个基本阶段。

1. 中断请求

这是引起中断的第一步,当外部设备需要 CPU 为其服务时,都必须向 CPU 发送一个“中断申请”信号。外设发出中断申请信号应满足以下条件:

(1)请求中断的外设应通过接口电路在 CPU 的中断请求输入引脚上输入一个符合规定的电平或边沿变化的申请信号。

(2)外部设备已处于就绪状态。例如,输入设备只有在将输入的数据送入接口电路的数据寄存器(即输入数据准备就绪)之后,方可向 CPU 发中断请求。

(3)系统允许该设备发出中断请求,即该中断源未被屏蔽(禁止)。实际上,并不是在任何情况都允许每个设备发出中断请求的。为了有条件的开放外设的中断请求,通常为每个中断源设置一个中断允许触发器(或者称中断屏蔽触发器),用来开放或禁止该设备的中断请求,只有当中断允许触发器被置位时,才允许发出中断申请。不允许发出中断申请的中断称为中断被屏蔽(或被禁止),中断允许触发器的状态(置位或复位)可以由软件设置(管理)。

2. 中断判优

由于中断产生的随机性，有可能出现两个或两个以上的中断源同时提出中断请求的情况。这是就必须要设计者事先根据中断源的轻重缓急，给每个中断源确定一个中断级别，也即中断优先权。这样，在多个中断源同时发出中断请求时，CPU 能找出优先权级别最高的中断源，并首先响应它的中断请求；在其处理完毕后，再响应级别较低的中断源的请求。

中断判优的另一作用是决定是否可能实现中断嵌套。

中断嵌套是指当 CPU 正响应某一中断源的请求，进行中断处理时，若有优先权更高的中断源发出请求，则中断判优电路就允许新的中断源向 CPU 提出中断请求，从而中止正在服务的原中断服务程序，转去为新的中断源服务。在新的中断服务程序处理完毕后，再返回到原中断服务程序断点处继续执行，这种现象叫做中断嵌套。若新发出的请求的中断源优先权较低，则 CPU 对这一新的中断请求暂时不予理睬，直到原中断服务程序处理完成后再响应优先权低的中断请求。

实现了中断嵌套，CPU 即使在处理某一中断源时，也可以响应更重要的中断源的申请。中断嵌套可套三层、四层甚至更多层。一个系统的中断嵌套示意图如图 7.2 所示，三个中断源 C、B、A，每一个中断源都有其相应中断处理程序，中断优先权最高的为中断源 C，中断优先权最低的为中断源 A。其中符号 n(m、I)分别为中断源 A(B、C)申请中断时对应程序的地址，n+1(m+1、I+1)分别为中断源 A(B、C)对应的断点地址。

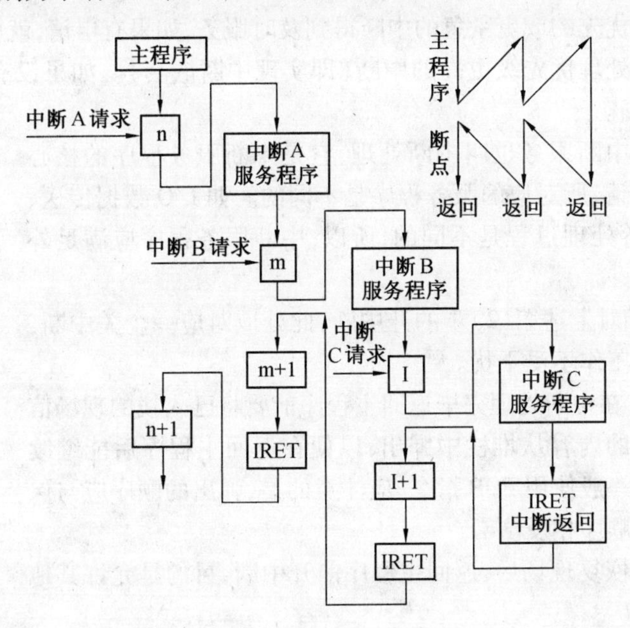

图 7.2　中断程序嵌套示意图

3. 中断响应

CPU 在每执行完一条指令后，均要查询是否有中断请求。但仅有中断请求，还不一定能实现中断，除了优先级别高低的条件外，CPU 内部还有中断允许触发器。如 8086 的 IF 标志位，只有当其为“1”(即开中断)时，CPU 才能响应可屏蔽中断；否则，在其为“0”(即关中断)时，即使有可屏蔽中断请求信号，CPU 也不予响应。这里要注意两点：

(1)CPU 复位时，中断允许触发器都为“0”，即关中断，故在使用中断时，必须用指令来开中断,以使中断允许触发器为“1”。如8086CPU内部的中断允许触发器的状态是由STI和CLI指令改变的。

(2)在CPU响应中断后,就自动实现关中断,因此,要实现中断嵌套,必须在进入中断服务程序后就用指令开中断,否则,中断嵌套就难以实现。

当CPU响应中断时,还会自动进行一些处理,如保护状态标志、保护断点、获得中断服务程序的入口地址等,具体情况因CPU类型不同而有所差异。有了中断服务程序的入口地址即可去执行中断服务程序,进行相应的中断处理。

4. 中断处理(服务)

CPU一旦响应中断,便可转入中断服务程序的执行,中断服务程序的功能与中断源的期望相一致。CPU在中断处理过程中,大致做以下6件事,如图7.3所示。

(1)保护现场　CPU在响应中断时,自动将断点地址和标志寄存器(FR)的内容压入堆栈,为了能在中断服务完毕后顺利返回断点处继续执行原来的程序,在中断服务程序的开头,还必须将中断服务程序中要使用的有关寄存器的内容压入堆栈,以免破坏其原有的内容,这叫做保护现场。实际上保护现场也就是用PUSH指令将相关通用寄存器的内容压栈。不论是哪类中断,其保护现场的工作是相同的。

(2)开中断　CPU接收并响应一个中断后便自动关闭中断,其目的是在中断响应周期不允许其他中断来打扰,以便能正确转入相应的服务程序。但在中断服务阶段允许那些比当前正在被服务的中断更优先的或更紧急的中断得到及时服务,如果有申请,就应该停止对当前服务程序的执行而转去处理优先级更高的中断(即实现中断嵌套)。如果没有更高级的中断请求,则不必在此开中断。

(3)中断服务　中断服务也叫中断处理,它是中断服务程序的核心内容。不同的中断申请,所对应的服务程序是不同的。如I/O数据传送、电源掉电处理、报警等处理过程是不同的,所以,中断服务程序应满足外设的要求。

(4)关中断　相对上述第(2)步的开中断,此处应对应一个关中断,以便下面恢复现场的工作不受干扰。

(5)恢复现场　在中断处理完毕返回主程序前要将已入栈的现场信息即中断前各寄存器的内容从堆栈中弹出,以便在返回主程序后能继续正确地执行主程序。一般使用POP指令,应注意的是,弹出的顺序应与保护现场时压入堆栈的顺序相反。

(6)开中断　在恢复现场后,返回主程序前开中断,目的是允许其他中断能被CPU响应。

由上可知,中断处理实际上是由硬件和软件共同完成的。

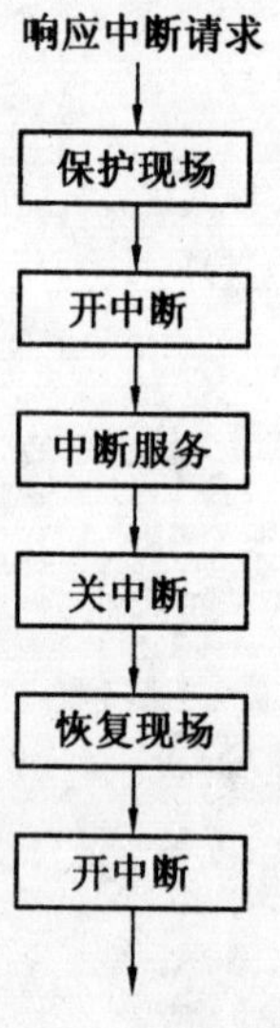

响应中断请求
保护现场
开中断
中断服务
关中断
恢复现场
开中断

图7.3　中断处理(服务)过程

5. 中断返回

中断服务处理程序的最后是中断返回指令(IRTE),执行后CPU会自动地弹出断点信息送给指令指针(如IP和CS),并恢复标志寄存器FR的内容,以便回到断点处继续执行。

原先程序被中断打断,暂时被中止执行,中断返回后CPU依据断点地址信息取得执行原程序。

7.3 中断优先级

7.3.1 中断优先级概述

若中断系统中有多个中断源同时提出中断请求,CPU 先响应谁呢? 中断优先级就是为解决这个问题而提出的。由于中断源种类繁多、功能各异,在系统中的地位、重要性不同,所以要求 CPU 为服务的响应速度也不同。按重要性,速度等指标对中断源进行排队,并给出顺序编号,这样就确定了每个中断源在接受 CPU 服务时的优先等级(即中断优先级)。优先级是用户赋予外部中断源重要性的一个标志,当多个中断源同时向 CPU 发出中断请求时,中断控制逻辑能使 CPU 根据预先规定好的优先级别(重要性),先高后低,顺序进行处理服务。按中断源的轻、重、缓、急安排一个响应各类中断的先后次序称为中断排队。在多中断源的中断系统中,解决好中断排队及中断优先级的控制问题是保证 CPU 能够有序地为各个中断服务的关键。中断优先级控制逻辑要解决如下两个问题:

(1)一个系统中有多个中断源。当在某个时候出现两个或两个以上的中断源申请中断时,中断系统应能判别优先级最高的中断源,并按优先权高低决定响应的次序,CPU 首选响应优先级最高的中断请求,在处理完优先级最高的中断请求以后,再去响应处理其他优先级较低的中断源的请求。中断优先级是依据它们的重要性事先规定好的。

(2)在低优先级中断源发出中断申请,且得到 CPU 的响应,CPU 正在对其进行服务时,若有优先级更高的中断源提出中断请求,则中断控制逻辑能控制 CPU 暂时搁置进行中的中断服务,转而执行高优先级的中断处理程序。

在微型计算机系统中,中断优先级的识别采用软件查询、硬件排队和可编程中断控制器三种方法。

7.3.2 软件查询方式

这种中断优先级排队方法在硬件上需要一个输入接口,如图 7.4 所示。各个外设的中断申请信号相"或"后作为中断请求信号送到 INTR,这样任何一个外设都可申请中断。中断优先级为 A、B、C,其中 A 优先级最高,C 优先级最低。外部设备通过输入接口中断源寄存器可以输入外部设备的状态,相应位为"1"时则对应的设备有中断请求,相应位为"0"时则对应的设备无中断请求,中断源寄存器的地址为 310H。利用软件程序来实现中断排队,程序设计时先查询优先级高的外设 A,再查询 B,最后查询 C。软件程序查询的流程图如图 7.5 所示。用软件查询方式很简单,只是在查询程序中根据查询顺序来确定优先级,在硬件上未作硬性规定。例如某个中断源的状态先被查询,若该中断源已提出了中断请求,那么它就首先被响应,其优先级最高;若该中断源未提请求,则依次查询下一个中断源。先查询哪一个,后查询哪一个,这完全是由程序员来决定的。因此可以通过编程,根据需要灵活地改变查询顺序,以便动态调整各个中断源的优先级。

软件查询中断优先级方法优点是硬件简单、程序层次分明,只要改变程序中的查询次序即可改变外设的中断优先级而不必变更硬件连接,其主要缺点是速度太慢(从 CPU 响应中断到进入 I/O 中断服务程序的时间较长),实时性差,特别是当中断源较多时尤为突出。另外软件

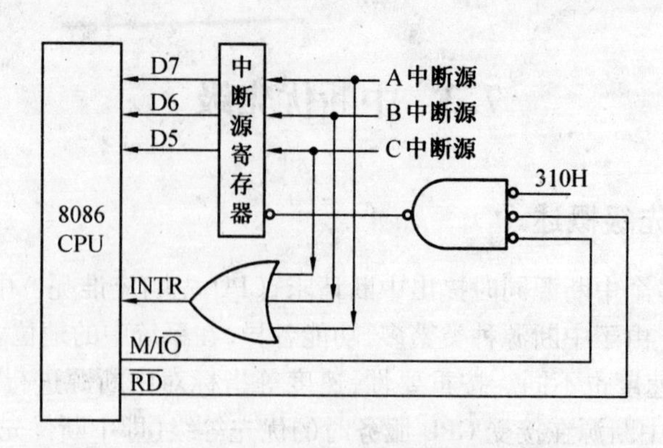

图 7.4　软件查询接口图

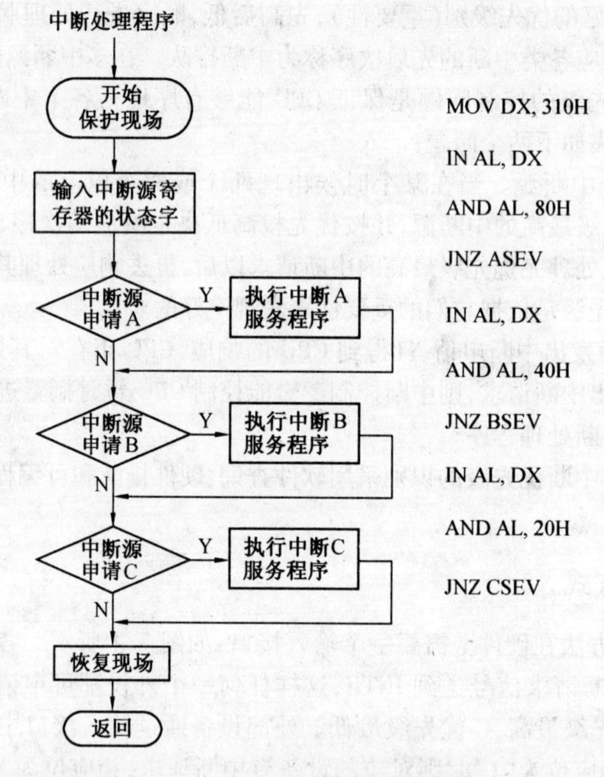

图 7.5　软件查询流程图

查询要占用 CPU 时间，降低了 CPU 的使用效率。

7.3.3　硬件排队

硬件排队是指利用专门的硬件电路或中断控制器对系统中各中断源的优先级进行安排。下面把两种情况作一介绍。

1. 硬件排队电路

在硬件排队逻辑中，各个中断源的优先级由连线固定下来，例如，各个中断源可以通过各自独立的请求线向 CPU 提出中断请求。在这种情况下，可以用每一个来自中断源的请求信号封锁它后面的其他请求，组成排优逻辑，在提出请求的中断源中，只有优先级最高者才能将其请求信号送到 CPU,其余请求均被封锁。

为了减少硬件代价,各个中断源也可以通过公共的请求线,向 CPU 传送请求信号,CPU 在接到请求信号后,只知道有请求提出,但并不知道是哪一个或哪几个中断源提出了请求,因此需要发出信号(例如回答信号$\overline{INTA}$)识别中断源。回答信号的传送通路构成了优先排队线路,如广泛应用的菊花链结构(图 7.6),在每个外设对应的接口上连接一个控制逻辑电路,这些逻辑电路称为菊花链。在这种结构中,各个请求汇集于公共请求线,向 CPU 送出公共请求信号 INTR。CPU 响应时,将回答$\overline{INTA}$首先发到优先级最高的设备,即菊花链中离 CPU 最近的设备。当一个接口有中断请求时,如果 CPU 允许中断,则会发出低电平的$\overline{INTA}$信号,如果级别较高的外部设备没有发出中断请求信号,那么这一级中断逻辑电路会允许中断回答信号$\overline{INTA}$原封不动的往后传,这样$\overline{INTA}$信号就可以送到发出中断请求的接口,当该接口收到$\overline{INTA}$信号后,撤销中断请求信号,随后往总线上发送中断类型号,CPU 依据中断类型号查表,取得入口地址,执行中断服务程序。另一方面,如果某一个外设发出了中断请求信号,则本级的中断逻辑电路就后面的中断逻辑电路实行阻塞,因而$\overline{INTA}$信号不再后传。因此各中断源的优先级由它们的链中的位置决定,距离 CPU 越近,优先级越高。

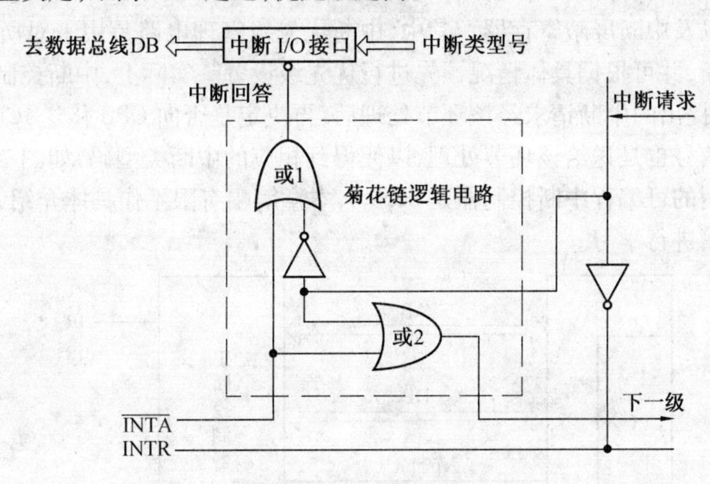

图 7.6 菊花链结构图

图 7.7 为菊花链硬件排队电路图,在菊花链中或门 2 有一个申请,其后向下传递信号均为 1,即$\overline{INTA}$信号被堵塞,只有 A 设备可以发出中断类型码。中断优先级次序为:A 设备、B 设备、C 设备。A 设备的优先级最高,C 设备的优先级最低。其过程说明如下:

(1)如果 B 设备申请中断,则 B 设备以后的中断响应$\overline{INTA}$不能传递过去,若 A 设备中断请求为 0(无中断请求),$\overline{INTA}$为 0 的信号可传递送到 B 设备,B 设备可截取$\overline{INTA}$信号(两个基本总线周期时间)。

(2)当两个同时申请时,前边可接收到$\overline{INTA}$信号,而后面的接收不到其信号。

(3)但在执行 B 服务时,由 A 发出申请,那么高级中断源同样可接收到相应的$\overline{INTA}$信号,响应中断,打断了低级中断源中断服务,可实现多重中断服务。

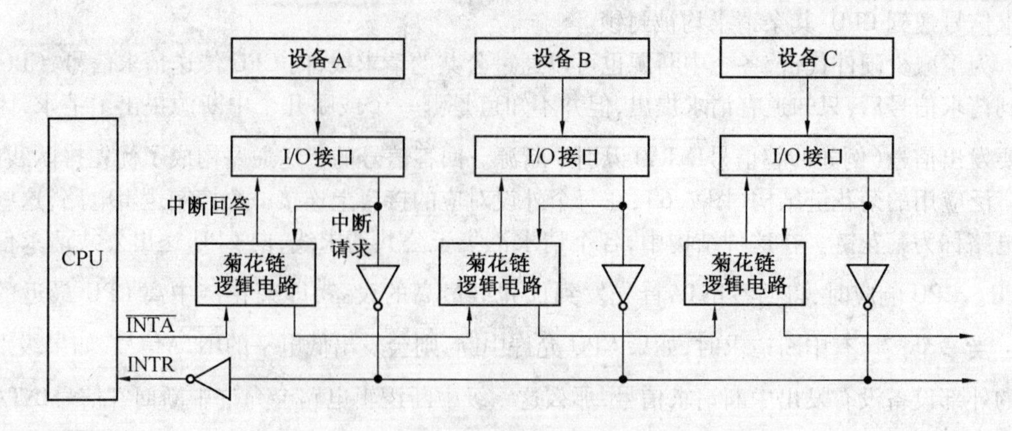

图 7.7 菊花链硬件排队电路

7.3.4 可编程中断控制器

采用可编程中断控制器是当前微型计算机系统中解决中断优先级管理的常用办法。通常,中断控制器包括下列部件:中断优先级管理电路、中断请求锁存器、中断类型寄存器、当前中断服务寄存器以及中断屏蔽寄存器。其中,中断优先级管理电路是用来对所处理的各中断源进行优先级判断,并可根据具体情况预先进行优先级设置。实际上,中断控制器也可以认为是一种接口,外设提出的中断请求经该环节处理后,再决定是否向 CPU 传送,CPU 接受中断请求后的中断响应信号也是送给该环节处理,以便得到相应的中断类型码,如图 7.8 所示。微型计算机中广泛使用的可编程中断控制器是 8259A,本章篇幅有限不作具体介绍,感兴趣的读者可以参考相关书籍进行学习。

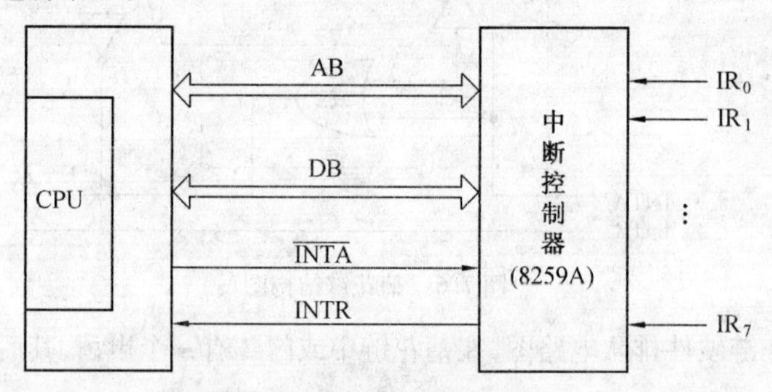

图 7.8 中断控制器的应用

7.4 8086 的中断系统

7.4.1 8086 的中断结构

8086 的中断系统功能很强,机构简单而且灵活。它可以处理 256 种不同类型的中断源,每一种中断源都规定有一个唯一的中断类型编码。CPU 根据中断类型编码来识别不同的中断源。

中断源可分为硬件中断和软件中断两大类,如图7.9所示。

硬件中断是由外部硬件产生的,也称为外部中断。它又可分为非屏蔽中断和可屏蔽中断。非屏蔽中断通过CPU的NMI端引入,不受内部中断允许标志位IF的屏蔽,一般在一个系统中只允许一个非屏蔽中断。可屏蔽中断是通过CPU的INTR端引入,它受CPU内部中断允许标志位IF的控制。只有在IF=1时,CPU才能响应中断源的请求。当IF=0时,中断请求被屏蔽。通常在一个系统中,通过中断控制器(8259A)的配合,可屏蔽中断可以有一个或多个。

软件中断(内部中断)是由CPU根据软件的某些指令或者软件对标志寄存器某个标志位的设置而产生的,由于它与外部中断电路完全无关,所以也称作内部中断。

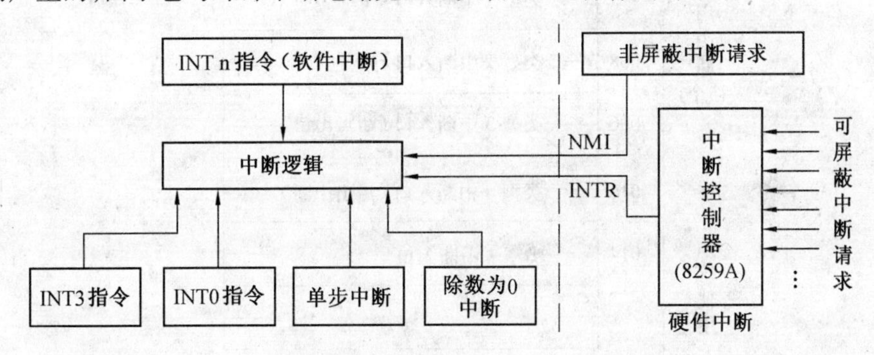

图7.9 8086中断源分类

软件中断通常由三种情况引起:一是由中断指令INT n引起的中断,二是由CPU的某些运算错误引起的中断(如除法出错、溢出等);三是由调试程序DEBUG设置的中断,如单步中断、断点中断等。所有的内部中断都为非屏蔽中断。

7.4.2 中断向量表的组成及功能

在程序执行过程中无法知道何时会出现中断请求,也就不能通过现行程序对中断事件进行处理。对于每个中断源都有一个中断处理程序,存放在内存中,每个中断处理程序都有一个入口地址。CPU只需取得处理程序的入口地址便可转到相应的处理程序,因此关键问题是如何组织服务程序的入口地址。

中断向量即中断服务程序的入口地址,用两个字表示,低字为入口地址的偏移地址,高字为入口地址的段基址。将所有中断源的中断向量集中存储在内存的指定空间内,这样一个指定的存储区称为中断向量表。每个中断向量对应一个中断类型码,中断向量表表明了中断类型码和中断服务程序的入口地址之间的联系。

8086的中断系统规定中断类型码用8位二进制表示,因此最多有256个中断向量。中断向量表建立在内存空间中最低1 K地址,地址从00000H~003FFH。

中断向量表中按照中断类型的序号依次地有规则存放中断向量。中断向量在中断向量表中的存放地址称为中断向量地址指针。在中断响应时,CPU把中断类型码乘以4,由此取得该中断源的中断向量地址指针,依据该指针可从中断向量表中取出两个字分别送入IP和CS。例如,中断类型码为24H的中断源,其中断向量地址指针为24H×4=0090H,即在0000:0090H开始的单元依次存放该中断源的中断服务程序入口地址。若00090H~00093H中的内容分别是01H、36H、B7H、5CH,则该中断源的中断服务程序入口地址为5CB7H:3601H。反过来,若中断类型码42H的中断向量为1234H:5678H,则中断向量表中从00108H~0010BH这4个单元内应依次存放78H、56H、34H、12H。图7.10为8086的中断向量表,表中表示了中断类型码与中断向量地址指针的对应关系。

值得注意的是,中断类型码只能决定存放中断向量的地址,而不能决定中断向量本身以及中断服务程序的功能。中断服务程序及中断向量是程序员设计确定的。

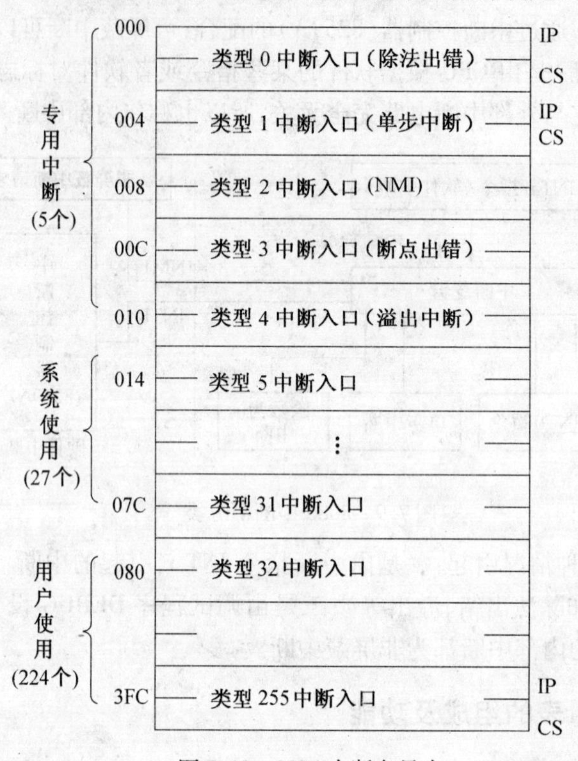

图7.10 8086中断向量表

由图7.10所示的中断向量表可知,8086系统的256个中断明确地分为三大类:

第一类是专用中断,它们对应于类型0~类型4,它们已有明确的定义和处理功能,分别对应于除法出错、单步中断、不可屏蔽中断、断点中断和溢出中断。系统已有定义,用户是不能修改的。

第二类是从类型5~类型31共27个中断,是系统保留的中断,是提供给系统使用,这些中断中,有的没有使用,但是为了保持系统之间的兼容性以及将来Intel系统的兼容,用户不能对这些中断进行自行定义。

第三类是从类型32~类型255共224个中断,占用向量表中080H~3FFH共896个字节,这类中断原则上是可以由用户定义。可定义为软件中断,由INT n指令引入,也可以是通过INTR引脚直接引入,或者是通过中断控制器8259A引入的可屏蔽中断,使用时用户要自行装入响应的中断向量(即入口地址)。不过,在这类中断类型号中,有的系统分配有固定的用处,如类型号为21H的中断已定义为操作系统MS-DOS的系统调用。类型号为20H~3FH为DOS软中断(即DOS中断调用)。

需要说明的是,中断向量表虽然设置在RAM的低位存储区(第0段中的0H~03FFH单元)内。但它并非常驻内存,而是每次开机上电后,在系统正式工作之前都必须对其进行初始化,即由程序将相应的中断服务程序的入口地址装入指定的中断向量表区中。PC系列各机型启动过程中,首先由ROM BIOS自测试代码对ROM BIOS控制的中断向量进行初始化装入。对8086系统,仅仅装入0H~1FH共32个中断向量。对于80286以上的CPU,系统装入0H~77H共120个中断向量。若用户自行开发的应用程序采用INT n形式调用,则要自己将中断服务程序入口地址装入中断向量表中所选定的单元中。

7.4.3 软件中断

软件中断也叫内部中断,是由CPU内部所引起。引起软件中断大致有两种情况:由中断指令INT n引起的中断,由CPU的某些运算错误(如除法出错等)引起的中断或由调试程序DEBUG设置的中断(也称为处理器专用中断)。

1. 处理器专用中断

处理器专用中断也就是由CPU的某些运算错误引起的中断。CPU在运行程序的过程中,会发现一些运算中出现的错误,这时就会中断程序的执行,自动形成入口地址去执行所需要的中断服务程序去处理这些错误,8086定义的处理器专用中断有:

(1)类型0中断 —— 除法出错中断

在除法过程(执行DIV和IDIV指令)中,若除数为0或商超过了寄存器所能表示的范围,就立即产生一个类型为0的中断,转入类型0的中断服务程序。

(2)类型1中断 —— 单步中断

当CPU执行一条指令前,若检测到标准寄存器中的单步标志TF=1,则8086就处于单步工作方式,即每执行完一条指令后都自动产生一个1型中断,执行一次单步中断处理程序,此程序用来显示一些寄存器的值,并告示一些附带信息。因此,单步中断一般用于调试程序中逐条执行用户程序。由于在所有类型的中断处理进程中,CPU都是先把标志寄存器内容自动压入堆栈,然后,清除TF和IF。因此,CPU在进入单步中断处理程序时,它就不再处于单步工作方式了,而是按正常的方式工作,只有当单步中断处理程序结束时,从堆栈中弹出原来的标志,才使CPU又到了单步方式。应注意的是,CPU并未提供直接使单步标志TF置1或清0的指令,但可采用状态位传送指令LAHF和SAHF或堆栈指令实现。例如,原来TF=0,下列指令可使TF=1。

```
PUSHF
POP     AX
OR      AX,0100H
PUSH    AX
POPF
```

(3)类型3中断 —— 断点中断

断点中断是专供在程序中设置断点用的,和其他软件中断不同的是,它是单字节指令,因而它可以很方便地插入到程序的任何地方,插入类型3中断之处便是断点,在断点处,停止正常的执行过程,以便进行某种特殊的处理。通常,在调试程序时,把断点插入程序的关键之处,以便在断点中断服务程序中显示寄存器、存储单元等的内容,这样程序员就可以确定到断点之前的一段程序运行是否正确,是否需要修改。须指出的是,系统并未提供断点中断服务程序,通常由调试程序DEBUG的G命令来实现。

(4)类型 4 中断 —— 运算溢出中断

若 CPU 检测溢出标志 OF=1,就执行一条 INTO 指令,之后立即产生一个类型 4 的中断,此时中断处理程序给出错误标志。如果 OF≠1,则也执行 INTO 指令,进入中断处理程序,但此时中断处理程序仅仅对标志进行测试,然后很快返回主程序,INTO 指令总是跟在对带符号数运算指令之后。INTO 指令也是 1 字节指令。用户在编程时,若要对某些运算操作进行溢出监控时,则应在这些操作指令之后加一条 INTO 指令,并设计相应的运算服务程序。

2. 由中断指令 INT n 引起的中断

CPU 执行一条 INT n 指令后会立即产生中断,并按 n 值调用系统中断处理程序去完成中断功能。指令中的 n 就是中断类型码。INT n 指令为双字节指令,第一字节为操作码,第二字节为指令操作数 n,称为中断类型码(号)。在 PC 机中,由于类型号 0H ~7H 已定义为 CPU 内部中断,08H ~0FH 已定义为硬件中断,所以 INT n 指令中 n 值(类型码)为 10H 到 FFH。

对于 10H 到 FFH 的软件中断,可划分为三大类:ROM—BIOS 中断、DOS 中断和未定义自由中断。

3. 软件中断的处理过程

当 CPU 执行了一条软件中断指令 INT n 或 INTO 指令(当 OF=1)时,或者 TF=1,或者除法出错都会产生内部中断,内部中断的处理过程如下:

(1)标志寄存器(FR)压栈:

(SP)←(SP)-2

((SP+1),(SP))←(CS)

(2)断点压栈(保护断点):

当前 CS 内容压栈:

(SP)←(SP)-2

((SP+1),(SP))←(CS)

当前 IP 内容(下条指令的有效地址)压栈:

(SP)←(SP)-2

((SP+1),(SP))←(IP)

以上操作由 CPU 自动执行 3 个总线周期完成。

(3)清除 IF 和 IF 标志,以禁止可屏蔽中断和单步中断。

(4)从中断向量表中取出新的 IP 和 CS,即中断服务程序的入口地址。

(IP)←(4n)

(CS)←(4n+2)

同样,由 CPU 自动执行两个总线周期,完成入口地址的导引,于是 CPU 开始执行中断服务程序。

(5)CPU 执行中断服务程序:保护现场、中断处理、恢复现场。

(6)执行 IRET 中断返回指令,返回到正常程序的执行。

(IP)←((SP+1),(SP))

(SP)←(SP+2)

(CS)←((SP+1),(SP))

(SP)←(SP)+2

(FR)←((SP+1),(SP))

(SP)←(SP)+2

4. 软件中断的特点

所有软件中断具有以下特点:

(1)CPU 是从指令本身(如 INT n)或是事先预定获得中断类型码。

(2)进入中断时,不需要执行中断响应总线周期,不需要发响应信号 INTA,也不需要从数据总线上获取中断类型码。

(3)除单步中断外,内部中断不受中断允许标志 IF 的影响,即不论 IF=1 或 0,任何一个软件中断均可执行。只有单步中断需要 IF=1 时才能执行。

(4)除单步中断外,所有内部中断都具有比外部中断更高的优先级别。

(5)正在执行软件中断时,如果有外部中断请求,且是不可屏蔽中断请求,则会在执行完当前指令之后立即予以响应;如果来了可屏蔽中断请求,且中断是开放的(即 IF=1),则也会在当前指令执行完后响应可屏蔽中断请求。

(6)软件中断没有随机性。因为软件中断是由安排在程序中的指令引起的,何时执行此指令是可事先知道的,硬件中断是由外部发来的,它何时发出请求是完全随机的,无法事先约定。

7.4.4 硬件中断

8086 为外部设备提供两条引脚 NMI、INTR 来接受中断请求信号,从 NMI 引脚进入的中断为非屏蔽中断,从 INTR 引脚进入的中断为可屏蔽中断。$\overline{\text{INTA}}$为可屏蔽中断响应信号。

1. 非屏蔽中断(NMI)

NMI 中断请求信号是边沿触发信号,只要在 8086CPU 的 NMI 引脚产生一个由低到高的正跳变脉冲(其有效高电平保持时间应大于两个时钟周期),使 CPU 锁存,CPU 自动产生类型号为 2 的 NMI 请求,并由此转入相应的中断服务程序。对 NMI 请求信号的响应不受中断允许标志的影响,即不管 IF 的状态如何,只要 NMI 申请信号有效,CPU 在当前指令执行结束后,立即响应非屏蔽中断请求。因此不能用软件来禁止(屏蔽),故称之为非屏蔽中断。它的优先级高于 INTR 中断。NMI 引起的是类型为 2 的向量中断,这是 CPU 内部芯片设置的,所以,NMI 中断不需执行中断响应总线周期去读取类型码和形成入口地址,中断本身就为 CPU 提供了中断类型码。NMI 中断一般用来处理紧急事件。

一般,系统中只允许有一个 NMI 中断,当需要有多 NMI 中断时,需通过 NMI 请求逻辑电路相"或"后,再送 CPU 中去。

2. 可屏蔽中断(INTR)

若从 CPU 的引脚 INTR 输入一个高电平,便产生一个硬件可屏蔽中断。

(1)INTR 中断源

当系统对外设采用中断方式进行控制时,就需要使用中断控制器 8259A 来配合 CPU 进行管理。一片可编程中断控制器 8259A 可以管理 8 级可屏蔽中断,所有外部设备的中断申请信号都必须输入 8259A 的 $IR_0 \sim IR_7$ 输入端。再由 8259A 根据优先级和中断屏蔽情况决定是否向 CPU 的 INTR 引脚发中断申请信号。

(2)INTR 中断请求信号是否被响应取决于中断允许标志 IF 的状态。若 IF=1,则响应 IN-

TR 请求,若 IF=0,则不会响应 INTR 的请求。中断允许标志位 IF 可以用 STI 指令置 1,用 CLI 指令置 0,因此,对 INTR 中断请求的响应是可以用软件来控制的,当系统复位后,或 8086 响应中断请求后,都使 IF=0,此时若要允许 INTR 请求,必须先用 STI 指令使 IF 置 1 后,才能响应 INTR 的中断请求。

(3)可屏蔽中断的响应过程

当 CPU 在 INTR 引脚上接收到一个中断申请信号后,并且 CPU 内的中断允许标志 IF 为 1 时,CPU 就会在当前指令执行之后,开始响应外部中断请求。CPU 进入中断响应周期,该周期包含两个连续的总线周期,在这两个连续的总线周期内,CPU 要从$\overline{INTA}$引脚向外设接口发出两个中断响应信号$\overline{INTA_1}$ 和$\overline{INTA_2}$,具体说,CPU 在响应外设中断,并转入中断服务程序的过程中,要依次完成以下操作:

① 执行第一个中断响应总线周期,发第一个$\overline{INTA}$负脉冲,通知外设接口,发出的中断请求已经被响应,同时封锁总线,禁止其他总线主模块发总线申请。

② 执行第二个中断响应总线周期,从数据总线上读取中断类型码(8259A 提供)存入内部暂存器。

③ 将标志寄存器(FR)的内容压栈:

(SP)←(SP)-2

((SP+1),(SP))←(FR)

④ 清除 IF 和 TF:IF←0,TF←0

清除 IF 是为了在中断响应过程中禁止其他外部中断以免中断响应过程受打扰;清除 TF 是为了避免 CPU 以单步方式中断服务子程序。

⑤ 保护断点:即将当前指令的下一条指令的段地址 CS 值和偏移地址 IP 值压入栈,以便中断处理完毕后能正确地返回断点处继续执行主程序。

当前 CS 入栈:(SP)←(SP)-2

((SP+1),(SP))←(CS)

当前 IP 入栈:(SP)←(SP)-2

((SP+1), (SP))←(CS)

⑥ 实现程序转移:根据②得到的类型码,从中断向量表中找到中断向量并转入相应的中断服务子程序。

(IP)←(4n)

(CS)←(4n+2)

⑦ 在中断服务结束时,CPU 会依次从堆栈中弹出 IP,CS 和 FR 的内容,然后按照 IP 和 CS 值返回主程序的断点处继续原来程序的执行,返回断点的这一系列操作是通过执行中断返回指令 IRET 来实现的。

图 7.11 所示为 8086 中断响应过程流程图。

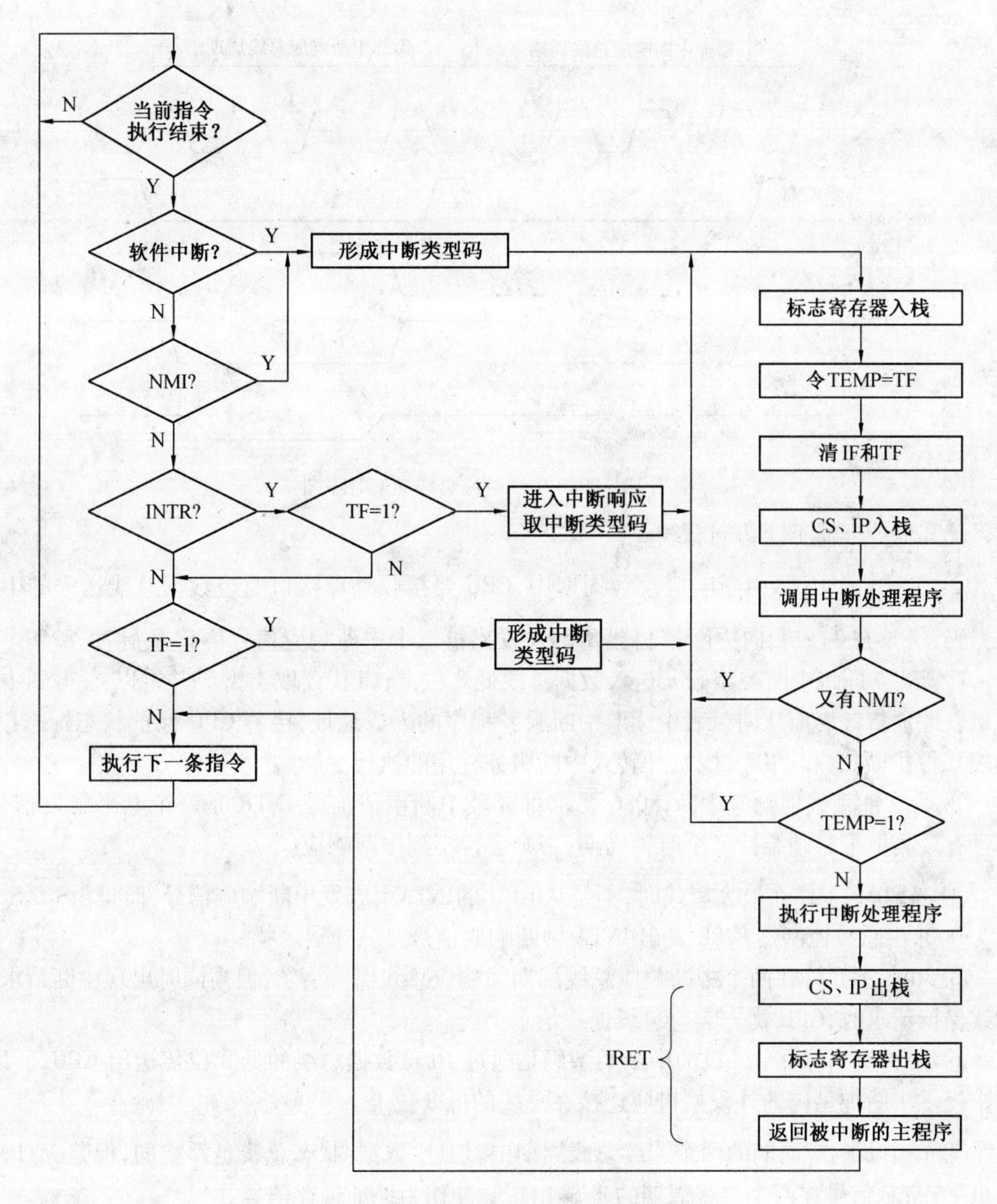

图 7.11　8086 中断响应和处理流程图

(4) 中断响应时序

图 7.12 所示为 8086 中断响应总线周期的时序。

由图可知,CPU 对可屏蔽中断请求的响应过程包括连续的两个中断响应总线周期,每个中断响应总线周期包含 4 个时钟周期($T_1 \sim T_2$)。每个总线周期 CPU 都要发出一个中断响应负脉冲$\overline{INTA}$。关于响应时序作以下几点说明:

① 在第一个$\overline{INTA}$中断响应总线周期中,CPU 将地址/数据复用总线置为浮空状态,在 $T_2 \sim T_4$期间向外设接口发出中断响应负脉冲$\overline{INTA}$,表示 CPU 响应此中断申请,并禁止其他总线主模块的总线请求,在最大模式时,CPU 产生 LOCK 信号,通知系统中的总线仲裁器 8289,

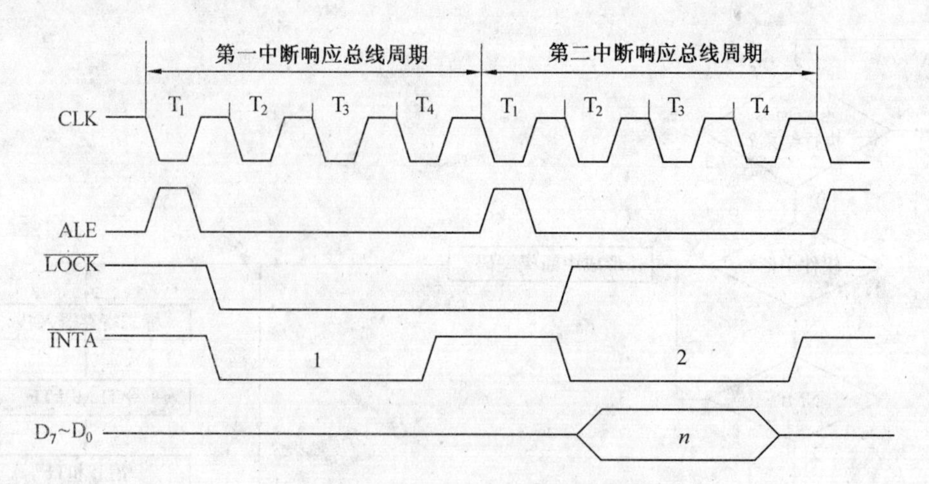

图 7.12　8086 中断响应总线周期时序图

使系统其他处理器不能访问总线。

② 在第二个$\overline{INTA}$中断响应总线周期中，CPU 要接收外设接口通过数据总线送来的中断类型码，CPU 在 $T_2 \sim T_4$向中断控制器 8259A 发出第二个中断响应信号$\overline{INTA}$负脉冲，8259A 在 $T_2 \sim T_3$周期立即将中断类型码 n 送入数据总线低 8 位上，CPU 读取类型码并乘以 4，得到中断向量表地址指针继而从向量表中读取中断服务程序的入口地址，接着 CPU 保护状态标志（FR 入栈），保护断点（CS，IP 入栈），并转入中断服务程序的执行。

③ 为了能正确地响应中断，8086 要求可屏蔽中断申请信号 INTR 是一个电平触发信号，而且有效高电平必须维持 2 个时钟周期，否则会得不到中断响应。

④ 当 8086 工作在最大模式时，不是从 CPU 的$\overline{INTA}$引脚发中断响应信号，而是由$\overline{S_2S_1S_0}$组合为 000，由总线控制器 8288 发出 INTA 中断响应信号。

⑤ 8086 不允许在两个中断响应总线周期间响应总线保持请求，但当同时出现中断请求和总线保持请求时，CPU 优先响应总线保持请求。

⑥ 在 8086 中，由于外设的中断类型码是通过 16 位数据总线的低 8 位传送给 CPU，所以，要求提供中断类型码的外设接口应连接在总线的低 8 位上。

⑦ 在中断响应周期的两个连续总线周期中，地址/数据/状态总线是浮空的，但是 M/$\overline{IO}$为低电平，ALE 信号在两个总线周期的 T_1输出正脉冲作为地址锁存信号。

⑧ 软件中断和 NMI 中断不按上述时序响应中断。

7.4.5　DOS 和 BIOS 服务程序调用

1. 概述

DOS 和 BIOS 提供了大量的可供用户直接使用的系统服务程序。

DOS 是微型计算机磁盘操作系统（Disk Operation System），操作系统用以控制和管理计算机的硬件资源，是方便使用的程序的集合。由于这些软件程序放在硬盘和软盘上主要功能是进行文件管理和输入，输出设备管理，故而称为磁盘操作系统。磁盘操作系统是人机交互的界面，用户通过操作系统使用和操作计算机。

随着计算机硬件的发展,DOS 版本从 DOS1.0 逐步升级到 DOS7.0 版本。版本越高功能越强。

DOS 由三个层次的程序文件及一个 BOOT 引导程序构成。三个层次模块文件:

IO. SYS　　输入/输出管理系统
MSDOS. SYS　　文件管理系统
COMMAND. COM　　命令处理系统

BIOS 又称 ROMBIOS(ROM Basic Input and Output System),是固化在只读存储器 ROM 中基本输入/输出的程序。它直接可以对外部设备进行设备升级的控制,包括系统测试、初始化引导程序、控制 I/O 设备的服务程序等。

DOS 系统中的 IO. SYS(PC-DOS　IBMBIO. COM)基本输入/输出管理模块通过 BIOS 控制管理外部设备。DOS 系统与 BIOS 之间的关系如下:

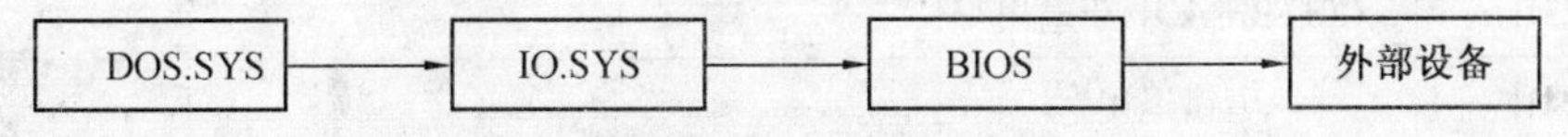

一般来说,用户可以用四种方式控制 PC 机的硬件:

第一种,应用高级语言的相应的功能语句进行控制,但高级语言中的 I/O 语句比较少,执行速度慢。第二种,应用 DOS 提供的功能程序来控制硬件,可对显示器、键盘、打印机、串行通信等字符设备提供输入/输出服务,DOS 提供了近百种 I/O 功能服务程序,编程者无需对硬件有太深入的了解,即可调用。这是一种高层的调用,使用 DOS 调用,编程简单,调试方便,可移植性好。第三种,应用 BIOS 的程序控制硬件,这是低层次控制,要求编程者对硬件有相当深入的了解。BIOS 固化在 ROM 中,不依赖于 DOS 操作系统,使用 BIOS 软中断调用子程序可直接控制。中断调用可用软中断指令 INT n 来实现,n 为中断类型码。使用 BIOS 调用的汇编语言和 C 语言的程序可移植性比较差。当 BIOS 与 DOS 提供的功能相同时,首先选用 DOS。BIOS 调用速度快,适用于高速运行的场合。第四种,直接使用汇编语言编程进行控制,但是,要求编程者对 I/O 设备的地址、功能比较熟悉。

2. DOS 系统功能调用

DOS 操作系统为程序设计者提供了可以直接调用的软中断处理程序,每一个中断处理程序完成一个特定的功能操作,依据编程需要选择适当的处理程序,编程者不必再重新编写程序。这些功能处理程序,使用的是 INT n 软中断指令,每执行一种类型码 n 的不同的软中断指令,就执行一个中断处理程序。这类功能程序的主要功能是:

- 磁盘的读/写控制。
- 内存管理、文件操作和目录管理。
- 基本输入/输出(对键盘、打印机和显示器控制),另外还有日期、时间等。

当类型码 n=05H ~ 1FH,调用 BIOS 中的处理程序,类型码 n=20H ~ 3FH,调用的是 DOS 的中断处理程序。其中 INT 21H 是一个大型的中断处理程序,其中大约 100 多种子程序中断处理程序,可由程序设计者调用。INT 21H 软中断指令对应的功能子程序调用称为 DOS 系统功能调用。

(1)DOS 软中断调用

DOS 软中断功能及使用方法见表 7.1 所示。其中,入口参数是使用该调用必须具备的条件,例如设定寄存器参数等;出口参数是表示软中断程序执行结果放在何处或执行该操作处理的特征。

DOS 中断调用方法:按 DOS 中断规定,用指令写入口参数,然后执行 INT n 指令,执行完毕后,依据结果进行分析及处理。

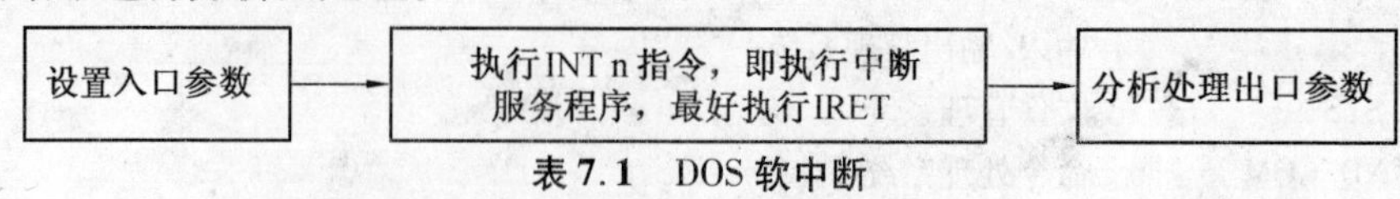

表 7.1　DOS 软中断

软中断	功　能	入口参数	出口参数
INT 20H	程序正常退出		
INT 21H	系统功能调用	AH=功能号,使用对应入口参数	相应处理结果参数
INT 22H	结束退出		
INT 23H	Ctrl+Break 中断退出		
INT 24H	出错退出		
INT 27H	驻留退出		
INT 25H	读盘	CX=读入扇区数,DX 为起始逻辑扇区,DS:BX 是存放读出数据的缓冲区地址,AL=盘号	CF=1 出错
INT 26H	写盘	CX=写扇区数目,DX 为写入起始逻辑扇区,DS:BX 是待写入数据的缓冲区地址,AL=盘号	CF=1 出错

表中 INT 22H,INT 23H,INT 24H 不允许用户直接使用。INT 20H 作用也是终止正在进行的程序,返回操作系统。这种终止退出程序,适用于扩展名. COM 的文件,而不适用于扩展名. EXE的可执行文件。

INT 27H 终止正在进行的程序,返回操作系统。被终止程序仍然驻留内存中,不会被其他程序覆盖。

(2)DOS 系统调用 INT 21H

INT 21H 软中断是具有 90 多种功能的一个大型中断服务程序,这种子功能程序分别予以编号,称为功能编号。每个功能程序完成一种特定的操作和处理。主要功能包括:设备管理、目录管理、文件管理等。

应用 INT 21H 系统功能调用方法:

- 入口参数送指定的寄存器或内存。
- 功能号送 AH 中。
- 执行 INT 21H 软中断指令。

有的子功能程序不需要入口参数,但大部分需要把参数送入指定位置。程序员只要给出这三方面的信息,不必关心程序具体如何执行,就可完成所需要的处理,并产生相应的结果。下面介绍常用的功能调用。

① 键盘输入并显示(1 号功能调用)

功能为等待标准输入设备送入一个字符,并放到寄存器 AL 中,不需要入口参数。AL 中存放字符的ASCII码,并且在CRT屏幕上显示。

```
MOV     AH,1
INT     21H
```

② 键盘输入但不显示输入字符(8号功能调用)

```
MOV     AH,8
INT     21H
```

8号功能调用,系统将进行键盘扫描,等待键按下,一旦有键按下,将字符ASCII码读入,放入AL中,但不在CRT屏幕上显示。

③ CRT屏幕显示一个字符(2号功能调用)

将待显示的字符ASCII码放入DL中,功能号送AH。其功能把DL中的字符在屏幕上显示出来。

例如:要显示字符'A'程序段:

```
MOV     DL,'A'
MOV     AH,02H
INT     21H
```

④ 打印输出(5号功能调用)

将要在打印机上打印的字符ASCII码放入DL中,5号功能调用即把字符输出到打印机上予以打印。

例如:

```
MOV     DL,'A'
MOV     AH,05H
INT     21H
```

执行后,打印机上即打印出字符串符号A。

⑤ CRT屏幕显示字符串符号(9号功能调用)

待显示的字符串(ASCII码),定义在DS段且以'$'字符结束,把段地址放入DS中,偏移地址放入DX中,利用9号功能调用,可把字符串符号显示在屏幕上。

例如:

```
DATA    SEGMENT
BUF     DB 'HOW DO YOU DO?',0AH,0DH,'$'
        ……
DATA    ENDS
CODE    SEGMENT
        ……
        MOV AX,DATA
        MOV DS,AX
        ……
        MOV DX,OFFSET BUF
        MOV AH,09H
        INT 21H
        ……
```

```
CODE    ENDS
```

执行程序,在屏幕上显示:"HOW DO YOU DO?"字符串符号。

⑥ 字符串输入功能调用(0AH 功能调用)

从键盘接收字符并且放入到内存缓冲区,要求执行前,先定义一个输入缓冲区,缓冲区内第一个字节定义为允许最多输入的字符个数,个数应包括回车符 0DH 在内,不能为 0 值。第二个字节保留,在执行程序完毕后存入输入的实际的字符个数,从第三个字节开始存入从键盘上接收的字符的 ASCII 码。若实际输入的字符个数少于定义的最大的字符个数,则缓冲区其他单元自动清 0 值。若实际输入的字符个数多于定义的字符个数,其后输入的字符丢弃不用,且响铃示警,一直到键入回车(CR)为止。整个缓冲区的长度等于最大字符个数再加 2。

调用时要求 DS:DX 指向缓冲区的首地址,即入口参数为段地址放在 DS 中,缓冲区起始的偏移地址放入 DX 中。

例如:

```
DATA        SEGMENT
BUF         DB25                    ;缓冲区长度
ACTHAR      DB?                     ;保留单元,存放输入的示警字符个数
CHAR        DB  25  CUP(?)          ;定义 25 个字节存储空间
            DB $
            ……
DATA        ENDS
CODE        SEGMENT
            ……
            MOV  AX,DATA
            MOV  DS,AX+2
            MOV  DX,OFFSET  BUF
            MOV  AH,0AH
            INT  21H
            ……
CODE        ENDS
```

⑦ 返回 DOS 系统功能调用(4CH 调用)

4CH 功能调用,其操作是终止当前程序的运行,并把控制权交给调用的程序,即返回 DOS 系统,屏幕出现 DOS 提示符,如 C:\>,等待 DOS 命令。

格式:
```
MOV  AH,4CH
INT  21H
```

⑧ 直接控制台输入输出(6 号功能调用)

其功能是从标准输入设备输入字符,也可以向屏幕上输出字符,但不检查 Ctrl-Break 组合键是否按下。

当向 DL 送入一个 0FFH 时,表示从键盘输入字符。若标准 ZF=0,AL 中放入字符的 ASCII 码;若 ZF=1,表示无键按下。这种检测扫描键盘有无键按下,但不等待键盘输入。

例如:
```
MOV  DL,0FFH
MOV  AH,6
```

```
    INT    21H
```

假如 DL≠0FFH,表示向屏幕输出显示,DL 中放的是待显示字符的 ASCII 码值。

```
例如:MOV   DL,'A'
     MOV   AH,6
     INT   21H
```

字母 A 显示在 CRT 屏幕上。

⑨ 检查键盘的工作状态(0BH 功能调用)

此功能调用用以检查是否有键盘输入,若有键按下,则使 AL=0FFH,若无键按下,则 AL=00H,对于利用操作键盘退出循环或使程序结束这种调用是很方便实用的。

```
LOP: ADD   AL,BL
     ......
     MOV   AH,0BH
     INT   21H           ;键扫描:无键入 AL=00H,有键入 AL=FFH
     ADD   AL,01H
     JNZ   AL,01H     ;有键入,则退出循环
     RET
```

3. BIOS **中断调用**

BIOS(Basic Input/Output System,基本输入/输出系统)是固化在只读存储器 ROM 中的一系列输入/输出服务程序,它存放于内存的高地址区域内,处理系统中的全部内部中断,还提供了用户常用的 I/O 接口的控制驱动程序,例如键盘、显示器、磁盘和打印机等。BIOS 采用模块化结构,每个功能模块的入口地址都存于中断向量表中。中断调用通过软中断指令 INT n 实现,n 为中断类型码。

BIOS 的调用方法与 DOS 系统功能调用方法相类似。

- 置功能号→AH。
- 置入口参数。
- 执行 INT n。
- 分析出口参数及状态。

使用 BIOS 中断调用的优越性在于:

① 虽然 BIOS 中断调用程序比调用 DOS 中断程序要复杂,但运行速度快,功能更强。

② DOS 的中断功能仅在 DOS 环境下适用,而 BIOS 的功能用不受任何操作系统的约束。

③ 某些功能仅 BIOS 具有。

下面介绍几种常用的 BIOS 中断调用。

(1)键盘输入(类型码为 16H 的中断调用)

这种类型中断调用有三个功能,功能号为 0、1、2。

① 0 号功能调用

入口参数为 AH=0 的 INT 16H 调用是从键盘读入字符,并且放在 AL 寄存器中。执行时,等待键盘输入,一旦输入,字符的 ASCII 码放入 AL 中。若 AL=0,则 AH 为键入的扩展码。

② 01H 功能调用

即,1 号功能调用

入口参数 01H。

格式:MOV　AH,01H

　　　INT　16H

其功能是用来查询键盘缓冲区,对键盘扫描。若有按键操作(即键盘缓冲区不变),则ZF=0,AL 中存放的是键入的 ASCII 码,AH 中存放键入字符的扩展码。若无键按下,则标志位 ZF=1.

③ 功能号 02H 调用

2 号功能调用

入口参数 02H。

格式:MOV　AH,02H

　　　INT　16H

其功能是检查键盘上各特殊功能键的状态。执行后,各种特殊功能键的状态放入 AL 寄存器中。其对应关系如下:

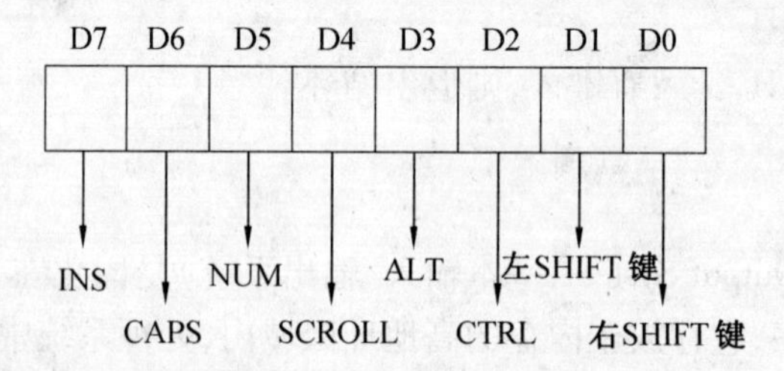

这个状态字记录在内存 0040H:0017H 单元中,若对应位为“1”,表示该键状态位 ON,处于按下状态。若对应位为“0”,表示该键状态为 OFF,处于断开状态。

各位定义如下:

D7=1　　表示 INS 键有效(奇数次按下)

D6=1　　表示大小写字母键 Caps Lock 有效(对应指示灯亮)

D5=1　　表示数字键 Num Lock 有效(对应指示灯亮)

D4=1　　表示数字键 Scroll Lock 有效(对应指示灯亮)

D3=1　　表示按下了 Alt 键

D2=1　　表示按下了 Ctrl 键

D1=1　　表示按下了左 Shift 键

D0=1　　表示按下了右 Shift 键

例如程序段:

```
MOV     AH,02H
INT     16H                     ;取键盘状态到 AL 中
AND     AL,0000 0100B           ;检查 Ctrl 键是否按下
JNZ     Ctrl-ON
        ……
Ctrl-ON:……
```

检查 Ctrl 键是否按下,若按下则控制转移到某个程序执行。

(2)打印机输出(INT 17H)

这种类型中断调用有三种,功能号为0,1,2.。

①0号功能

入口参数为AL中放入字符ASCII码,DX中放打印机号(0~2)。

格式:

```
MOV    AL,'A'
MOV    DX,01H
MOV    AH,0
INT    17H
```

操作功能是打印一个字符,且返回打印机的状态到AH中。

打印机的状态字意义如下:

D7=1　　打印机处于"忙"状态。打印机目前正在打印或正在接收数据等

D6=1　　打印机已接收是数据,通知CPU可发送下一个数据

D5=1　　打印纸空

D4=1　　打印机已联机

D3=1　　表示打印机出错

D2~D1　未用,无意义

D0=1　　表示打印机超时操作。打印机发回忙信号过长,CPU不能再给它发送字符

②1号功能

```
MOV    AH,01H
INT    17H
```

初始化打印机,并返回打印机状态到AH中。

③2号功能

```
MOV    AH,02H
INT    17H
```

返回打印机状态到AH中。

(3)CRT显示器显示

BIOS INT 10H中断调用,用以控制显示器显示,功能强大。主要包括设置显示方式,设置CRT屏幕光标的大小与位置,显示字符及图形,设置调色板等。但用汇编语言写程序过长,一般采用高级语言。

关于其他的BIOS调用,请参阅有关资料。

7.4.6　中断程序设计举例

【例7.1】自己定义一个软中断,中断类型号为80H,在中断服务程序中完成ASCII码加偶校验位(第7位)的工作,ASCII码首地址为ASCBUF,字节数为COUNT,加偶校验位后仍放回原处,程序如下:

```
DATA    SEGMENT                         ;数据段
        ASCBUF    DB    'ABCDEFGHIJ1234567890'
        COUNT     EQU   $-ASCBUF
DATA    ENDS
STACK   SEGMENT   STACK'STACK'          ;堆栈段
```

```
        DB          100DUP(?)
STACK   ENDS
CODE    SEGMENT                     ;代码段
        ASSUME CS:CODE,SS:STACK,DS:DATA
START:  MOV         AX,DATA
        MOV         DS,AX
        CLI                         ;关中断,设置中断向量表
        SUB         AX,AX
        MOV         ES,AX           ;中断向量表的段基址为0000H
        MOV         DI,4 * 80H      ;在中断向量表中的偏移量
        MOV         AX,OFFSET INTSV
        CLD
        STOSW                       ;写中断向量的偏移量
        MOV         AX,SEG INTSV
        STOSW                       ;写中断向量的段基址
        STI
        ……
        INT         80H             ;软中断指令
        ……
        MOV         AH,4CH          ;返回 DOS
        INT         21H
INTSV   PROC                        ;中断服务程序
        PUSH        AX              ;保护现场
        PUSH        BX
        PUSH        CX
        MOV         CX,COUNT
        MOV         BX,OFFSET ASCBUF
L2:     MOV         AL,[BX]
        AND         AL,AL           ;建立标准 PF
        JP          L1
        OR          AL,80H
        MOV         [BX],AL         ;加入偶校验后写回
L1:     INC         BX
        LOOP        L2
        POP         CX              ;恢复现场
        POP         BX
        POP         AX
        IRET                        ;中断返回
INTSV   ENDP
CODE    ENDS
        END         START
```

本章小结

中断是为解决快速的CPU与慢速的CPU外围I/O设备之间的矛盾而引入的,但随着计算

机技术的发展,中断概念的内涵和功能大大地延伸和扩展了。中断系统不仅能解决上述矛盾成为主机与外设间数据传送控制的有效方式,而且还可以用于故障自动处理,内部软件中断,实现分时操作,实时控制,多道程序等,成为提高计算机系统可靠性和工作效率的重要技术,是衡量机器性能的重要因素。

本章在介绍了中断的基本概念的基础上着重介绍了一个完整的中断过程,其包括:中断请求、中断判优、中断响应、中断处理以及中断返回五个基本阶段,而在每一阶段中中断系统又有许多具体的操作。不同的微机系统其中断系统的结构可能不同,但所完成的基本功能是相同的,中断处理的过程也是相同的。

8086 微型计算机系统有一个功能强、用途多且结构简单灵活的中断系统,它可以管理 256 种不同类型的中断,这些中断分为两类,内部中断和外部中断。其中内部中断包括 INT n 指令中断、处理器专用中断(类型 0 ~4,类型 2 除外)等,由于都是软件引起,所以,也叫软件中断。其特点是:软件中断属于不可屏蔽中断,不需要执行中断响应周期,由 CPU 自动转入相应中断服务程序;外部中断是由外部硬件(主要是各种外设)引起的中断,所以,又叫硬件中断,其特点是:具有可屏蔽性。是否获得 CPU 响应受内部中断允许标志 IF 影响,只有 IF=1 时才能响应,需要执行专门的中断响应周期,通过中断类型码作中间参数才能形成入口地址。

8086 系统采用的是向量型中断,中断向量是中断服务程序的入口地址。每个中断向量占 4 个单元,256 个中断向量共占 1024 个单元,集中存放在内存最低端 000H ~03FFH 的 1K 字节单元中,称为中断向量表,每个中断向量指针 n×4 ~ n×4+3 从向量表中取出中断向量,前两个单元(n×4,和 n×4+1)送入 IP,后两个单元(n×4+2,n×4+3)送入 CS 中,从而形式中断服务程序的入口地址。

通过本章的学习,应该重点掌握以下内容:

(1) 掌握有关中断的基本概念,包括一个完整中断的五个阶段,及各阶段的操作内容,CPU 响应中断的条件。

(2) 掌握中断优先级、中断嵌套、中断屏蔽、中断向量等基本概念。

(3) 了解 8086 中断系统中的中断源分类,内部中断、外部中断的定义,特点、响应和处理过程,特别是可屏蔽中断的处理过程,中断向量表以及中断服务程序入口地址的形成方法(过程)。

(4)了解 DOS 及 BIOS 功能调用,掌握 INT 21H 软件中断的各种功能调用。

思考与练习

1. 名词解释:中断、中断系统、中断源、中断响应、中断服务、中断返回、中断向量表、中断嵌套。

2. 可屏蔽中断处理的一般过程是什么?

3. 什么是中断类型号? 它的作用是什么? 它是如何构成的?

4. CPU 响应可屏蔽中断的条件是什么?

5. 中断类型码为 14H 的中断向量存放在哪些存储器单元中?

6. 某中断程序入口地址为 23456H,放置在中断向量表中的位置为 00020H,问此中断向量号为多少? 入口地址在向量表中如何放置?

6. PC 机在 CPU 响应中断请求后,怎样找到该中断的服务程序? 服务程序执行完后,又怎样返回主程序?

7. 已知SP=0100H,SS=0300H,PSW=0240H,内存00020H至00023H单元的内容分别是40H,00H,00H,01H。同时已知INT 8的偏移量为00A0H,在段基值为0900H的代码段内,试指出在执行INT 8指令并进入该指令相应的中断例程时SP、SS、IP、CS、PSW和堆栈最上面三个字的内容并用图表示出来。

8. 试编写程序,对BUF字节存储区中的三个数进行比较,实现以下要求:(1)如果三个数都不相等则显示"0"。(2)如果三个数中有两个相等则显示"1"。(3)如果三个数都不相等则显示"2"。

9. 在系统定时器的中断处理程序中,有一条中断指令INT 1CH。时钟中断每发生一次(约每秒中断18.2次),都要调用一次中断类型1CH的处理程序。在ROM BIOS中,1CH的处理程序只有一条IRET指令。实际上它并没有做任何工作,只是为用户提供了一个中断类型号。如果用户有某种定时周期性的工作需要完成,就可利用系统定时器的中断间隔,用自己设计的处理程序来代替原有1CH程序。

假设RING为用户编写的一个中断服务程序,完成每隔10 s响铃一次的功能。要求在主程序运行的过程中,每隔10 s响铃一次,试编写完成这一功能的程序段。

10. 编程实现BCD码的加法运算。要求:①从键盘输入两个6位的十进制数。②将键盘输入的ASCII码转换成压缩BCD码格式。③两个BCD码相加。④将压缩BCD码转换成ASCII码形式。⑤显示计算结果。

11. 从键盘输入一系列字符,以回车符结束,编程统计其中非数字字符的个数。

第 8 章　计算机和外设的数据传输

学习目标：了解一般接口电路的结构和功能，学会端口的地址识别，熟练掌握 CPU 对端口的读写指令的应用，掌握应用查询方式进行数据传输。

学习重点：I/O 端口编址，查询方式原理和应用。

8.1　接口电路

8.1.1　为什么用接口

用微机实现一个电阻炉温度检测系统——即对电阻炉进行温度检测，将检测到的温度读入内存中去。

电阻炉温度是一个物理量，而计算机总线上只流动 0、1 的数字量，这 0、1 的数字量对应着 0V 和 5V 的电平信号，不是一类物理量；电阻炉温度的变化时间是 s 级的，8086 微机系统指令运行时，总线上数据的变化时间是 μs 级的，两者进行数据交换存在时间匹配的问题。另外，如果多个电阻炉都需要测温的话，还存在如何区分的问题。那么要实现 CPU 和电阻炉之间的数据传输，显然需要一个中间环节来解决上述问题。这个中间环节就是接口电路或集成的接口电路即接口芯片。这个中间环节所起的作用，就是将外设的各种状态信息、数据信息转换成 CPU 能够识别的数字信息，并能配合 CPU 总线时序，使 CPU 能通过简单的对外设的读写指令 IN、OUT 实现与外设之间的数据传输。

8.1.2　接口的功能

接口实际上是总线与外设之间连接部分，是微机和外设之间进行数据传输的桥梁。

微机与外设之间的数据读写，主动权在 CPU，它只需两条端口（端口的概念在稍后讲）指令 IN、OUT，用 μs 级的时间就做完了，在总线上是瞬间 0、1 数字量按机器周期的复杂变化。而外设种类繁多，有机械式、电动式、电子式或其他形式，输入信息可以是数字量、模拟量（电压、电流），也可以是开关量（0 或 1 的二值信息）；输入信息的速度也有很大区别，如手动的键盘输入的每个字符输入的速度为 s 级，而磁盘输入却可以用 1 Mbps 的速率传送。这就需要在接口这个环节中，搭建好相应的硬件电路，进行信息转换、速度匹配等工作，用以支持 CPU 端口指令的执行，配合 CPU 对外设进行读写操作。

为此，接口要具有如下基本功能。

1. 向 CPU 提供外设准备好信息

大多数外设速度很慢,所以 CPU 与外设进行数据传输时,只有在确认外设数据准备好的情况下才可进行。这就需要 I/O 接口电路能接收并存储外设的状态信息,送上 CPU 总线。

2. 输出数据锁存

CPU 向外设传输数据是通过写端口指令实现的,其执行时间是 μs 级。数据在总线上保留的时间十分短暂,所以接口中必须设有输出数据锁存器,储存该数据,以备外设接收。

3. 输入数据三态缓冲

CPU 读取外设数据是通过读端口指令实现的。如果外设没有数据保持能力,通常要在接口中设置一个三态缓冲器保存从外设来的数据,供 CPU 端口读指令执行时读取。

另外还需要有信息格式转换或电气特性匹配功能;地址译码实现接口内端口选择功能(下节详细介绍);特殊的还有实现中断和 DMA 管理功能(8.3 节中讲解)等。

8.1.3 I/O 端口

为了实现上述功能,I/O 接口中必须设置输出数据锁存器和输入数据三态缓冲器。在接口中把它叫做 I/O 端口(简称 I/O 口)。一个接口电路中往往设置多个端口,在一些智能接口芯片中还设置了一些用来存放状态信息或工作方式的寄存器。通常将存储数据信息的端口称为数据口,存储状态信息的端口称为状态口,存储命令信息的叫命令口。CPU 通过对各个不同端口的读写来实现对外设的状态查询、数据传输和接口工作方式的设定。

1. I/O 端口编址

和 CPU 对内存的读写一样,CPU 要想对各个不同端口进行读写,就必须对端口进行编址。常用的 I/O 编址方式有两种,一种是统一编址,另一种是独立编址。

(1)统一编址

统一编址就是将存储器和 I/O 端口同等对待,共同分享这个地址空间。

这种编址方式,使得 CPU 访问内存的指令也适用于访问 I/O 端口,不需要专门的 I/O 端口指令了。

(2)独立编址

8086 系统采用独立编址。建立两个地址空间:内存地址空间,I/O 地址空间。在硬件上需要一个控制信号 $IO/\overline{M}$,该信号的作用是高电平时表示地址总线指向 I/O 地址空间,低电平时指向内存地址空间;在指令上需要专门 I/O 口读写指令用以区别于对内存的读写。

2. CPU 对端口的读写

CPU 对外设数据读写是通过 CPU 对 I/O 端口读写指令实现的。

读指令:IN AL/AX, PROT　;将端口 PROT 中的内容读入到 AL 或者 AX 中

例:IN AL, 30H　;从地址为 30H 的端口处读取 8 位信息存入 AL 中

例:MOV AX, 39H　;从地址为 30H 的端口处读取 16 位信息存入 AX 中

【注意】在 IN 和 OUT 指令中,只能使用 AX 或 AL 存放从端口读入的数据或向端口发送的数据。从端口中读取的是 8 位信息时用 AL,读取的是 16 位信息时用 AX。

例:MOV DX,0FFFH

　　IN AL,DX　;从地址为 0FFFH 的端口处读取 8 位信息存入 AL 中

例:MOV DX,0FFFH

IN AX,DX　　　　　;从地址为 0FFFH 的端口处读取 16 位信息存入 AX 中

【注意】如果端口地址为 8 位,则可直接使用其地址。如果端口地址为 8 位以上,则要将端口地址存入 DX 中。

至此,有了 I/O 接口的硬件连接与支持,CPU 对外设的读写就转化为对接口电路中端口的读写,再通过 I/O 端口读写指令的执行,两者的数据传送就实现了。

【例 8.1】图 8.1 为 I/O 接口的地址译码电路,试问是输入口还是输出口?对应有效地址有多少个?试写出对应有效的 I/O 地址范围。

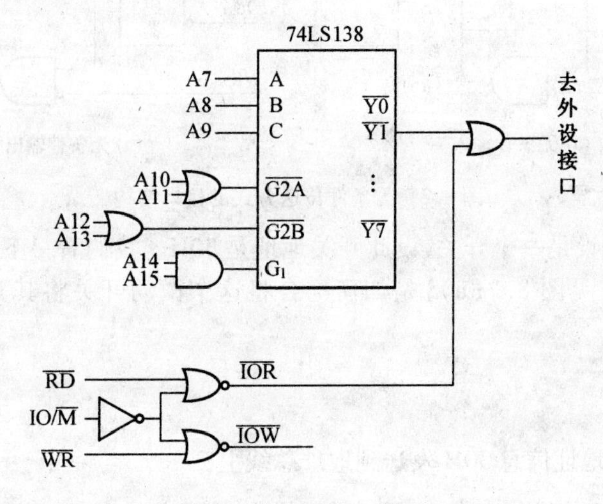

图 8.1　例题 8.1 图

因对外设接口连接的控制线是 $\overline{RD}$,所以该 I/O 接口为输入口。

因为 A6 ~ A0 共 7 位未参加译码,所以有效地址为 $2^7 = 128$ 个。

所占有 I/O 地址范围:C080H ~ C0FFH。

8.2　CPU 和外设之间的数据传输方式

在为 CPU 与外设之间搭设好接口的之后,CPU 与外设数据传输只需简单的两个端口读写指令就能实现。这两个指令什么时候可以正确执行,还必须看外设是否准备好数据。接口中设置了向 CPU 提供了外设是否准备好的状态信息。对于工作繁忙的 CPU,除了应对外设,还有许多工作要做。怎样根据不同情况合理、高效地处理和外设数据传输的问题,就集中体现在如何获取这个状态信息了。

一般有四种方式:无条件传输方式、程序查询方式、中断方式、DMA 方式

8.2.1　无条件传输方式及其应用举例

1. 无条件输入方式

像微动开关这样比较简单的器件作为输入设备时,由于其开关状态一般情况下保持时间较长,相对于 CPU 的处理速度可看作是恒定不变的,在 CPU 读取这种外设状态时,作为接口可直接使用三态缓冲器和数据总线相连。此时认为该外设总是准备就绪状态,可直接执行端口读入指令进行数据读人。这就是无条件输入方式。

其实这种无条件方式还是有条件的，就是要求传送不能太频繁，以保证每次传送时外设开关状态都处于稳定状态。

这种接口的基本结构如图 8.2 所示。

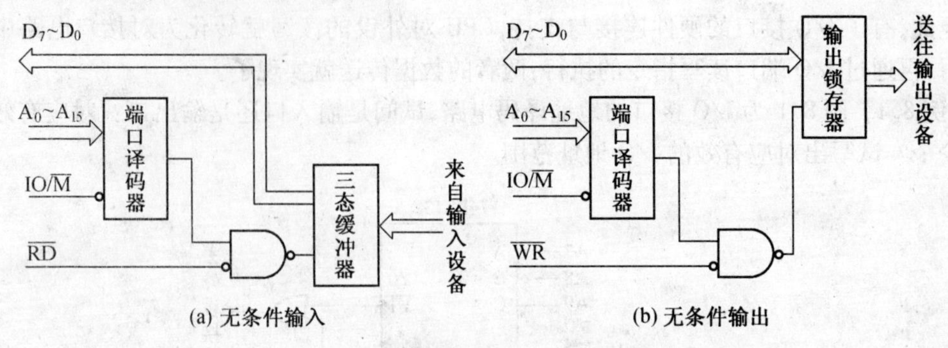

图 8.2　无条件传送方式的接口结构

这里假设输入外设是一个开关，设此开关地址是 30H。我们看一下当 CPU 执行 IN 指令时，无条件输入接口（见图 8.2（a））是如何配合将这个微动开关将其开关状态的数据传入 CPU 的。

IN AL, 30H

执行此指令时：

(1) CPU 将端口地址信息 30H 发送到地址总线上；

(2) CPU 使 IO/$\overline{M}$ 信号线变高，表示对端口操作，而不是内存；

(3) 以上两个信号通过译码器产生译码信号，此时读信号$\overline{RD}$有效；

(4) 译码信号和$\overline{RD}$信号通过一个与非门逻辑，产生使能信号；

(5) 使能信号打开三态缓冲器，使其中早已准备好的输入数据送入数据总线，传给 AL。

一个简单的无条件输入接口可用三态缓冲器芯片（比如 74LS244）加地址译码器加一个门逻辑构成。

2. 无条件输出方式

像 LED 这样比较简单的器件作为输出设备时，在电路连接正确的情况下，只要给一个高电平或低电平，LED 就会立即变亮或熄灭，不需做任何复杂的处理就可有相应效果。CPU 向这种外设输出控制信息时，只需简单地执行输出指令即可。作为接口可直接使用输出锁存器和数据总线相连，以保持 CPU 向 LED 输出的数据。此时认为该外设总是准备就绪状态，随时可接收 CPU 的输出。这就是无条件输出方式。

将 LED 作为输出设备，设其地址是 30H，看一下当 CPU 执行 OUT 指令时，无条件输出（见图 8.2（b））接口如何配合帮助 CPU 将数据传给发光二极管的。

OUT 30H, AL

执行此指令时：

(1) CPU 将端口地址信息 30H 发送到地址总线上；将 AL 里的数据送到数据总线上；

(2) CPU 使 IO/$\overline{M}$ 信号线变高，表示对端口操作，而不是内存；

(3) 以上两个信号通过译码器产生译码信号，此时写信号$\overline{WR}$有效；

(4)译码信号和$\overline{WR}$信号通过一个与非门逻辑,产生使能信号;

(5)使能信号作用于输出锁存器,使得总线上的数据送入锁存器中,锁存器保持此数据,锁存器所连外设产生相应效果。

这里要求 CPU 在执行端口写指令时,确信选中的输出锁存器是空的。

一个简单的无条件输出接口可由锁存器(如 74LS273 芯片)加一个地址译码器加一个门逻辑构成。

【例 8.2】用 8086 检测开关的 ON/OFF 状态,ON 则使电珠发亮,OFF 则使电珠灭。

解:分析:这是一个典型的无条件输入输出的应用实例。开关状态可以通过无条件方式读取;电珠亮灭可用无条件输出方式实现控制。

电路设计:

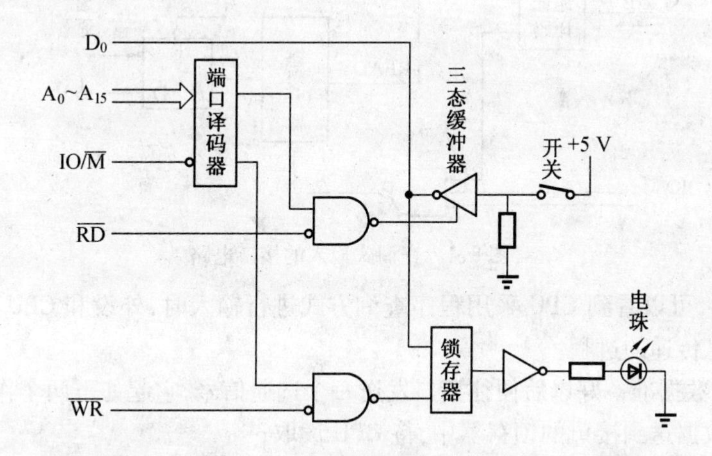

图 8.3　例 8.2 中无条件传送方式的接口应用图

设 A15 ~ A0 对应的端口地址用 PORT 代表,则相应汇编程序段如下:

```
INPUT:    IN   AL  PORT
          TEST   AL, 01H          ;检测开关状态
          JNZ  LED_ON
LED_OFF:MOV    AL, 0FFH
        OUT    PORT, AL           ;闭合,则输出 0,使电珠发亮;
        CALL   DELEY
        JMP   INPUT
LED_ON:   MOV    AL,00H
          OUT    PORT, AL         ;开关断开,则输出 1,使电珠灭;
          CALL   DELEY
          JMP   INPUT
```

8.2.2　程序查询方式及其应用举例

一般输入输出设备并非像开关、LED 这样简单。对于输入设备,CPU 需要看它是否将数据准备好了,确信准备好了,才能从它那里读取数据;对于输出设备,CPU 需要看它是否处于空闲状态,只有在其空闲时,CPU 才能往它那里输出数据。这两种情况下,就需要接口增加对外设状态信息的接收、处理部分。

1. 查询式输入接口

对于用来支持程序查询输入的接口,其电路结构如图 8.4 所示。我们看到它不仅要为数据传递铺路,还要为外设是否准备好的状态信息架桥。这个桥主要由一个 D 触发器和一个三态缓冲器搭成。

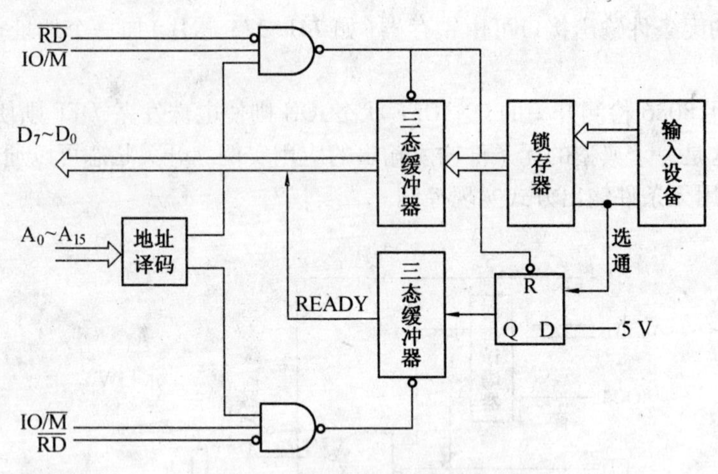

图 8.4 查询式输入的接口电路

分析图 8.4,可以看到 CPU 采用程序查询方式进行输入时,外设和 CPU 分别利用接口这个桥梁进行信息传递的过程。

(1)外设在数据准备好以后便往接口发送一个选通信号,它起如下两个作用:

①将外设数据送到接口的锁存器中,待 CPU 读取;

②同时它要作为状态信息通过接口送给 CPU。即让接口中的 D 触发器输出 1,再通过一个三态缓冲器输出 1,送数据总线。这个信号是表示外设准备好的信号,起名叫 READY。

(2)CPU 先读取接口中存储状态的端口,以此判断外设是否准备就绪。

(3)如准备就绪,则对存储数据的端口执行输入指令。指令执行时产生的控制信号$\overline{RD}$、IO/$\overline{M}$ 和地址译码产生的译码信号联合作用,通过一个与非门把 D 触发器清零,致使三态缓冲器输出的状态位 READY 就也被清零,表示接口中锁存器存储的外设数据已被 CPU 读取,现已空,等待外设将下一个数据送入。

查询式输入过程的程序流程图如图 8.5 所示。

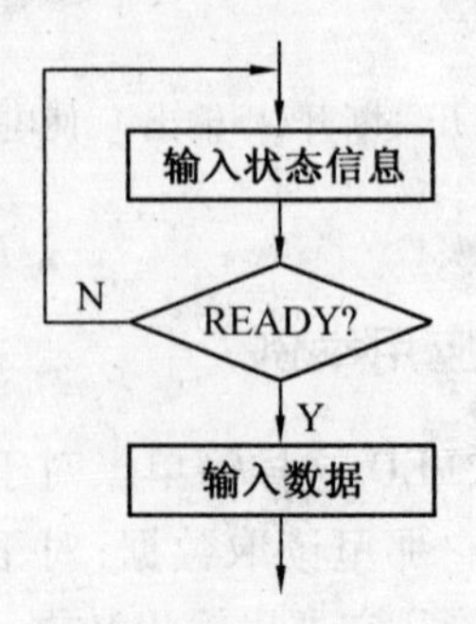

图 8.5 查询式输入程序流程

假设将状态位连到数据总线的 D7 位上，状态口端口地址用 STATUS_PORT 表示，数据口端口地址用 DATA_PORT 表示，则有查询式输入的对应程序如下：

```
POLL:  IN   AL, STATUS_PORT    ;从状态口输入状态信息
       TEST  AL, 80H           ;检查 READY 是否为 1
       JE   POLL               ;未准备好，循环查询
       IN   AL, DATA_PORT      ;准备好，从数据口读入数据
```

2. 查询式输出接口

CPU 和外设进行查询式数据输出时，是这样规定的：当 CPU 要往一外设输出数据时，先查外设状态，如果有空，可往外设送数，CPU 可执行输出指令，否则 CPU 必须等待。对于用来支持程序查询输出的接口，和查询输入结构类似，其电路结构如图 8.6 所示。

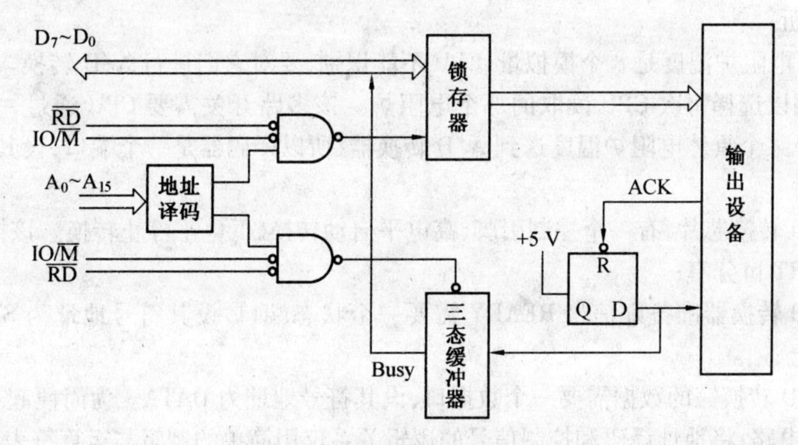

图 8.6　查询式输出的接口电路

在该接口电路中，同样有一个 D 触发器，它起到 CPU 和外设之间打招呼的作用。当 CPU 执行输出指令时，产生的 IO/$\overline{M}$、$\overline{WR}$以及端口地址译码信号共同作用，把数据打入数据锁存器，同时 D 触发器输出 1，一方面送给外设，用以告诉外设 CPU 已经将数据存在锁存器里；一方面传到状态锁存器，作为 Busy 信号回送 CPU，表示外设正忙；当输出设备从锁存器中取走数据后，送一个应答信号 ACK，该信号使 D 触发器复位，即置 0，通过三态缓冲器送到 CPU，表示外设处于空闲状态，这样 CPU 可进行下一次输出。

查询式输出过程的程序流程图如图 8.7 所示。

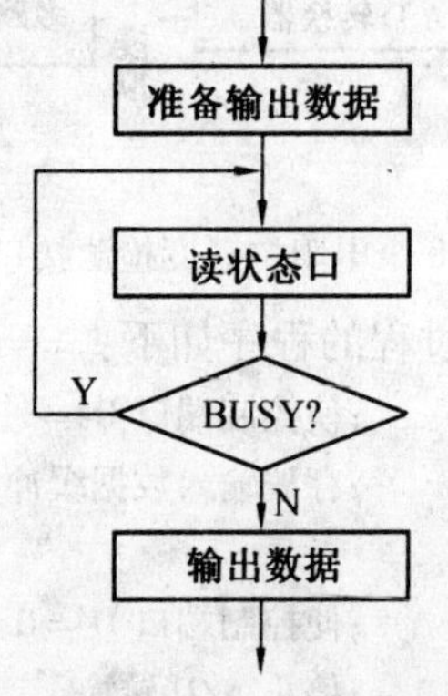

图 8.7　查询式输出程序流程

假设欲将缓冲区地址为 STORE 中的数输出到外设。状态位 BUSY 连到数据线 D7 位上，状态口端口地址用 STATUS_PORT 表示，数据口端口地址用 DATA_PORT 表示，则有查询式输出的对应程序如下：

```
POLL:  IN   AL, STATUS_PORT          ;从状态口输入状态信息
       TEST  AL, 80H                 ;检查 BUSY 是否为 1，忙
       JNE  POLL                     ;忙，循环查询
       MOV   AL, STORE               ;不忙，从缓冲区取数
       OUT   DATA_PORT , AL          ;从数据口输出数据
```

【例 8.3】CPU 采用查询方式分别对 8 路电阻炉进行温度采集。请设计实现该功能的接口框图。

解 分析：

(1)8 路电阻炉温度是 8 个模拟量，CPU 不能识别，要对它们进行 A/D 转换。可采用一个多路开关，用以选择每次 CPU 读取的那个电阻炉。该多路开关需要 CPU 通过一个译码器控制，用以选择某个具体电阻炉温度送到 A/D 转换器，所以译码器是一个端口，设其符号地址为 PORT；

(2)A/D 转换芯片，有一个控制引脚，高电平启动转换，低电平停止转换。该控制信号只 1 位，可与 PORT 口分享；

(3)A/D 转换器准备好信号 READY 需要一个状态端口，设其符号地址为 STATUS，连到数据线 D7 上；

(4) A/D 转换完的数据需要一个数据口，设其符号地址为 DATA。为简便起见，图中舍去复杂的逻辑电路，将地址译码和控制信号的逻辑关系仅用简单的逻辑与运算符表示。

按以上分析，设计其接口结构如图 8.8 所示。

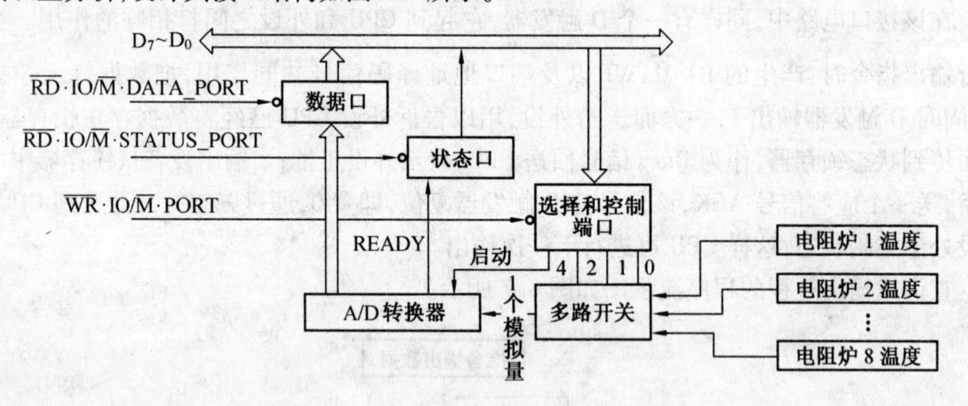

图 8.8　8 个电阻炉温度检测接口电路结构

在图 8.8 基础上实现数据采集过程的程序如下：

```
START:  MOV    DL, 0F8H         ;使控制端口 D4=1，设置启动 A/D 转换信号
        LEA    DI, DSTOR        ;存放输入数据缓冲区的地址偏移量到 DI
AGAIN:  MOV    AL, DL
        AND    AL,0EFH          ;使控制端口 D4=0
        OUT    PORT, AL         ;停止 A/D 转换
        CALL   DELAY            ;等待停止 A/D 操作的完成
```

```
        MOV     AL, DL
        OUT     PORT, AL              ;启动 A/D,选择指定 1 号电阻炉
POLL:   IN      AL, STATUS_PORT       ;输入状态信息
        SHR     AL,1
        JNC     POLL                  ;若未准备好,循环等待
        IN      AL,DATA_PORT          ;准备好,则输入数据
        STOSB                         ;存至内存
        INC     DL                    ;指向下一个电阻炉
        JNE     AGAIN
NEXT:                                 ;8 个电阻炉温度未检测完,循环
                                      ;都检测完,执行 NEXT 以后的程序
```

8.2.3 中断方式

从图 8.5 和图 8.6 的查询式输入输出的软件流程来看,需要 CPU 不断的读取外设状态字,并检测它是否是准备好状态,如果外设长时间没准备好,CPU 就一直不断的循环查下去,占用大量时间,而实际 CPU 执行输入输出指令的时间是非常短暂的。

如果 CPU 面对多个外设需要信息传递,效率就极低了,针对每个外设都这样问,这样等,很难及时满足各个外设的输入输出服务要求,根本谈不上实时性。所以在实时性要求高和带多个外设的系统中,查询方式就不适用了。

为了提高 CPU 的使用效率,同时使系统具有实时性能,考虑采用中断传送方式。外设的状态信息以中断信号的方式送 CPU,当输入设备准备好数据或输出设备可以接受数据时,就向 CPU 发出中断请求,使得 CPU 暂停正在运行的程序,转而与外设进行一次数据传输,待完成后,CPU 再返回原来运行程序的断点处,继续执行。这样就免去了查询方式中 CPU 要不断查询外设状态,直到其准备好的这个循环查询过程,使 CPU 解放出来去做别的事情,大大提高了 CPU 的使用效率。

中断方式接口电路如图 8.9 所示。接口电路为外设发出的选通信号准备了一个 D 触发器作为接收中断信号的存储器,但该触发器输出信号是否被 CPU 接收,还取决于中断屏蔽字触发器,如果该触发器被 CPU 置 1,则接口电路即产生一个中断请求信号 INTR 给 CPU。

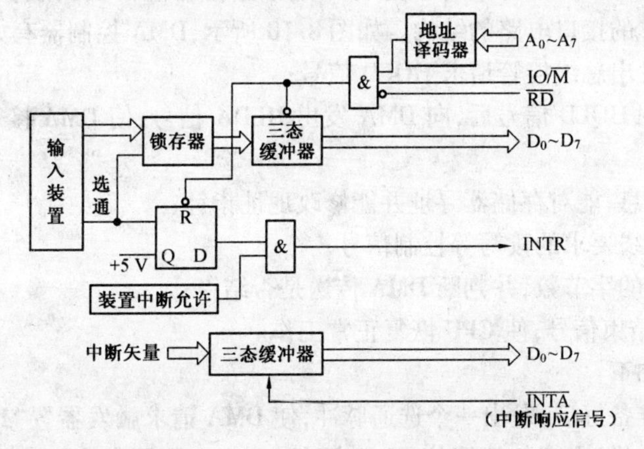

图 8.9　中断方式输入的接口电路

CPU 接到中断请求信号后,还要看其内部的一个中断允许触发器状态是否为 1,只有在其为 1 的条件下,CPU 才能暂停当前执行的指令,向接口发出中断响应信号$\overline{INTA}$,该信号使接口已经准备好的中断矢量送到数据线上,CPU 以此中断矢量为依据转入相应的中断服务子程序,同时清除中断请求标志。中断处理完后,再返回被中断的程序继续执行。

说明:8086 中断方式实现需要专门的中断控制芯片 8259 的参与。这里暂不介绍。可参考其他资料学习。

8.3 DMA 方式

8.3.1 DMA 传送方式的提出

与查询式方式相比,中断方式大大提高了 CPU 工作效率。但执行输入输出任务的是 CPU,每进行一次输入输出,都得运行一遍中断处理子程序;而且在中断子程序中,为了 CPU 执行完中断服务程序后能正确返回原来程序,通常要有一系列保护寄存器和恢复寄存器的指令,还有关、开中断指令等,很占用时间。另外在中断传输方式中,CPU 和外设之间每次只能传输一个字节或字,对于一些处理速度快、且一次需要大量数据传输的外设,比如磁带、磁盘、模数转换器来说,效率极低。

DMA(direct memery access)方式为这一问题的解决开辟了新思路。DMA 方式采用一个专门的接口电路,该接口电路除具有一般接口的基本功能外,还具有总线管理功能,就是在数据传输时,DMA 总线管理器接管总线管理权,直接利用总线资源架起外设和存储器之间进行高速数据传输的桥梁,不需 CPU 参与。

在用 DMA 方式进行数据传输时,需要利用总线资源。但系统总线是由 CPU 或总线控制器管理的。所以在用 DMA 方式进行数据传输时,接口电路需要向 CPU 发出接管总线请求,CPU 接到后,让出总线,把总线控制权给 DMA 接口电路中的总线控制器。

8.3.2 DMA 方式传送接口的结构特点

我们从上面实现计算机内存与外设进行大量数据传输的需要出发,学习为适应于 DMA 方式传输特点而设计的接口电路的结构。如图 8.10 所示,DMA 控制器有如下功能:

(1)能向 CPU 发出总线接管请求 HOLD 信号;

(2)当 CPU 收到 HOLD 信号后,向 DMA 发出 HLDA 信号,使 DMA 接管对总线的控制,进入 DMA 方式;

(3)发出地址信息,能对存储器寻址并能修改地址指针;

(4)发出符合总线要求的读写等控制信号;

(5)能预订传送的字节数,并判断 DMA 传送是否结束;

(6)发出 DMA 结束信号,使 CPU 恢复正常工作。

具体工作过程如下:

当外设把数据准备好后,发出一个选通脉冲,使 DMA 请求触发器置“1”。它有两个走向,一是向控制/状态端口发出准备就绪信号,一是向 DMA 控制器发出 DMA 请求。控制器接收到 DMA 请求后,就向 CPU 发出 HOLD 信号,要求接管总线,CPU 在执行完当前的机器周期后,

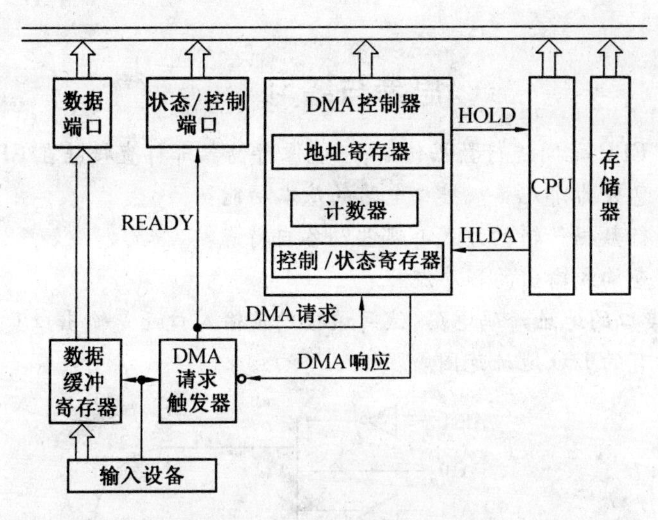

图 8.10 DMA 控制器结构

作为 HOLD 的响应信号,CPU 发出 HLDA 信号,允许 DMA 接管总线。于是 DMA 接管总线,向地址总线发出地址信号,向数据总线发出数据信号,并给出存储器写命令,这样就把外设输入的数据写入了存储器。然后修改地址指针,修改计数器,检查传输是否结束,若没结束则循环上述操作直至整个数据块传送完毕。

当整个数据块传送完后,DMA 控制器撤除总线请求信号(HOLD 变低),在下一个总线 T 周期的上升沿,HLDA 也变低,CPU 重新接管总线控制权。

本章小结

CPU 是按总线周期进行有节律的工作,而外设数据变化各异。为了实现 CPU 与外设之间的数据传输,必须用到接口。一个基本的接口,必须有数据锁存器和三态缓冲器,在接口中叫端口,用以暂存 CPU 输出的数据,或从外设读入的数据,还有对端口的地址译码逻辑,再配合一些基本的控制信号 $IO/\overline{M}$、$\overline{RD}$、$\overline{WR}$等,这样 CPU 对端口的读写指令 in、out 就可执行了。

对于不同的外设,可选择不同的方式将外设可传送或可接收数据的状态信息通知 CPU。

无条件传输方式:对于简单外设,可认为数据总是准备好的,无需对外设状态信息进行检测,用上面具有基本功能的接口即可,这时 CPU 随时执行 in、out 指令就可进行数据传输。

程序查询方式:对于外设数据变化频繁的外设,需要接口时刻关注其状态的,在接口中要为其设置一个状态监测端口,CPU 循环查询其状态,一旦准备好,再执行 in、out 指令。

中断方式:为了把 CPU 从查询外设是否准备好的重复工作状态中解脱出来,提高其效率,在接口中让表示外设状态的信号以中断的方式送到 CPU,CPU 如果允许此中断,可进入相应的中断服务程序中执行 in、out 指令,但中断中还必须有一些其他为中断所必需的指令如保护寄存器和恢复寄存器的指令,还有关、开中断指令。

DMA 方式:由 DMA 控制器进行控制,完成外设之间、外设和内存之间的数据传送。

前三种方式需 CPU 参与,执行 in、out 指令读取数据,而且每次只能读一个。为了更大程度的解脱 CPU,而且能够实现大块数据的一次传输,在接口中设计出专门的 DMA 控制器,它能从 CPU 或总线控制器接管总线控制权,直接管理总线,让外设直接和内存之间以固定的顺序大块的传输数据。

思考与练习

1. 为什么外设与 CPU 之间进行数据传输,不能像存储器那样直接挂在 CPU 总线上?

2. 接口电路的信息分为哪几类?接口电路的基本功能?

3. CPU 与外设进行数据传输的方式有哪些?各自特点?

4. 用方框图说明查询式输出的程序流程。

5. 图 8.11 为某接口的地址译码电路,试问该接口是输入口还是输出口?其对应有效地址有多少个?写出所占有的 I/O 地址范围。

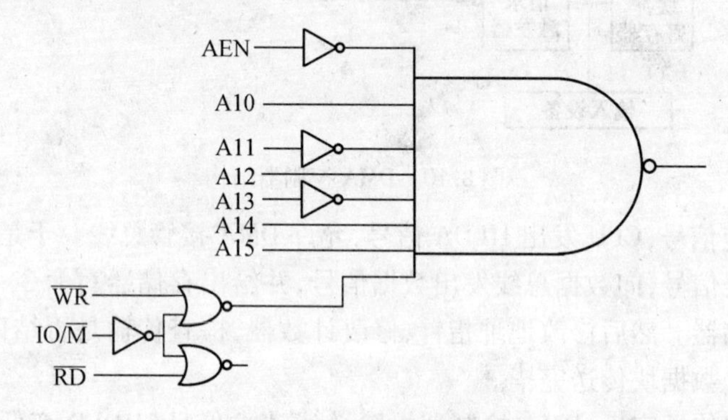

图 8.11 译码电路

6. 8086/8088CPU 输入输出指令中对 I/O 端口的寻址方式?

7. 试述中断方式传输过程,由什么信号启动的?

8. 说明 DMA 传输方式的产生原因。

9. 试用锁存器芯片(如 74LS273)、一个地址译码器和门电路,设计一个控制 8 个发光二极管发光的接口电路。

10. 试用三态门芯片(如 74LS244)、地址译码器和门逻辑电路设计一个开关量的输入接口,编写程序判断 8 个开关量的开关状态,如果所有的开关都闭合,则程序转向标号为 BIHE 的程序端执行;否则转向 NEXT 的程序段执行。

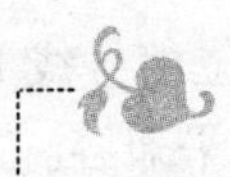

第9章　可编程并行接口芯片

学习目标：通过对8255的接口结构、控制字、三种工作方式的学习，能进行相关接口电路设计和编程。

学习重点：掌握控制字，掌握8255的方式0与方式1的接口结构，应用方法。

9.1　可编程接口芯片

从上一章，我们了解到，CPU和外设进行数据传输，总是需要一个接口电路。不同的传输方式，接口电路也有不同的结构。随着大规模集成电路技术的发展，出现了许多通用的可编程接口芯片，其接口功能可用由CPU通过写入控制字予以设定或改变，使其更具有通用性。可编程接口芯片有并行接口和串行接口两大类。

本章以并行接口8255为例说明接口芯片的主要结构和使用方法。通用可编程并行接口一般应具备如下部件或功能：

(1)锁存器或缓冲器，用以存放数据或状态，即端口；

(2)作用于端口，起到协调CPU和外设之间端口数据传递的各种控制信号、状态信号、选通信号、应答信号等；

(3)实现端口数据以中断方式与CPU交换信息所需的电路；

(4)地址译码和控制电路；

(5)存储对端口数据传送方向、外设与CPU传输方式进行选择设定的控制寄存器，可由CPU写入。

可编程接口芯片在使用之前，必须通过CPU向其控制寄存器写入控制字，以选择相应的工作方式，才能正常工作。这个写入控制字的过程叫初始化。

9.2　可编程并行接口8255

在第8.2节的图8.8里8个电阻炉温度检测接口电路结构中，设置了三个端口，都要以并行的方式与数据总线连接。这三个端口分别存储以下数据：一个是A/D转换完的数据，一个是A/D转换器准备好的状态信息，一个是供给多路开关以选择不同的被测电阻炉的3位二进制数，所以该接口是一个具有多个端口的并行接口。这样的并行接口结构在实际应用中是很常见的，可编程并行接口8255就是满足这种要求的通用并行I/O接口。

9.2.1 8255 的结构

8255 结构(图 9.1)是一个 40 引脚封装的双列直插式芯片,其引脚除了 8 位双向数据线(D7 ~ D0)、2 位地址线 A1 ~ A0、读控制线 $\overline{RD}$,写控制线 $\overline{WR}$、片选线 $\overline{CS}$ 与复位信号线 RESET 外,还有端口 A、端口 B、端口 C 各自 8 个口线。+5V 供电,全部信号与 TTL 电平兼容。主要由以下几部分组成。

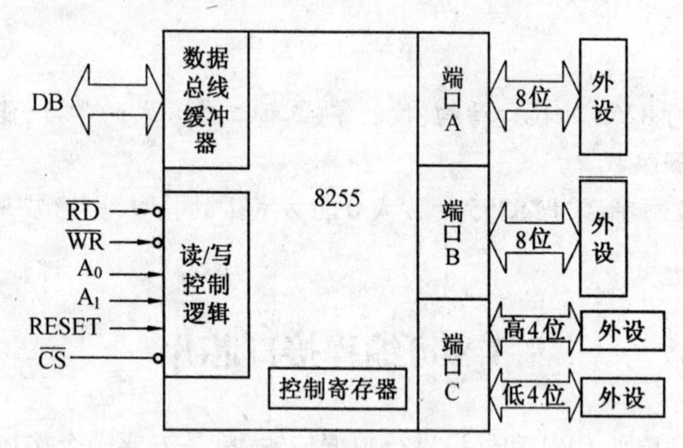

图 9.1 8255 方框图

1. 端口部分

一个控制寄存器端口,三个输入输出端口:端口 A、端口 B、端口 C。

端口 A:一个为数据输出设置的 8 位锁存器和缓冲器,一个 8 位数据输入锁存器。

端口 B:一个 8 位数据输出锁存缓冲器,一个 8 位数据输入缓冲器。

端口 C:一个 8 位数据输出锁存/缓冲器,一个 8 位数据输入缓冲器(输入没有锁存)。

端口 C 可作为一般输入输出接口使用,也可通过控制字设定,分成高 4 位和低 4 位两块,分别和端口 A、端口 B 配合使用,作为输出到外设的控制信号或从外设输入的状态信号。通常称端口 A+端口 C 高 4 位为 A 组,称端口 B+端口 C 低 4 位为 B 组。

控制寄存器:CPU 可向控制寄存器写入一字节数据,叫控制字,以决定 8255 的工作方式;控制逻辑电路根据不同控制字可实现三种不同的工作方式。

2. 与系统总线的接口部分

数据缓冲器:它是一个三态双向 8 位缓冲器,是 Intel 8255A 与系统数据总线的接口。输入/输出的数据以及 CPU 向 8255 发出的控制字及接口电路的状态信息,都是通过这个缓冲器传送的。

读写控制逻辑:该控制逻辑部分对 CPU 的地址总线中的 A1、A0 以及有关的控制信号($\overline{RD}$、$\overline{WR}$、RESER、$\overline{CS}$、IO/$\overline{M}$)进行逻辑运算,产生的信号用以把 CPU 发来的控制字或输出数据送至相应端口;同时也把外设的状态信息或输入数据通过相应的端口送至数据总线。

3. 各种控制信号

(1)$\overline{CS}$(Chip Select):片选信号,低电平有效。有效时,8255 被 CPU 选中,是二者之间进行通信的必要条件。

(2)$\overline{RD}$:读信号,低电平有效。有效时,控制 8255 将端口数据送到 CPU 的累加器中。

(3) $\overline{WR}$:写信号,低电平有效。有效时,把 CPU 输出的数据或命令写入 8255 端口。

(4) RESET:复位信号,高电平有效。有效时,清除控制寄存器,置所有端口为输入方式。

(5)地址信号 A1、A0:用以组合起来对各端口进行寻址。

设 A9~A2 参与对 8255 的片选,A9=A8=1,A7=…=A2=0,则 8255 各端口地址分配具体见表 9.1(本章以后用到 8255,如不特别说明其端口都默认为此地址)。

表 9.1　8255 各端口地址表

	端口 A	端口 B	端口 C	控制寄存器
A1　A0	00	01	10	11
A9=A8=1, A7=…=A2=0	300H	301H	302H	303H

9.2.2　8255 的控制字

8255 的控制字按其首位 D7 置 1 或 0,分别有两个不同的功用。

置 1,作为工作方式选择控制字用;

置 0,按位置位/复位功能控制字,即控制端口 C 的每一位分别输出 1 或 0。

1. 控制方式选择

在此功用时,可将 8255 的控制字划分为三部分(详见图 9.2)。

D7 位:方式标志位,置 1,该字作为工作方式控制字使用;

D6~D3 位:用以控制端口 A、端口 C 上半部(PC7~PC4)的工作方式与输入输出;

D2~D0 位:用以控制端口 B、端口 C 下半部(PC3~PC0)的工作方式与输入输出。

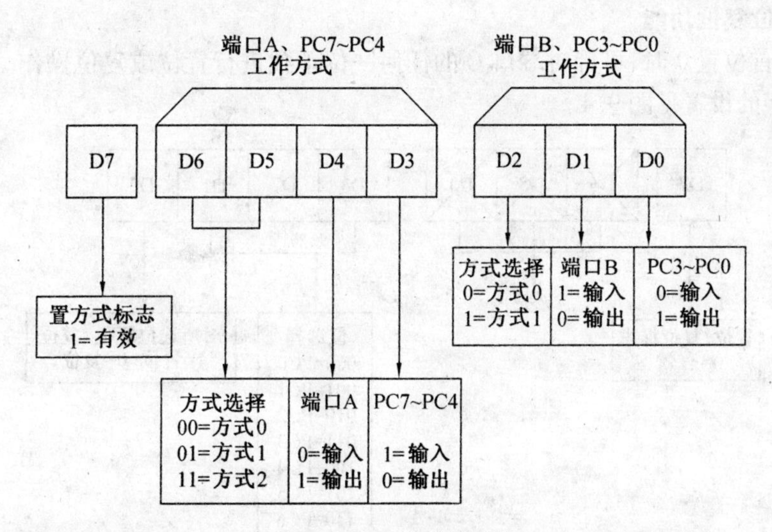

图 9.2　8255 方式控制字

【例 9.1】要求 8255 端口工作于如下工作方式,写出初始化程序(向 8255 写入控制字的过程又叫初始化)。

端口 A　　　方式 0　　　输入

端口 B　　　　方式 1　　　　输出
端口 C 上半部(PC7 ~ PC4)　　　　输出
端口 C 下半部(PC3 ~ PC0)　　　　输出

解:按图 9.2 对控制字设置如图 9.3 所示:

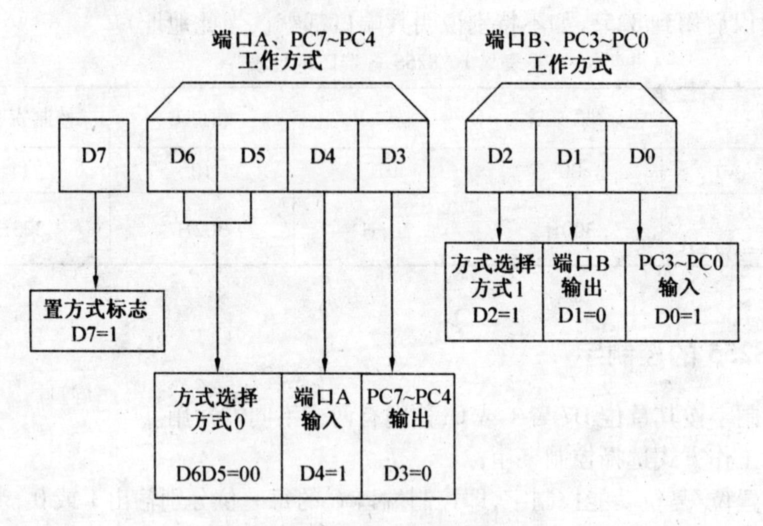

图 9.3　例 9.1 中 8255 方式控制字

所以方式控制字 = 10010101B。相应初始化程序如下:

```
CONW:  EQU   303H           ;控制字端口地址
       MOV   AL, 10010101B  }
       OUT   CONW, AL       } ;输出方式控制字
```

2. 按位置位复位功能

当控制字首位置 0 时,可针对端口 C 的任何一位单独进行置位或复位操作。该功能主要用于控制,该字的设置见图 9.4。

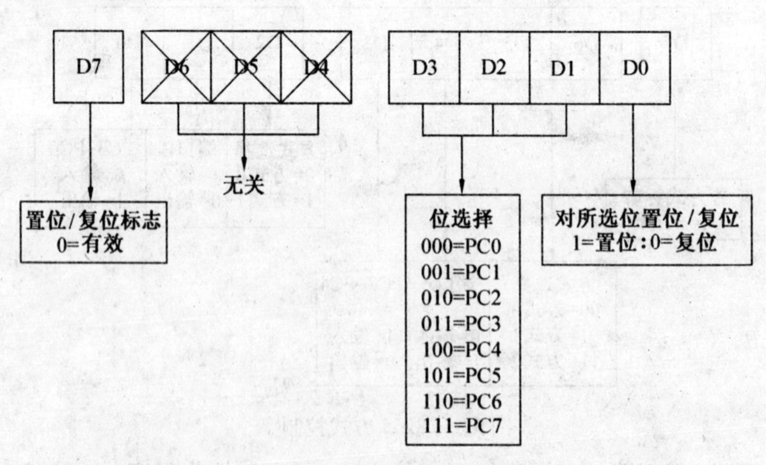

图 9.4　端口 C 按位置位/复位控制字

【例 9.2】使端口 C 的 PC3 位置位之后,再复位,写出初始化程序。

解:参考图 9.4,端口 C 的 PC3 置位控制字应为 00000111B;使它复位的控制字

00000110B。相应的初始化程序:

```
CONW:EQU  303H              ;控制字端口地址
      MOV  AL, 00000111B }
      OUT  CONW, AL      } ;使PC3置位
      MOV  AL, 00000110B }
      OUT  CONW, AL      } ;使PC3复位
```

9.2.3 8255的三种工作方式

1. 方式0

方式0属于无条件传输方式,对应的外设信号都是不随时间变化,且符合总线标准的简单信号。比如输入信号是开关状态,输出信号是指示灯的亮、灭等。外设数据可直接在8255的各端口得到锁存或缓冲,因此8255的方式0称基本的输入输出方式。

8255的PA口、PB口、PC口都可通过方式控制字设定为方式0。

【**例9.3**】要求8255端口工作于如下工作方式

端口A	方式0	输入
端口B	方式0	输出
端口C上半部(PC7~PC4)	方式0	输出
端口C下半部(PC3~PC0)	方式0	输出

解 参考图9.2和表9.1,可得方式控制字:10010000。

```
CONW:EQU  303H              ;控制字端口地址
      MOV  AL, 10010000B }
      OUT  CONW, AL      } ;输出方式控制字
```

2. 方式1

方式1属于中断式输入输出方式,从外设和8255的关系角度,通常又称选通的输入输出方式。端口A和端口B可分别设置成此方式,也可只有端口A或者端口B设置成此方式。此方式下,端口A、端口B仍作为数据的输入/输出口,但同时规定端口C的两位配合作为8255和外设之间的选通与应答信号;一位作为向CPU发出的中断请求信号。

说明:

① 若只有一个端口工作于方式1,则余下的13位口线,可以工作在方式0(可由方式控制字设置)。

② 若A、B两个端口都工作于方式1,此时端口C还余下两位,这两位可由控制字指定输入/输出功能,同时也具有置位/复位功能。

(1)方式1输入

方式1输入原理结构见图9.5。

① $\overline{\text{STB}}$(Strobe):选通输入,低电平有效。由外设供给的输入信号,有效时,将外设来的数据送入输入端口。

② IBF(Input Buffer Full):输入缓冲器满,高电平有效。是8255送至外设的联络信号,有效时,表示数据已输入至输入端口。它由$\overline{\text{STB}}$置位(置高电平),$\overline{\text{RD}}$上升沿使其复位。

③ INTE_A(Interrupt Enable A)和INTE_B:中断允许控制位。

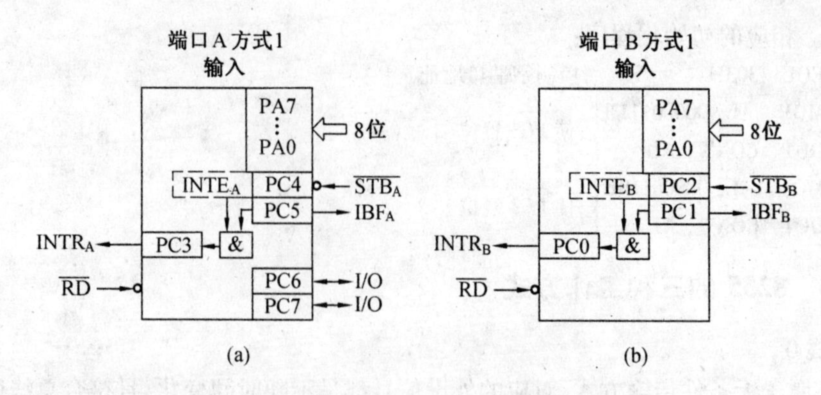

图 9.5　端口 A 和端口 B 方式 1 输入组态

$INTE_A$,端口 A 中断允许控制位,可由用户通过对 PC4 的按位置位/复位功能来控制(PC4 = 1,允许中断)。而 $INTE_B$ 为端口 B 的中断允许控制位,由 PC2 的置位/复位控制。

④ INTR(Interrupt Reguest):中断请求信号,高电平有效。是 8255 的一个输出信号,可用作向 CPU 的中断请求信号,在 IBF 和 INTE 都是高电平时,INTR 置位,有效;由$\overline{RD}$信号的下降沿使其复位。对于端口 A 对应的此位为 PC3,对于端口 B 对应的此位为 PC0,详见图 9.5。可分别通过读取 PC3 或 PC0 获得 INTR 的状态。

CPU、8255 与外设按照图 9.5(a)的方式 1 连接好之后,就可以进行选通的输入过程了。工作过程如下:

外设一旦准备好了向 CPU 输入数据后,通过选通信号$\overline{STB}$送入 8255 的 PA 口,之后 8255 输出应答信号 IBF_A 给外设,阻止外设输入新的数据,同时该信号也可连到数据总线,供 CPU 查询,表明 8255 已有了由外设输入的数据;选通信号结束后,8255 向 CPU 发出中断请求 INTR(在中断允许的条件下)。CPU 响应中断,在中断程序中通过相应的 IN 指令发出$\overline{RD}$信号,把数据读入累加器,同时清除中断请求。$\overline{RD}$的上升沿使 IBF_A 变低,表示 8255 的输入端口数据已被 CPU 取走,通知外设可输入新的数据。之后其下降沿使 INTR 变低,表示一个中断过程结束。

(2)方式 1 输出(图 9.6)

图中各个联络信号的功能如下:

① $\overline{OBF}$(Output Buffer Full):输出缓冲器满信号,低电平有效。是 8255 送给外设的一个控制信号,在 8255 某端口设置成方式 1 输出时,CPU 在程序中对此端口执行 OUT 指令,产生的$\overline{WR}$信号的上升沿使该信号变低,由$\overline{ACK}$的有效信号使其恢复为高。

②$\overline{ACK}$(Acknowledge):低电平有效。这是外设的响应信号。有效时,表示 CPU 输出给 8255 的数据已由外设接收。

③ $INTE_A$ 和 $INTE_B$

$INTE_A$ 由 PC 6的置位/复位控制,而 $INTE_B$ 由 PC 2的置位/复位控制。

④ INTR(Interrupt Reguest):中断请求信号,高电平有效。是 8255 的一个输出信号,可用作向 CPU 的中断请求信号,当接收装置已经接收了 CPU 的数据后,作为要求 CPU 继续输出数据的请求信号。在$\overline{ACK}$和 INTE 都是高电平时,INTR 置位,有效;而$\overline{WR}$信号的下降沿使其复

位。

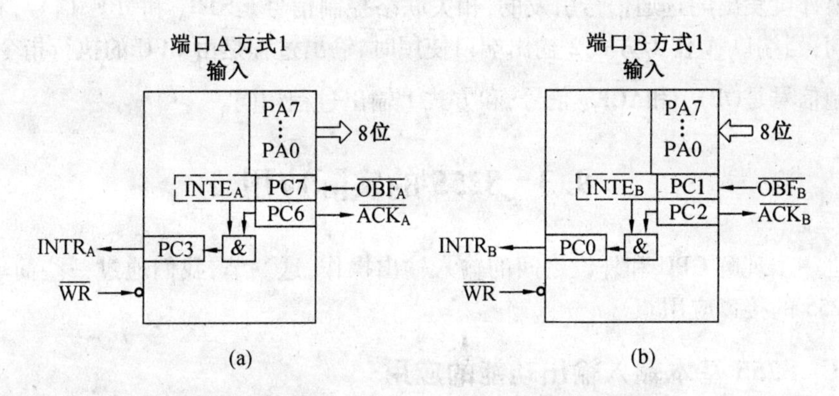

图 9.6　端口 A 和端口 B 方式 1 输出组态

3. **方式 2**

方式 2(图 9.7)能够使外设能通过 8255 的一个端口实现双向 I/O 功能,即可通过这一个端口既能发送数据,又能接收数据。

方式 2 为查询和中断两种输入输出方式都提供了方便,只有 8255 的端口 A 有此功能。

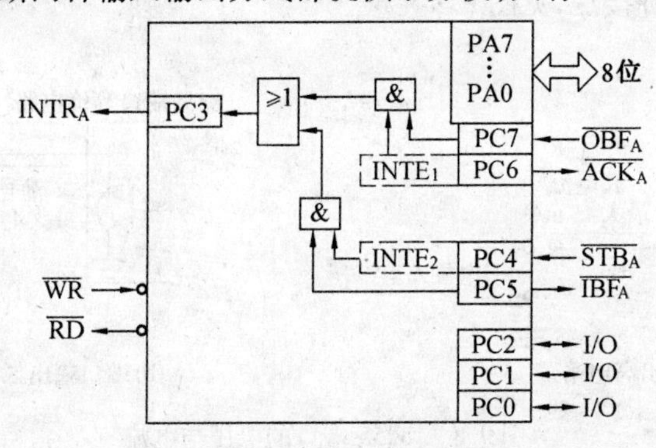

图 9.7　8255 方式 2 组态

图 9.7 中各信号的功能如下:

①INTR:中断请求,高电平有效。可用来作为向 CPU 发出中断请求。

②$\overline{OBF}_A$:输出缓冲器满,低电平有效,对外设的一种联络信号,表示 CPU 已把数据输出至端口 A。

③$\overline{ACK}_A$:外设送入的响应信号,低电平有效,$\overline{ACK}$的下降沿启动端口 A 的三态输出缓冲器,送出数据;否则输出缓冲器处在高阻态,其上升沿是数据已输出的回答信号。

④$INTE_1$:与输出缓冲器相关的中断屏蔽触发器,由 PC6 的置位/复位控制。

⑤$\overline{STB}_A$:选通输入,低电平有效,这是外设供给 8255 的选通信号,它把输入数据选通至输入锁存器。

⑥IBF_A:输入缓冲器满,高电平有效,表示数据已进入输入锁存器,在 CPU 未把数据读走前,该信号始终为高,阻止输入外设送来新数据。

⑦$INTE_2$:与输入缓冲器相关的中断屏蔽触发器,由 PC4 的置位/复位控制。

方式 2 实质上是方式 1 的输入与输出的组合。当端口 A 作为方式 2 输入端口使用时,输入过程是由外设发出的选通信号引发的，相关联络控制信号是$\overline{STB_A}$和IBF_A信号，和方式1输入过程相同；当端口A作为方式2输出端口使用时，输出过程是由CPU的执行指令引发的，相关联络控制信号是$\overline{OBF_A}$和$\overline{ACK_A}$信号，和方式1输出过程相同。

9.3 8255的实际应用

为了进一步理解CPU和外设之间的输入输出操作，这一节，我们通过一些简单的应用实例，学习8255的接口应用。

9.3.1 8255基本输入输出功能的应用

检测微型开关的ON/OFF状态，ON则使电珠发亮，OFF则使电珠灭。

1.8255端口的物理特性

利用8255端口输出，要了解它的物理特性。经实测，8255端口的源电流（输出高电平）最大是45 mA，灌电流（输出低电平）最大是47 mA，见图9.8。LED的额定允许电流为是5～20 mA。则接口可有两种接法，见图9.9。

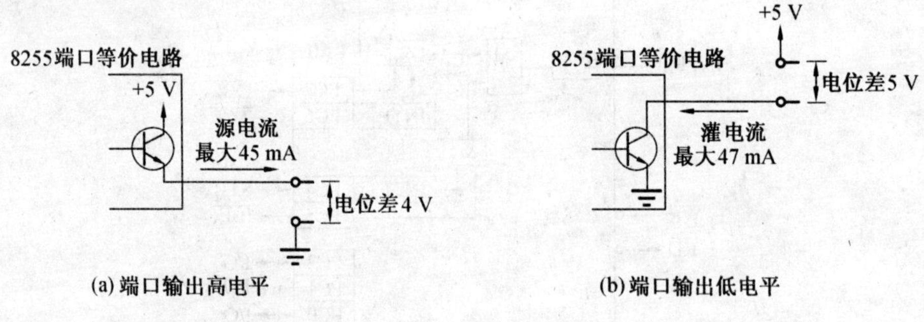

图9.8 8255端口的电压与电流

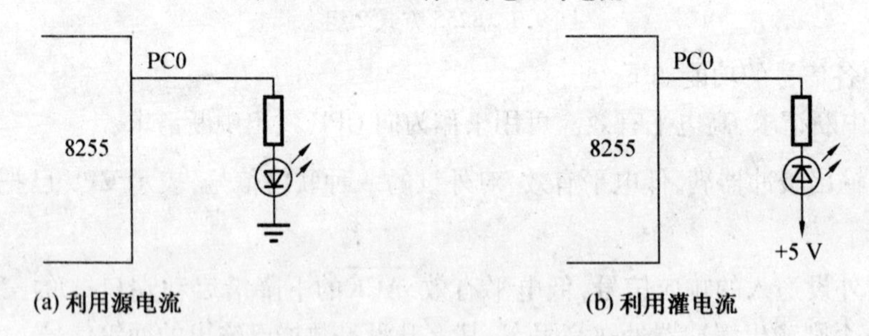

图9.9 8255端口控制LED灯的两种接法

2.设计说明

在8.2.1节无条件方式及其应用举例中，针对这个题目，在设计其接口电路结构（图8.3）时，需要缓冲器、锁存器和相应的逻辑电路，比较复杂。在这里可以用8255接口芯片来实现，因为那些必须的缓冲器、锁存器和逻辑电路都集成到8255里了，只需要直接将微型开关的ON/OFF状态连到8255的某个端口就可以了，电珠的驱动采用图9.9(a)连法，见图9.10。

3.8255端口分配

在此，用8255作输入输出接口，PB、PC口都设置为方式0，PB口输入，PC口输出。因此，

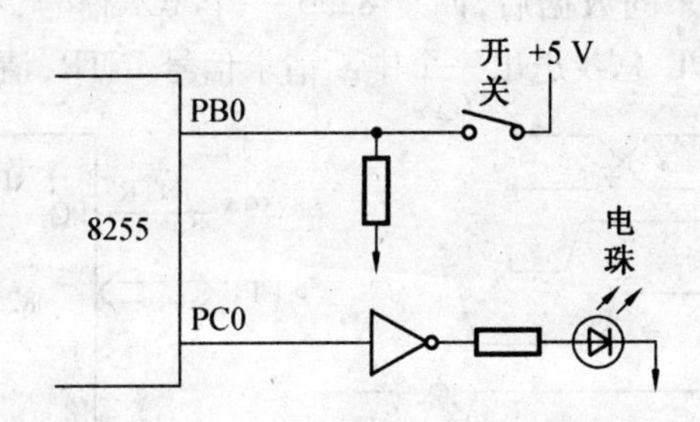

图9.10　8255实现微型开关状态检测

8255方式控制字为:10000010B。将开关输入电路直接连到PB0端口,电珠亮灭输出控制电路直接连到PC0端口,B端口地址:PORTB,C端口地址:PORTC。

4. 相应程序

```
CONW:   EQU 303H;控制字端口地址
MOV   AL, 10000010B            ;设置控制字
OUT   CONW, AL
INPUT:IN   AL   301H           ;检测开关状态
      TEST  AL, 01H
      JNZ  LED_ON
LED_OFF:  MOV   AL, 303H       ;闭合,则输出0,使电珠发亮
          OUT   PORTC, AL
          CALL  DELEY
          JMP   INPUT
LED_ON:MOV   AL,00H            ;开关断开,则输出1,使电珠灭
       OUT   303H, AL
       CALL  DELEY
       JMP  INPUT
```

9.3.2　8255方式1的应用

用8255方式1实现打印机接口,打印寄存器BL中的数据。

1. 硬件设计

打印机的工作时序见图9.11。数据接口将数据传送到打印机的数据端口,利用一个负脉冲$\overline{\text{STROBE}}$打入锁存器,这时打印机发出应答信号$\overline{\text{ACK}}$,表示接收到数据。同时打印机送出一个高电平信号BUSY,表示打印机正忙于打印刚接收到的数据。打印完之后,使BUSY信号变低,表示打印结束,可接收下一个数据。

根据以上打印机工作特点,我们可以利用8255工作方式1,实现上述打印过程。接口电路见图9.12。

这里,8255端口A工作在方式1,在方式1中自动规定:PC7作为$\overline{\text{OBF}}$信号输出端,PC6作为$\overline{\text{ACK}_A}$信号输入端,PC3作为INTR_A信号输出端。

工作过程:

当打印机收到 8255 送来的数据后，回复 8255 一个 $\overline{ACK}$ 信号，在 $INTE_A$ 被置 1 的条件下，8255 会通过 PC3 端口向 CPU 总线送出一个中断请求信号 INTR，请求 CPU 送下一个数。

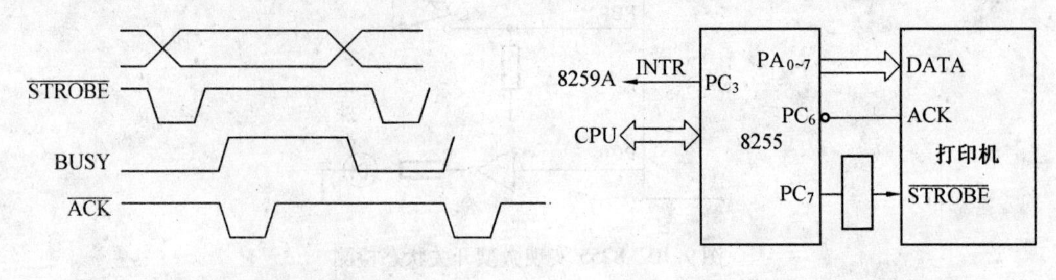

图 9.11　打印机时序　　　　图 9.12　8255 方式 1 打印机控制电路

2. 软件编程

设中断类型码为 0BH，中断服务程序首地址为 PRINTER，则相应汇编程序段如下：

```
MOV   AL, 10100000B
OUT   303H, AL           ;向控制端口输出方式控制字
MOV   AL, 00001101B
OUT   303H, AL           ;置 PC3(INTEA)为 1
MOV   AH, 25H            ;设置 DOS 调用功能号
MOV   AL, 0BH            ;设置中断类型码
LEA   DX, PRINTER        ;设置中断服务程序偏移地址
MOV   BX, SEG PRINTER    ;设置中断服务程序段地址
MOV   DS, BX
      INT     21H        ;DOS 功能调用,设置中断向量
      STI                ;开中断
……
      PRINTER   PROC FAR ;中断服务程序
      MOV   AL, BL       ;取出 BL 内容放到 AL
      OUT   300H, AL     ;从 PA 端口输出打印机
      IRET
      PRINTER   ENDP
```

9.3.3　8255 在多路电阻炉温度测控系统的应用

8 路电阻炉温度测控系统

1. 设计要求

分别对 8 路电阻炉进行温度测量，验证其温度是否超过警戒值，一旦超过立即停止该电阻炉的加热；且只要有一路超过警戒值就发出报警音（这里为了突出重点，舍去键盘输入和 LED 显示电路）。

2. 设计分析

CPU 对 8 路电阻炉进行温度测量，属于 CPU 与外设间的数据输入过程。外设的物理量是温度，就需要温度传感器来检测。一般温度传感器的输出是 mV 级的电压值（也有数字值的温度传感器），于是需要对其进行电压放大到 0 ~ 5 V，再加上 A/D 转换成数字信号，才能送往

CPU。

这里CPU对8路电阻炉进行温控是很简单的，只需与设定值进行比较，高于设定值就输出一个开关信号，关断电阻炉的加热电路，同时输出一个开关信号使蜂鸣器报警。这是一个CPU与外设之间的数据输出过程。

综合以上两点，需要一个既能实现输入，又能实现输出的接口，这里选用8255。

8255是通用的数据输入输出接口。我们可以根据上述要求，做相应的硬件电路连接，见图9.16。再进行8255的初始化编程和整个测控过程的软件编程，经调试即可实现设计要求。

3.系统原理框图（见图2.1）

【注意】在这里为了突出重点，键盘和显示部分略去不予设计。

4.系统硬件设计

系统所需器件：

①2片可控多路开关CD4051

CD4051是一个可控的单刀八掷开关，作为8路电阻炉的选择开关。引脚INH为0时，将C、B、A三位二进制编码对应的输入端口连接到公共端COM，INH=1时，关断。其中CD4051-1用于测温通道；CD4051-2用于控温通道。

② 一片AD574

模数转换芯片。这里假设，对电阻炉进行温度测量得到的电压值经过放大，转换对应于为0~5 V范围内的模拟电压信号，将该电平信号接到AD574的逻辑输入端口ANALOG INPUT，进行A/D转换，从而得到数字量。这里$12/\overline{8}$接地，转换出8位数字量，就可以送往CPU了。$R/\overline{C}$是启动信号，由地址译码信号和$\overline{WR}$共同作用产生；STS是转换结束信号。

③ 一片8255

8255的三个端口是这样分工的：

PA口设置为输入口，接收从AD574转换好的8位数据；

PB设置为输入口，主要用PB7接收AD574送来的转换结束信号STS，用来查询AD574的转换是否结束；

PC口设置为输出口，其中PC7连到CD4501-2的INH脚，PC3连到CD4501-1的INH脚，用以进行开关使能控制，低电平则选中的通道号被选通，高电平关断；PC2、PC1、PC0分别连到CD4501-2和CD4501-1的A、B、C三个引脚，作为对8个模拟通道的选择控制，INH低电平时，由A、B、C三线逻辑组合选中的通道被连通；PC4作为控制蜂鸣器报警的开关信号输出口线。

8255的D7~D0，$\overline{RD}$、$\overline{WR}$、A1、A0、A2~A5分别连到CPU总线上。

具体电路设计见图9.13。

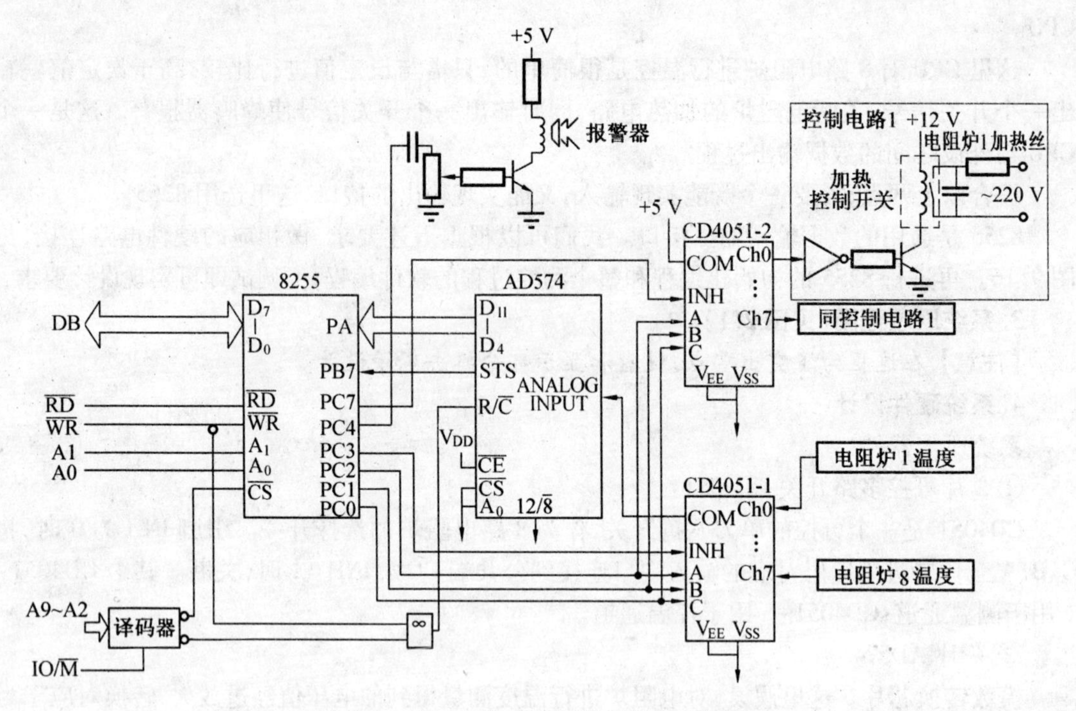

图 9.13　8 路电阻炉温度测控系统程序电路图

5. 系统程序流程

实现此系统的程序流程图见图 9.14。由三个部分组成：

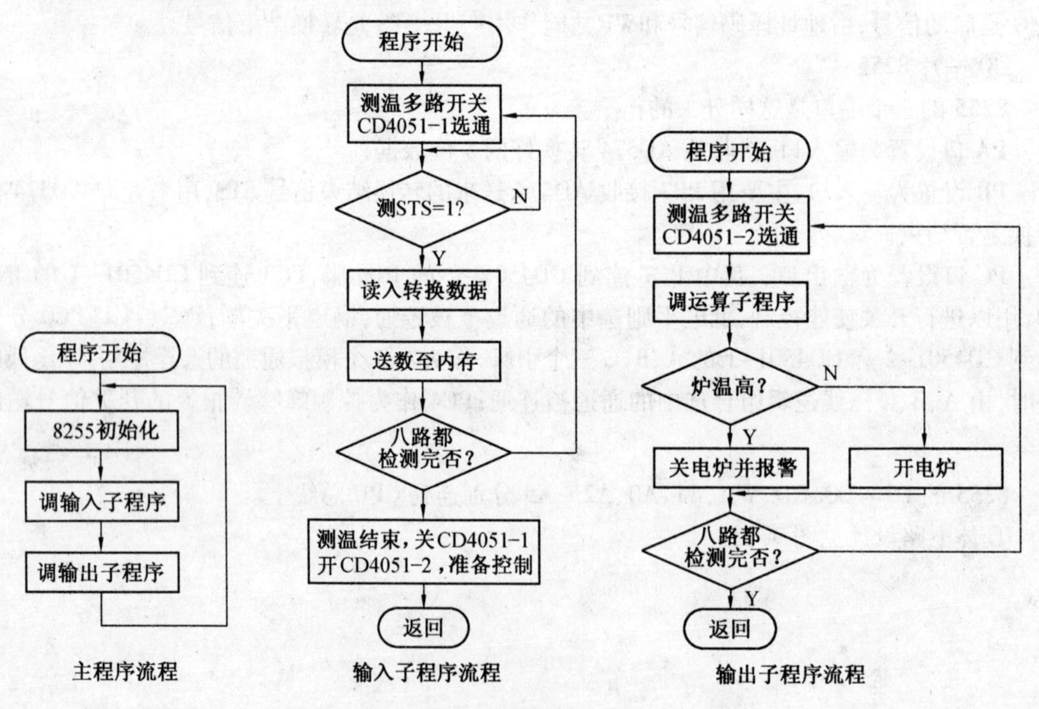

图 9.14　8 路电阻炉温度测控系统程序流程图

（1）主程序流程：进行 8255 初始化，再顺次调用输入子程序和输出子程序。

(2)输入子程序:依次读入8个电阻炉温度,送入相应内存中。

(3)输出子程序:依次将8个电阻炉输入温度和设定温度做比较,高于设定温度就关掉电阻炉;低于设定温度就开电阻炉。

(6)实现上述流程的汇编程序(注:对AD574启动的语句没加)。

(设AD574的地址为304H,8255端口地址分别为300H~303H)

```
;主程序:
DATA    SEGMENT                      ;定义数据段
        BUF         DB  8DUP(?)
DATA    ENDS
CODE    SEGMENT                      ;定义码段
        ASSUME      CS:CODE,DS:DATA,ES:DATA
MAIN    PRCO        FAR
        PUSH        DS
        MOV         AX, 0
        PUSH        AX
        MOV         AX, DATA
        MOV         DS, AX
        MOV         ES, AX
LP:     MOV         DX,303H          ;8255控制端口
        MOV         AL,092H          ;初始化:方式0,A口、B口入,C口出
        OUT         DX,AL            ;
        CALL        INPUT            ;调输入子程序
        CALL        OUTPUT           ;调输出子程序
        JMP         LP
        RET
        MAIN  ENDP
;输入子程序:
INPUT    PROC    NEAR
         CLD
         LEA     DI, BUF
         MOV     BL, 0
         MOV     CX, 8
AD8255:  MOV     DX, 302H        ;8255的C端口
         MOV     AL, BL
         OUT     DX, AL          ;选多路开关的一个通道,取决于BL值
         NOP
         NOP
         OR      AL,08H
         OUT     DX,AL           ;置PC3(即开通多路开关CD4051-1)的INH=1
         AND     AL,0F7H
         OUT     DX,AL           ;置PC3(即开通多路开关CD4051-1)的
                                 ;INH=0,开通之
```

```
         MOV     DX, 304H        ;指向 AD574
         OUT     DX, AL          ;产生启动 AD574 的信号
         MOV     DX,301H         ;从 PB 口读入数据
PULLING: IN      AL, DX
         TEST    AL,80H          ;测 PB7 位,即 AD574 的 STS 状态
         JNZ     PULING          ;等待转换结束
         MOV     DX, 300H
         IN      AL, DX          ;从 PA 口读入 A/D 转换完的数据
         STOSW
         INC BL                  ;指向下一路电阻炉
         LOOP    AD8255          ;返回 AD8255
                                 ;对下一路进行 AD 转换,并读取转换数据
         MOV     AL,08H
         MOV     DX,302H
         OUT     DX,AL           ;PC3=1,关 CD4051-1;PC7=0,开 DC4051-2
         RET
INPUT    ENDP
;输出子程序
OUTPUT   PROC    NEAR
         MOV     CX,8
         MOV     AH,0
         MOV     BX,OFFSET BUF
NEXT:    MOV     DX,302H
         MOV     AL,AH
         OUT     DX,AL
         CALL    CONM            ;调运算子程序(该子程序略)
         TEST    AL,0FFH         ;判定炉温高低
         JNZ     OPEN
CLOSE:   MOV     DX,303H         ;置位复位控制字
         MOV     AL,98H
         OUT     DX,AL           ;炉温高,PC7=1:关电炉,PC4=1:报警
         JMP     GOON
OPEN:    MOV     DX,303H
         MOV     AL,08H
         OUT     DX,AL           ;炉温低,开电炉,PC7=0
GOON:    CALL    DELAY
         INC     AH
         INC     BX
         LOOP    NEXT
         RET
OUTPUT   ENDP
;延时子程序
DELAY    PROC NEAR
```

```
        MOV     CX,100
DL:     NOP
        LOOP    DL
        RET
EDLAY   ENDP
CODE    ENDS
        END     MAIN
```

说明:这里的运算子程序功能是将测得的温度值与设定值相比较,高于设定值则置AL=00H,低于设定值置AL=0FFH。

本章小结

8255是可编程并行接口芯片,有40个引脚。片内有3个8位并行端口(A口、B口、C口)和一个控制端口,占用四个连续口地址。它与CPU有14条信号线连接,它们是8条数据线D7~D0,还有读信号线$\overline{RD}$、写信号线$\overline{WR}$、选通信号线$\overline{CS}$、两根地址线A0、A1和复位线RESET。三个并行端口与外设连接,用以接收和传输数据。

8255有3种工作方式,其中A口有3种工作方式、B口有2种工作方式、C口有1种工作方式。有1个控制端口,向该端口写入首位为1的控制字是工作方式控制字;写入首位为0的控制字是对C口置位/复位控制字。8255在应用之前,必须对其进行初始化编程,对各端口进行方式设置。

方式0是基本的输入输出工作方式,各口输入输出可任意设定。

方式1针对A口和B口。在方式1,A口、B口可设置为输出或输入,不同于方式0的是,方式1固定PC4和PC5口线给A口作为输入方式状态信号,固定PC6和PC7给A口作为输出方式状态信号。固定PC1和PC2给B口作为输出/输入状态信号。其他PC口线工作在方式0,输入输出状态和输出电平仍可由用户任意按位设定。

方式2只针对A口,此时,A口可进行双向数据传输,同时将PC6和PC7作为输出方式状态信号,PC4和PC5作为输入方式状态信号。其他PC口线工作在方式0,输入输出状态和输出电平仍可由用户任意按位设定。

思考与练习

1. 试说明可编程并行接口8255的A口、B口和C口在工作方式上的区别。

2. 说明8255的A口工作于方式1输入时,如何配合CPU以中断方式读取外设数据?

3. 8255在复位(RESET)信号有效后,各端口均处于什么状态?

4. 说明8255工作于方式2时进行数据输入输出的工作过程。

5. 试用对C端口进行置位/复位的控制字功能实现用8255的PC3口线输出连续方波的程序。

6. 对8255编程,分别实现下面各项要求(设端口A地址300H,端口B地址301H,端口C地址302H,控制口地址303H)。

(1)A口方式1输入,PC6和PC5输出,B口方式1输出。

(2)使PC7口线输出一个负跳变。

7. 设8255在微机系统中，端口A地址300H，端口B地址301H，端口C地址302H，控制口地址303H，试对8255编程实现：

(1)A组与B组均设为方式0，A口、B口均为输入，C口为输出。

(2)在上述设置下，将一外设的状态信号从PB输入(口线任选)，数据从PA口输入，PC口输出，试编程实现。

8. 某PC系列微机应用系统以8255作为并行接口，采集一组开关S7~S0的状态，让它通过一组发光二极管LED7~LED0显示出来(Si闭合，对应LEDi亮；Si断开，对应LEDi灭)，电路连接如图9.15所示，已知8255的A，B两组都工作在方式0。

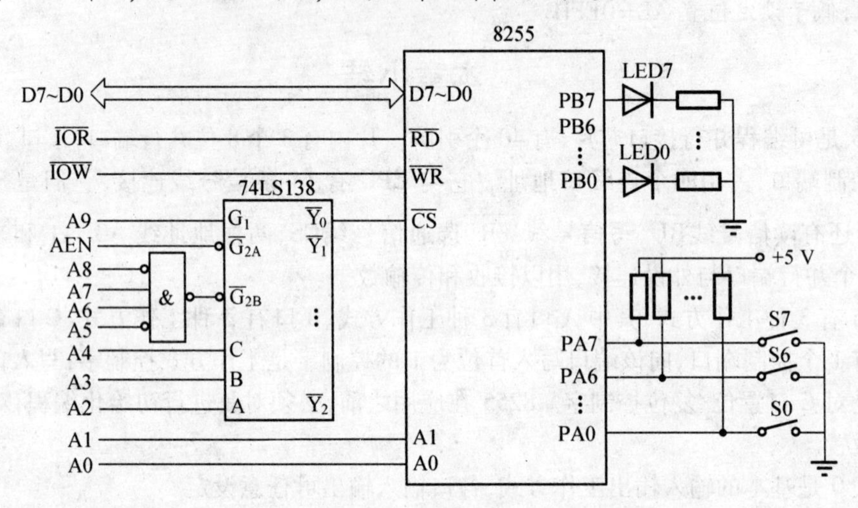

图9.15 习题8图

(1)写出8255的4个端口地址；

(2)写出8255的工作方式字；

(3)画出实现给定功能的汇编语言程序流程图，并编写程序。

第 10 章　微型计算机在自动控制系统中的作用——数字控制

学习目标：了解自动控制的概念和分类，理解自动控制系统中数字控制的概念。

学习重点：数字控制的概念。

不借助人的手而实现机械的自动化和功能化，控制技术是必不可少的，这样的技术称为自动控制。以往的自动控制技术中，广泛应用机械装置和电子电路作为控制装置。而今，计算机控制方式已经越来越盛行了。

计算机控制方式的特点是，控制装置和电子电路的主要部分由计算机程序——或称软件所取代，控制操作通过储存在计算机中的程序的运行来执行。

在一个具体的计算机控制系统中，与电子电路起等效作用的是软件，软件就是通过计算机语言编制出来的程序，可以形象的称为“软件电路”。软件电路的控制机理由程序的算法体现出来的。

在一个由微型计算机为控制核心的控制系统中，微型计算机起到和外界进行数据交换的作用，同时又具有进行一系列复杂数字和逻辑运算处理的功能。这样它就可以根据外部信息状态，通过各种信息处理技术（即算法）对输入信息进行处理，然后输出所需的控制信号对外设进行各种控制，它所起的这种功能就叫做“数字控制”。以计算机为控制核心的数字控制系统的性能，很大程度上取决于它所采用的信息处理技术是否合适。

本章从自动控制的基本思想出发，介绍数字控制的概念。

10.1　什么是自动控制

10.1.1　自动控制的概念

我们看一个热水器的水温控制模型，如图 10.1 所示。需要控制热水器中的水温稳定到一个目标温度上，若用手动调节来保持水温，就需要用温度计测量实际水温，并与目标水温做比较。如果实际水温比目标值低，就要把给加热器添加燃料的阀门开大；反之，如果水温比目标温度高，就应该将阀门关小。在这个例子中，热水器叫控制对象，水温叫被控制量，阀门开度叫操作量。

为了实现对热水器中水温控制的目的，就要对控制对象——热水器进行必要的操作——关小或开大阀门，这就叫做控制。取代手动控制，用一控制装置能自动的随水温的变化情况进行阀门开度的控制，这个过程就称为自动控制。

作为自动控制,必须具备三个条件:

(1)控制装置具有控制目标——这里是保持水温于一个目标温度;

(2)为实现控制目标,控制装置能对控制对象实施某种操作以达到控制的目的——这里是控制阀门开度;

(3)若控制装置操作的结果与目标值产生偏差,能自动进行修正——这里是能根据目标温度和实际温度之间的差值的正负,进行开大阀门和关小阀门的控制,以减小实测温度和目标温度之间的差值。

10.1.2 自动控制的分类

自动控制按控制方式或适用范围的不同可分类如下。

1.按控制方式分类

(1)时序控制

时序控制是将一连串的控制动作按预定的顺序分段执行。这是一种最一般但却很重要的控制方式。通常所说的自动化就是指时序控制。

具体实现时,就是控制装置在某一个时段进行某一个控制操作,同时判断操作执行状态。若检测出正在执行则等待,若检测出执行结束,就转入下一个时段的控制操作。

现代化工业流水线上的工业机器人的重复性操作就是典型的时序控制实例。流水线上被操作件的位置固定,每个流程机器人操作过程是机械的重复。

比如,一台流水线上的机器人反复做从左边抓住物体,再放到右边的动作。我们就可以用时序控制的方法来控制,其程序流程图如图10.1所示。

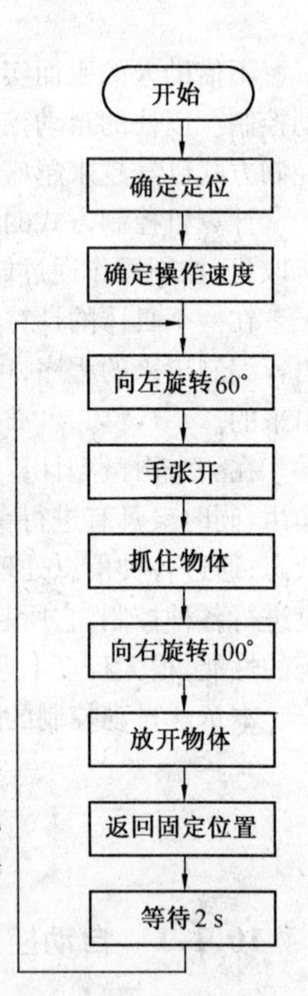

图10.1 机器人抓-放操作时序控制流程

时序控制的控制装置中多用继电器电路,现在越来越多的使用可编程控制器(Programmable Controller)来实现复杂的时序控制。可编程控制器也可以说是一种装在计算机中的时序控制装置,该装置可以将时序控制逻辑以软件的方式表现出来。正因为其软件化的特点,实现起来可以不受控制装置硬件的限制,控制逻辑可以任意设计、改变和修正,具有很好的通用性。

(2)反馈控制

为使控制量维持在目标值上,检测控制对象的状态即控制量,并与目标值进行比较,若不一致,自动进行修正。上面讲的水温控制就是一个典型的反馈控制。

2.按适用范围分类

(1)过程控制:对温度、压力这样的工业过程中的物理量或化学状态量进行控制。

(2)伺服控制:对目标值的随机变化可以进行自动跟踪的控制系统。

(3)程序控制:能预先确定目标值的变化的控制系统。

在这些控制方式中,最简单而又最重要的是时序控制方式。以微型计算机为核心控制器实现自动控制时,能实现上述各种控制,还能进一步在算法上改进,以实现更复杂、更智能的控制。

10.2　数字控制

在一个计算机控制系统中,我们往往称计算机参与进行的部分为数字控制部分,实际就是信息处理部分。计算机的信息处理过程往往用流程图来表示,流程图体现出计算机进行的信息处理的每一步的内容和顺序。

10.2.1　时序控制中的数字控制

图 10.2 所示的是的一般时序的控制方框图。方框图对计算机来说实际上是实现某一个特定功能的信息流图,它体现了在一个控制周期中各种信息的关系和走向。每个方框内可以是一个部件(当然它具有某种功能),也可以用一个函数来代替此部件或功能。所以,从一个方框图中,我们可以得到整个系统的传递函数,并将它应用于 Matlab 中进行仿真,以预测该系统的性能。

实现时序控制的数字控制方式的特点是将图 10.2 所示的控制按一定周期 T 反复操作多次,使控制对象的状态不连续变化,从而达到最终控制的目的。

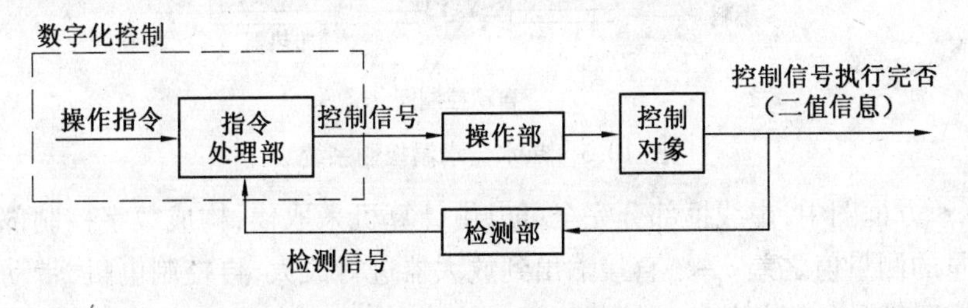

图 10.2　一般时序控制

图中的各方框功能如下:

指令处理部:根据操作指令和检测信号,由设定和存储的信息产生和输出控制信号。

操作部:由一系列驱动和机械装置组成,使控制对象进入新的阶段。

检测部:是检测装置部分,用以检测并传送由指令处理部分输出的反映控制信号执行完了还是正在执行的状态信息,是一个二值信息。

在该时序控制系统中,控制部件多采用继电器或开关。

这里方框图中虚框内的部分,是一些指令和逻辑运算或算数运算,它同时可以接收检测信号参与运算,以确定外部控制对象的变化情况。这部分完全可以由微型计算机承担。将这部分以程序或软件的形式载于微型计算机中予以实现,就实现了时序控制的数字化。

我们以图 10.1 中机器人抓-放物体为例说明。整个过程是按图 10.1 所示时间顺序执行做不同的动作,每做一个动作必须到位,才能做下一个动作。具到每个动作,比如“向左旋转 60°”这个动作的计算机控制过程是这样的:

按照图 10.2 所示模式,根据当前的操作指令,以一定的变化周期 T 不断输出控制信息,使得装在机器人手臂上的控制手腕旋转的电机以稳定速度旋转,同时由检测部的传感器测量是否转到60°,反馈一个二值信息到指令处理部,以决定下一个周期指令处理部的指令内容——未到60°,则继续旋转;到60°,停止转动,进而执行下一个操作——手张开。

10.2.2 反馈控制中的数字控制

我们看一个热水器水温控制系统(图10.3)。把它按实现的功能划分成一个个的功能单元,用方框表示,方框与方框之间用带箭头的线段连接,表示信息的输入输出关系,这样就形成图10.4的温度控制的方框图。

在图10.4方框图中,小虚线框图所对应部分完全可以进行数字化,即用计算机来实现,也就是数字控制部分。加上外围检测部分——传感器和信号放大器,操作部分——电机及其驱动的阀门,就构成了大框图所示的控制装置。

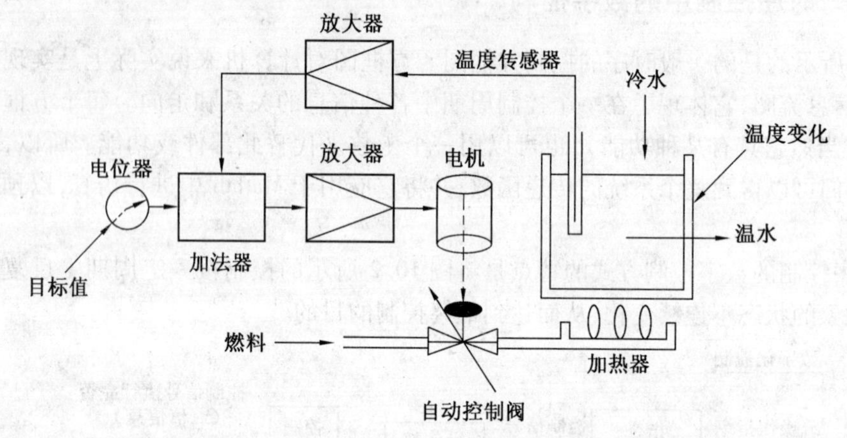

图10.3 热水器水温控制系统

在图10.4方框图中,虚线框部分完全可以由计算机来取代,构成数字控制部分。这里目标值和被控量的测量值之差 e_i-e_o 直接输出到放大器进行放大,再控制电机,带动阀门转到相应开度。这实际就是最简单的比例控制。

更进一步,还可以对此差进行PID运算,或者运用模糊算法、非线性算法进行处理,从而得到对阀门更有效的控制,这部分就显出计算机控制的绝对优势的了。也就是说它能进行复杂算法的控制,提高系统控制性能。

我们可以将图10.4方框图扩展出算法部分来,成为图10.5的带有算法的方框图。图中方框"算法",可以是PID算法,可以是模糊算法,或者非线性算法等各种算法,作用于 e_i-e_o 从而构成调节部分,它是计算机控制的核心和灵魂,这部分构成复杂的数字控制部分。而后面的操作部分、检测部分还是实实在在的各种检测元件或机电设备。

由此,我们可以对应推广到一般的反馈控制系统,见图10.5。我们按图10.5设计一个一般的数字控制系统的时候,首先要选择的就是控制核心器件——微型计算机。并根据要实现的功能,选择合适的传感器和输出、控制设备,在所选微型机和各种外设之间进行各种输入输出接口设计,将它们有机的连接起来,经过测试能够实现简单的输入输出操作,以证实它们之间的物理、电气、逻辑等连接的正确性,能够实现如图10.6所示的简单功能。

更进一步的,可在图10.6的基础上再进行各种控制算法研究,构成如图10.7的带有控制算法的复杂控制系统,以提高系统整体性能。

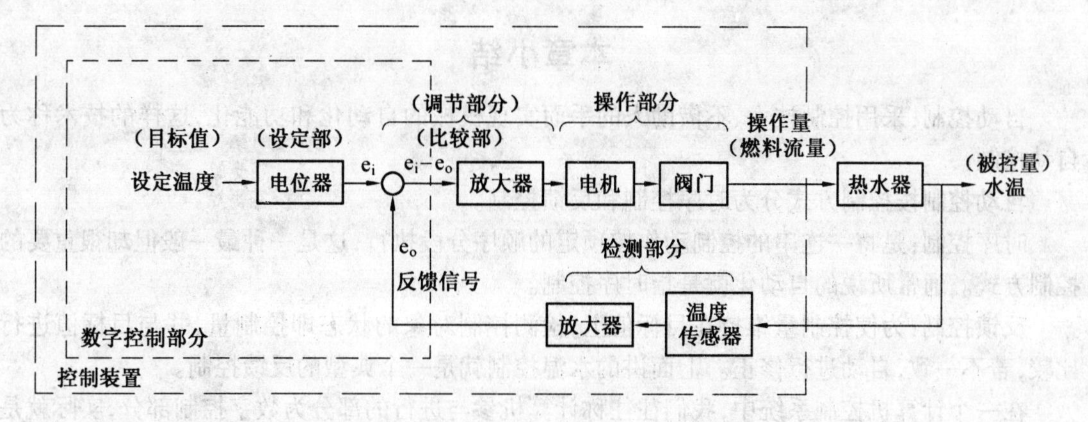

图 10.4　热水器水温控制系统方框图

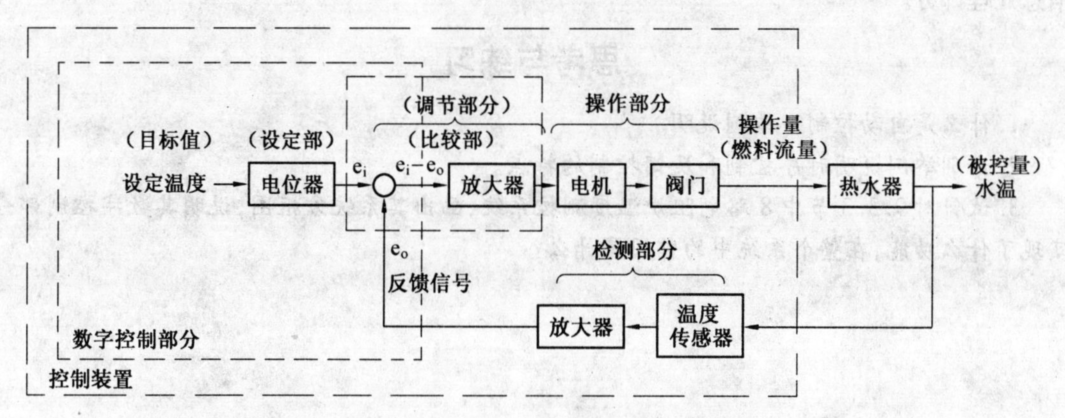

图 10.5　带有控制算法的热水器水温控制系统方框图

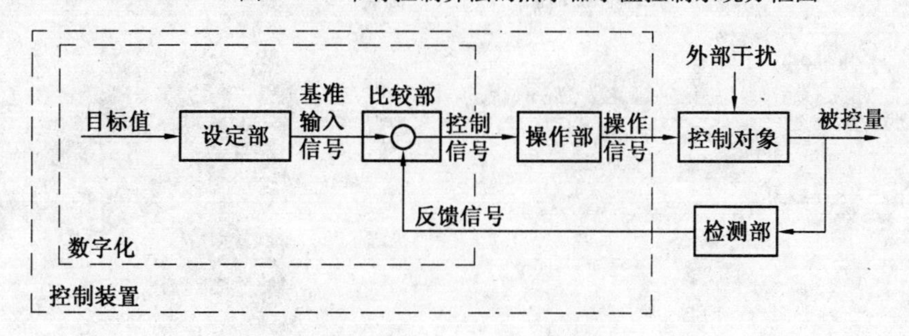

图 10.6　一般反馈控制系统方框图

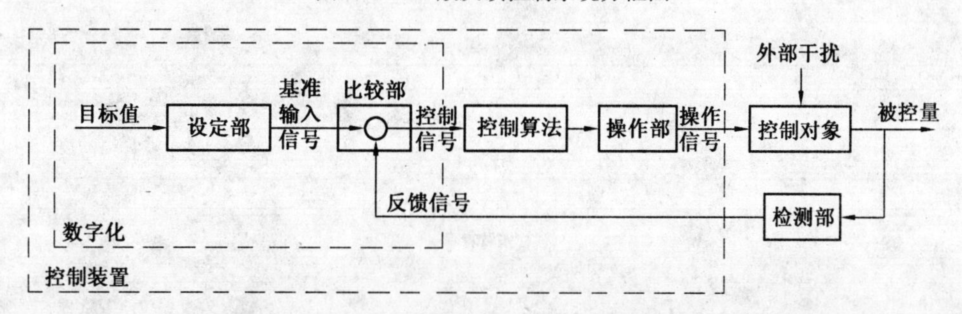

图 10.7　带有控制算法的一般反馈控制系统方框图

本章小结

自动控制:采用控制技术、不借助人的手而实现机械的自动化和功能化,这样的技术称为自动控制。

自动控制按控制方式分为时序控制和反馈控制。

时序控制:是将一连串的控制动作按预定的顺序分段执行,这是一种最一般但却很重要的控制方式。通常所说的自动化就是指时序控制。

反馈控制:为使控制量维持在目标值上,检测控制对象的状态即控制量,并与目标值进行比较,若不一致,自动进行修正。上面讲的水温控制就是一个典型的反馈控制。

在一个计算机控制系统中,我们往往称计算机参与进行的部分为数字控制部分,实际就是信息处理部分。

思考与练习

1. 什么是自动控制？举例说明。

2. 分别举例说明时序控制和反馈控制的特点。

3. 试针对9.3.3节中8路电阻炉温度测控系统,画出其系统方框图,说明其数字控制部分实现了什么功能,在整个系统中的作用是什么？

附　录

附录 A　ASCII 码表

(American Standard Code for Information Interchange)

D6 ~ D4 / D3 ~ D0		0	1	2	3	4	5	6	7
		000	001	010	011	100	101	110	111
0	0000	NUL	DLE	SP	0	@	P	、	p
1	0001	SOH	DC1	!	1	A	Q	a	q
2	0010	STX	DC2	“	2	B	R	b	r
3	0011	ETX	DC3	#	3	C	S	c	s
4	0100	EOT	DC4	$	4	D	T	d	t
5	0101	ENQ	NAK	%	5	E	U	e	u
6	0110	ACK	SYN	&	6	F	V	f	v
7	0111	BEL	ETB	‘	7	G	W	g	w
8	1000	BS	CAN	(	8	H	X	h	x
9	1001	HT	EM	)	9	I	Y	i	y
A	1010	LF	SUB	*	:	J	Z	j	z
B	1011	VT	ESC	+	;	K	[	k	{
C	1100	FF	FS	‘	<	L	\	l	|
D	1101	CR	GS	_	=	M	]	m	}
E	1110	SO	RS	.	>	N	↑	n	~
F	1111	SI	VS	/	?	O	↓	o	DEL

NUL	空	HT	横向列表	DLE	数据链换码	EM	纸尽
SOH	标题开始	LF	换行	DC1	设备控制 1	SUB	取代
STX	正文结束	VT	纵向列表	DC2	设备控制 2	ESC	换码
ETX	本文结束	FF	走纸控制	DC3	设备控制 3	FS	文件隔离符
EOT	传输结束	CR	回车	DC4	设备控制 4	GS	组隔离符
ENQ	询问	SO	移位输出	NAK	没回答	RS	记录隔离符
ACK	承认	SI	移位输入	SYN	同步	VS	单元隔离符
BEL	响铃(报警)	SP	空格	ETB	信息块传送结束	DEL	删除
BS	退格			CAN	作废		

附录B 扩充字符集

扩充字符集(Extended Character Set)

D7~D4 \ D3~D0	0	1	2	3	4	5	6	7	8	9	A	B	C	D	E	F
0	NUL	SOH	STX	ETX	EOT	ENQ	ACK	BEL	BS	HT	LF	VT	FF	CR	SO	SI
1	DLE	DC1	DC2	DC3	DC4	NAK	SYN	ETB	CAN	EM	SUB	ESE	FS	GS	RS	VS
2	SP	!	“	#	$	%	&	‘	(	)	*	+	‛	-	.	/
3	0	1	2	3	4	5	6	7	8	9	:	;	<	=	>	?
4	@	A	B	C	D	E	F	G	H	I	J	K	L	M	N	O
5	P	Q	R	S	T	U	V	W	X	Y	Z	[	\	]	^	_
6	`	a	b	c	d	e	f	g	h	i	j	k	l	m	n	o
7	p	q	r	s	t	u	v	w	x	y	z	{	|	}	~	DEL
8	Ç	u	e	â	ä	a	å	ç	e	ë	e	ï	î	i	Ä	Å
9	É	æ	Æ	ô	ö	o	û	u	ÿ	Ö	Ü	¢	£	¥	Pts	ƒ
A	a	i	o	u	ñ	Ñ	ª	º	¿	⌐	¬	½	¼	¡	«	»
B	░	▒	▓	│	┤	╡	╢	╖	╕	╣	║	╗	╝	╜	╛	┐
C	└	┴	┬	├	─	┼	╞	╟	╚	╔	╩	╦	╠	═	╬	╧
D	╨	╤	╥	╙	╘	╒	╓	╫	╪	┘	┌	█	▀	▌	▐	▄
E	α	β	Γ	Π	Σ	σ	μ	ι	Φ	Θ	Ω	δ	∞	Φ	ε	∩
F	≡	±	≥	≤	⌠	⌡	÷	≈	°	·	.	√	_	2	■	

附录 C　习题参考答案

第 1 章

1. (1)110.01B=6.2Q=6.4H　(2)101.11B=5.6Q=5.CH
   (3)0.111B=0.7Q=0.EH　(4)11111110B=376Q=FEH
2. (1)10.5　(2)13.25　(3)7.125　(4)57.09375
3. (1)157.75　(2)58.921875
4. (1)166.859375 (2)2890.55078125
5. 0DH 20H
6. (1)11111111B　(2)00000001B(3)01111110B(4)11110100B
7. (1)110.01　(2)11.11　(3)1010　(4)101
8. 原码、反码、补码
9. $[X+Y]_补=[X]_补+[Y]_补=[-7]_补+[-3]_补=11111001+11111101=11110110B$
   所以:$[X+Y]原=100001010B=-10$
10. $[-X]_补=01000000B$,$[-Y]_补=101110000B$,$[-Z]_补=1110111B$;
    $[X-Y]_补=[X]_补+[-Y]_补=01111000$,有溢出;
    $[X-Z]_补=[X]_补+[-Z]_补=10101111$,无溢出。

第 2 章

1. 巨型机、中型机、小型机、微型计算机/单片机、单板机、个人计算机、工作站。
2. 第一阶段(1971～1973):以 Intel 4004 为代表的 4 位机;
   第二阶段(1974～1977):以 Intel 8080 和 Zilog Z80 为代表的 8 位机;
   第三阶段(1978～1981):以 Intel 8086/8088 和 Zilog Z8000 为代表的 16 位机;
   第四阶段(1982～1992):以 Intel 80386、80486 为代表的 32 位机;
   第五阶段(1993～1994):以 Intel Pentium 微处理器为代表的 RISC 时代;
   第六阶段(1995～2004):以 Intel Pentium Pro 微处理器为代表 64 位机;
   第七阶段(2005～):以 Intel 出品的 Core Duo 双核处理器为代表的多核微处理器时代。
4. 运算器:算术、逻辑运算;
   控制器:取指令、执行指令;
   存储器:存储指令和数据;
   输入、输出部分:将外部数据送入内存或将内存的数据输出到外设。

第 3 章

1. BIU:负责 CPU 内部与外部存储器和输入输出接口之间的信息传递。
   EU:负责执行指令和数据处理。
2. 通用寄存器:AX、BX、CX、DX、SP、BP、SI、DI
   标志寄存器:FLAG
   段寄存器:CS、DS、ES、SS
   指令指针寄存器:IP
3. 略

4. ACFBE　GDHI

5. 16 位段地址按位左移 4 位(末尾补零)+16 偏移地址=20 位的物理地址。

6. 62000H、6200AH

7. 3017AH、3017AH、3017AH;说明逻辑地址和物理地址是 N:1 的关系。

8. ABH、EFH、AB34H、CDABH

9.

	存储器
00230H	34H
00231H	2DH
00232H	ABH
00233H	67H

10. 由 6 大部件组成:总线接口单元 BIU、指令预取部件 IPU、指令译码部件 IDU、执行部件 EU、分段部件 SU、分页部件 PU。

11.

	数据总线数目	地址总线数目
8088	8	20
80286	16	24
80386	32	32
80486	32	30

第 4 章

1. 四级,第一级寄存器,第二级高速缓存,第三级内存,第四级外存。

2. 存储容量、存储速度、功耗、可靠性、供电方式、封装形式、价格等。

3. RAM 和 ROM

RAM 和 ROM 的主要区别是:RAM 可读可写;ROM 只能读。RAM 掉电后,信息即丢失;ROM 不受掉电影响,掉电后,信息仍存在。

8. 对存储器读。

9.

	数据线	地址线	几片	片内寻址
(1)	10	4	32	4
(2)	12	8	4	8
(3)	11	8	8	8
(4)	13	8	2	8

11.1片 2片

12.2片

第5章

1.选择题

(1)B (2)B (3)B (4)B (5)C

(6)C (7)D (8)C (9)A (10)A

2.填空题

(1)35H (2)1F02CH (3)BX BP SI DI BX SI DI DS BP SS

(4)0 0 (5) AX AL AH

3.(1)MOV [BX],CX

寄存器间接寻址

PA=DS×16+BX=30000H+0870H=30870H

(2)MOV [1000H],BX

直接寻址

PA=DS×16+1000H=30000H+1000H=31000H

(3)MOV [BP],BX

寄存器间接寻址

PA=SS×16+BP=15000H+0500H=15500H

(4)MOV ES:[BP+100], BX

寄存器相对寻址

PA=ES×16+BP+100=20000H+0500H+64H=20564H

(5)MOV [BX+100][SI],AX

相对基址加变址寻址

PA=DS×16+BX+SI+100=30000H+0870H+010CH+64H=309E0H

4.(1)不能直接向CS中送立即数 (2)400超出了一个字节的范围

(3)寄存器长度不一致 (4)SI、DI不能同时出现

(5)1000超出了定义的字节存储器操作数范围

(6)源和目的操作数不能同时为存储器操作数

(7)源操作数和目的操作数的类型均不明确

(8)IP不能做源和目的操作数

(9)PUSH是字操作指令

(10)立即数不能做目的操作数

5.

```
MOV   SI , 2000H
MOV   DI , 1000H
MOV   CX , 100
CLD
REP  MOVSB
MOV  DI , 1000H
```

```
MOV   CX , 100
REPNZ  SCASB
JCXZ  NOT_FOUND
DEC  DI
MOV  ES:[DI] , 20H
NOT_FOUND:……
```

6.

```
MOV   AX , DATAX
IMUL   DATAY
MOV   CX , AX
MOV   BX , DX
MOV   AX , DATAZ
CWD
ADD   AX , CX
ADC   DX , BX
SUB   AX , 1000
SBB   DX , 0
MOV   CX , 70
IDIV   CX
```

第6章

1. 选择题

(1)A　(2)A　(3)C　(4)C　(5)D　(6)A　(7)D

2. 程序填空题

(1)①LEA SI,SBUF　②LEA DI,DBUF　③INC SI　④INC DI

(2)①INC COUNT+1　②INC COUNT　③INC COUNT+2

3. 答:段属性、偏移属性、类型属性。

5. (1) BUF1 DB 14H DUP(?)

(2) BUF2 DB 'ABCD','1234'

(3) A1 DW B1

(4) A2 DD B2

第7章

5. 答:因中断类型码为14H,故其中断向量的起始地址为4×14H=00050H。中断向量的偏移量部分存放在0050H和001H单元中,段基址部分存放在顺0052H和0053H单元中。

6. 答:向量号为:08H;入口地址为00020H开始的四个单元中的存放顺序是:56H,04H,00H,23H。

分析:中断向量号 = 中断向量地址/4 = 00020H/4 = 08H

23456H = 2300H×16+0456H

此题中断程序入口地址23456H对应的二维地址是不唯一的,所以答案也不是唯一的。假定划分为二维地址2300H:0456H,则为答案给出的存放结果。

8. 解:此程序可采用分支程序。

将第一个数与第二个数、第三个数分别比较:

(1)若第一个数与第二个数相等,接着与第三个数比较,总相等显示2;若不相等显示1。

(2)若第一个数与第二个数不相等,接着与第三个数比较,若相等显示1;若不相等则显示0。

参考程序如下:

```
DATA     SEGMENT
         BUF        DB50,50,50
DATA     ENDS
CODE     SEGMENT
         ASSUME     DS:DATA,CS:CODE
SATART:  MOV        AX,DATA
         MOV        DX,AX
         XOR        DX,DX
         MOV        AL,BUF
         CMP        AL,BUF+1
         JZ         DISP2
         CMP        AL,BUF+2
         JZ         DISP1
         MOV        AL,BUF+1
         CMP        AL,BUF+2
         JZ         DISP1
         MOV        DL,30H
         MOV        AH,02H
         INT        21H
         JMP        EXIT
DISP1:   MOV        DL,31H
         MOV        AH,02H
         INT        21H
         JMP        EXIT
DISP2:   CMP        AL,BUF+2
         JNZ        DISP1
         MOV        DL,32H
         MOV        AH,02H
         INT        21H
EXIT:    MOV        AH,4CH
         INT        21H
CODE     ENDS
         END        START
```

9.程序段如下:

```
……
POSH        DS
;取1CH原中断向量,并保护
MOV         AL,1CH
```

```
        MOV     AH,35H
        INT     21H
        POSH    ES
        POSH    BX
        ;设置用户中断向量
        MOV     DX,OFFSET RING
        MOV     AX,SEG RING
        MOV     DS,AX
        MOV     AL,1CH
        MOV     AH,25H
        INT     21H
        POP     DS
        ;开定时器中断,设中断屏蔽寄存器为21H,由D0位控制
        IN  AL,  21H
        AND     AL,1111110B
        OUT     21H,AL
        STI
        ;有限循环模拟主程序
        MOV     DI,2000
DELY1:  MOV     SI,3000
DELAY2: DEC     SI
        JNZ     DELAY2
        DEC     DI
        JNZ     DELAY1
        ;恢复源1CH中断向量
        POP     DX
        POP     DX
        MOV     AL,1CH
        MOV     AH,25H
        INT     21H
        ……
        ;中断服务程序
        RING PROG NEAR
        ……
        IRET
        RING ENDP
```

11. 解答:程序首先调用DOS功能的1号功能,从键盘输入字符。为得到字符串,可采用循环结构,连续输入。在输入的过程中,通过判断是否是回车结束输入。为统计数字,可依次将输入的字符送到连续的存储单元,对存储单元的值进行判断,不是数字则计数。此过程采用循环结构,比较时遇到回车符(0DH)循环结束。

参考程序如下:

```
DATA    SEGMENT
```

```
        BUF     DB  20H  DUP(?)
        CNT     DB  ?
DATA    ENDS
CODE    SEGMENT
        ASSUM  CS:CODE,DS:DATA
START:  MOV     AX,DATA
        MOV     DS,AX
        LEA     SI,BUF      ;SI指向BUF首单元
        MOV     DL,0        ;计数器DL清0
NEXT1:  MOV     AH,01H
        INT     21H         ;键盘输入一个字符
        MOV     [SI],AL
        INC     SI          ;输入字符送 缓冲区
        CMP     AL,0DH
        JZ      EXIT        ;输入回车键转EXIT
        CMP     AL,30H
        JGE     NEXT        ;输入字符的ASCII码大于等于30H转NEXT
        INC     DL          ;否则计数器加1
        JMP     NEXT1       ;转循环入口
NEXT:   CMP     AL,39H
        JBE     NEXT1       ;输入字符的ASCII码小于等于30H转NEXT1
        INC     DL          ;否则计数器加1
        JMP     NEXT1       ;转循环入口NEXT1
EXIT:   MOV     CNT,DL      ;计数结果送CNT单元
        MOV     AH,4CH
        INT     21H         ;返回DOS
CODE    ENDS
        END     START
```

第8章

1. 存储器无论信号电平标准,还是连接状态和工作时序都是和CPU总线匹配的,所以直接使用对存储器读写命令就可实现数据的读写。

而外设种类繁多,有机械式、电动式、电子式或其他形式,输入信息可以是数字量、模拟量(电压、电流),也可以是开关量(0或1的二值信息);

输入信息的速度也有很大区别,如手动的键盘输入的每个字符输入的速度为秒级,而磁盘输入却可以用1 Mbps的速率传送。

所以必须需要接口电路实现信息转换、信号匹配等功能,才能通过简单地对外设的读写指令实现两者的数据传输。

2. 三类:数据信息、状态信息、命令信息

接口基本功能:向CPU提供外设准备好信息;

输出数据锁存;

输入数据三态缓冲。

另外还需要有信息格式转换或电气特性匹配功能；地址译码实现接口内端口选择功能（下节详细介绍）；特殊的还有实现中断和 DMA 管理功能（8.3 节中讲解）等。

3. 有四类：

无条件传输方式；适用于外设总是数据准备好状态。

查询式传输方式：外设数据和 CPU 速度不匹配，需要 CPU 不断查询外设是否准备好。

中断方式：外设和 CPU 速度不匹配。外设一旦准备好数据，立即送 CPU 一个中断信号，请求输入输出操作。CPU 接到此中断，在中断允许和中断优先权许可的情况下，立即进入相应的中断服务程序中进行输入输出操作。完成后，再返回原来中断的程序从断点处继续执行。

DMA 方式：在外设需要和存储器之间传输大量数据时，可以通过 DMA 控制器申请接管总线控制权，CPU 接到后，释放总线控制权给 DMA 控制器，由 DMA 直接发出读写命令，实现外设和存储器之间数据的大块传输。

4.

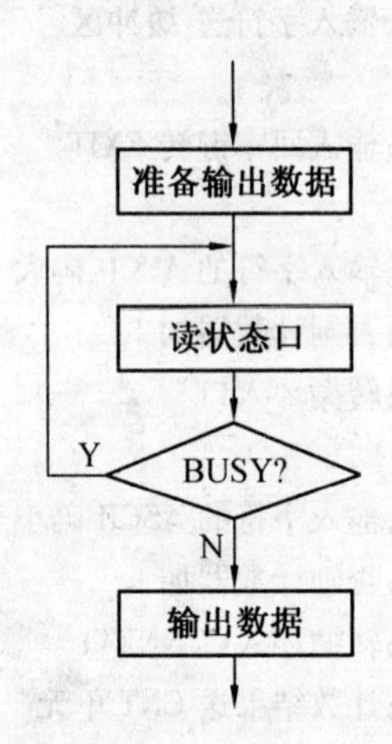

5. 该 I/O 口为输出口。

因为有 7 根地址线没有参加译码，所以有效地址有 $2^9=512$ 个。

所占有的 I/O 端口地址范围：D400H ~ D7FFH。

6. 有两种

对 0 ~ FFH 以内的端口进行读写时：

```
IN   AL, 30H          ;从 30H 端口读入一个字节
OUT   AL, 30H         ;往 30H 端口写入一个字节
```

对 FFH ~ 0FFFH 的端口进行读写时，端口号放在 DX 中进行寻址：

```
MOV   DX,300H         ; 将端口号 300H 送入 DX
IN   AL, DX           ; 从 300H 读入一个字节
OUT DX, AL            ; 向 300H 端口写入一个字节
```

7. 由外设的中断请求信号启动。

9. 为了实现一次性大量数据块在外设和存储器之间的传输，同时解脱 CPU，考虑设计一个解脱 CPU，能接管总线控制权实现上述功能的接口。

10.

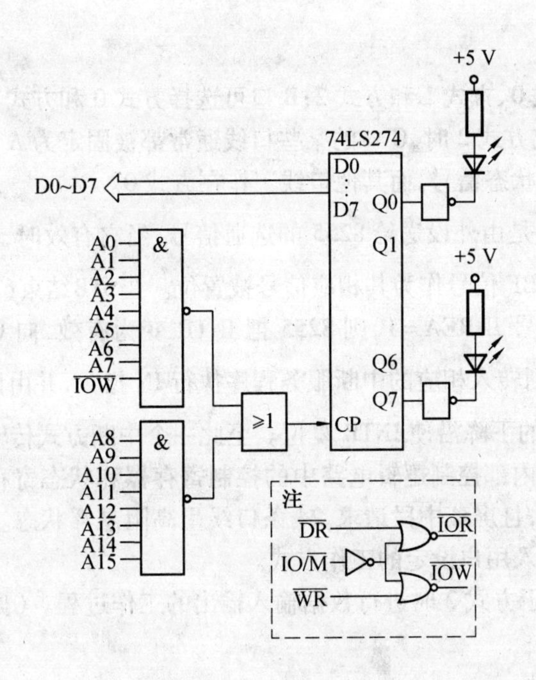

11.

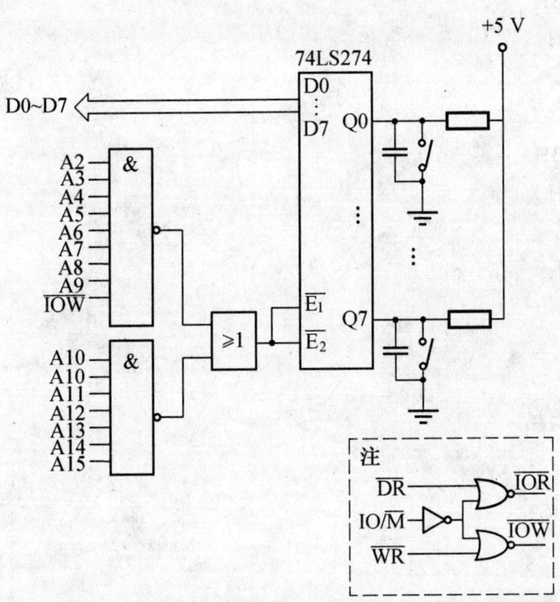

作为输入接口的三态门 74LS244，其 I/0 地址采用了部分地址译码，地址线 A1 和 A0 未参加译码，故它所占用的地址为 83FCH ~ 83FFH。我们可以用其中任何一个地址，而其他重叠的 3 个地址空着不用。另外，由图可看出，当开关闭合时是低电平。

程序段如下：

```
MOV    DX, 83FCH
IN     AL, DX
AND    AL, 0FFH
JZ     BIHE
```

```
JMP     NEXT
```

第9章

1. A口可选择方式0、方式1和方式2;B口可选择方式0和方式1;而C口则只能工作在方式0.当选择方式1或方式2时,C口的某些口线通常都被固定为A口或B口与外设联络用的输出控制信号或输入状态信号,而其他口线工作在方式0。

2. 在方式1下,$\overline{STB}$是由外设送给8255的选通信号,当它有效时,把来自外设的一个8位数据送到端口A,同时IBF信号作为其相应信号被置位。当$\overline{STB}$结束(此时IBF仍为高)时,如果有相应的中断允许信号INREA=1,则8255把INTR变为有效,向CPU发出中断请求。如CPU响应此中断请求,则转入相应的中断服务程序执行IN指令,并由该指令产生的$\overline{RD}$信号的上升沿使IBF复位,$\overline{RD}$的下降沿使INTR复位。至此一个中断方式传输过程结束。

3. 8255复位后,其内部控制逻辑电路中的控制寄存器和状态寄存器等都被清除,3个端口都被设置为输入方式,且屏蔽中段请求,24条口线呈高阻悬浮状态。直至向8255写入方式控制字后才能改变并进入用户设定的工作方式。

4. 说明8255工作于方式2时进行数据输入输出的工作过程。(见书)

5.

```
L:  MOV     DX, 303H
    MOV     AL, 06H
    OUT     DX, AL
    CALL    DELAY
    MOV     DX, 303H
    MOV     AL, 07H
    OUT     DX, AL
    CALL    DELAY
JMP L
```

5.(1)

```
MOV     DX, 303H
MOV     AL, 10110111B
OUT     DX, AL
```

(2)

```
MOV     AL, 0BH
MOV     DX, 303H
OUT     DX, AL
MOV     AL, 0AH
OUT     DX, AL
```

6、(1)

```
MOV     AL, 92H
MOV     DX, 303H
OUT     DX, AL
```

(2)

```
L1:MOV      DX, 301H
```

```
    IN      AL, DX
    TEST    AL, 80H
    JZ      L1
    MOV     DX, 300H
    IN      AL, DX
    PUSH    AX
L2: MOV     DX, 301H
```

7.(1)A、B、C 口和控制口地址分别为 2C0H，2C1H，2C2H，2C3H。

(2)方式字:90H。

(3)程序流程图见图题解 9.7 程序流程图，程序如下：

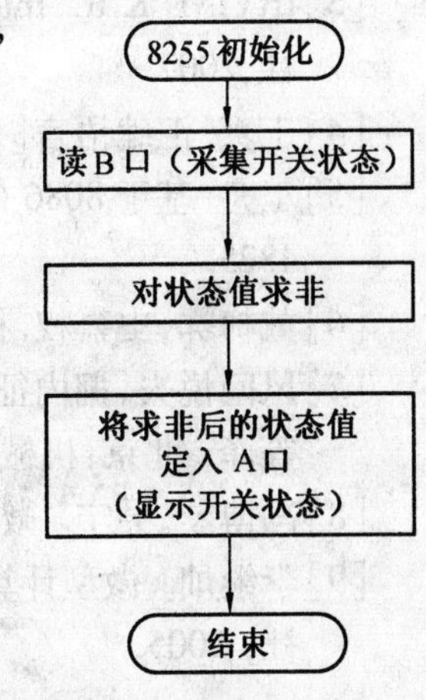


```
MOV   AL, 10010000B
      MOV   DX, 2C3H
      OUT   DX, AL
      MOV   DX, 2C0H
      IN    AL, DX
      NOT   AL
      MOV   DX, 2C1H
      OUT   DX, AL
      HLT
```

第 10 章

1. 不需人为参与，而能实现对一个物理自动调整的功能。

例:热水器温度的自动控制。

2. 时序控制是将一连串的控制动作按预定的顺序分段执行。

特点:时序控制的每一个动作在执行时也需要反馈信息，但反馈的是动作是否到位的二值信息。如控制机器人手臂张开的动作。

反馈控制是为使控制量维持在目标值上，检测控制对象的状态即控制量，并与目标值进行比较。若不一致，自动进行修正。

特点:反馈控制不同于时序控制的特点:其反馈值是被控量的实测值。

3.

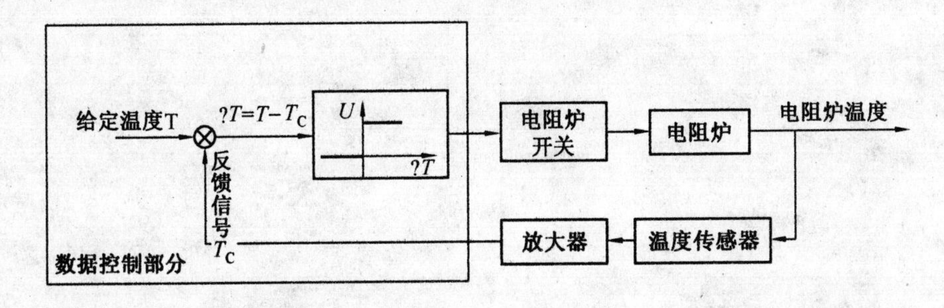

参考文献

[1]周明德.微型计算机系统原理及应用[M].5 版.北京:清华大学出版社,2007.
[2]张毅刚.单片机原理及应用[M].北京:高等教育出版社,2004.
[3]IRVINE K R. Intel 汇编语言程序设计 [M].温玉杰,等译.5 版.北京:电子工业出版社,2007.
[4]王爽.汇编语言[M].2 版.北京:清华大学出版社,2008.
[5]王舟.基于 8086 的电烤箱温度控制器设计[J].电脑知识与技术,2009,5 (18):4824-4825.
[6]戴梅鄂,史嘉权.微型计算机技术及应用[M].2 版.北京:清华大学出版社, 1998.
[7]风间悦夫,掘内征治[日].机械工程技术人员的微型计算机控制入门 [M].刘昌祺,等译.北京:机械工业出版社, 1987:179-189.
[8]冯博琴,吴宁.微型计算机原理与接口技术[M].2 版.北京:清华大学出版社, 2008.
[9]李继灿.微型计算机系统与接口教学指导书及习题详解[M].北京:清华大学出版社, 2005.